Gesprächstechniken

Christine Scharlau
Michael Rossié

Haufe Gruppe
Freiburg · Berlin · München

Bibliografische Information der Deutschen Nationalbibliothek
Die Deutsche Nationalbibliothek verzeichnet diese Publikation in der Deutschen Nationalbibliografie; detaillierte bibliografische Daten sind im Internet über http://www.d-nb.de abrufbar.

Print: ISBN: 978-3-648-02500-0   Bestell-Nr.: 00386-0001
ePub: ISBN: 978-3-648-02501-7   Bestell-Nr.: 00386-0100
ePDF: ISBN: 978-3-648-02502-4   Bestell-Nr.: 00386-0150

Christine Scharlau, Michael Rossié
Gesprächstechniken

© 2012, Haufe-Lexware GmbH & Co. KG, Munzinger Straße 9, 79111 Freiburg
Redaktionsanschrift: Fraunhoferstraße 5, 82152 Planegg/München
Telefon: (089) 895 17-0
Telefax: (089) 895 17-290
Internet: www.haufe.de
E-Mail: online@haufe.de
Redaktion: Jürgen Fischer

Lektorat und Satz: Ulrich Leinz, 10829 Berlin
Umschlag: Atelier Seidel, 84576 Teising
Druck: Schätzl Druck, 86609 Donauwörth

Inhalt

Teil 2
Beispiele – Dialoge analysieren

Was wir Ihnen in diesem Buch bieten

Kommunikation gelingt erstaunlich oft. Meistens verständigen wir uns problemlos. Trotz vieler Verständigungsklippen und Verständnisfallen ist es uns in den allermeisten Fällen möglich das auszudrücken, was wir brauchen, und zu verstehen, was andere von uns wollen. Eigentlich ist das nicht so verwunderlich, denn: Wir beginnen vom ersten Augenblick unseres Lebens an, dies zu trainieren. Schon als kleine Kinder, noch keiner Sprache mächtig, sind wir Kommunikationsgiganten. Haben Sie schon einmal erlebt, wie zielstrebig Krabbelkinder ihre Wünsche durchsetzen? Dieser sicheren Grundlage sollten Sie sich bewusst sein, um in unbehaglichen und schmerzhaften Ausnahmefällen erkennen zu können, woran es beim Misslingen von Gesprächen hapert und wie Verständigungspannen behoben werden können. Und mit diesem Buch wollen wir Sie dabei unterstützen, sich dessen bewußt zu werden, was Ihnen bereits gut gelingt und darauf aufbauend Ihre Kommunikationsfähigkeit weiter zu verbessern.

Teil 1: Training – Kommunikation besser wahrnehmen

Im ersten Teil des Buches möchten wir

- mit Ihnen gemeinsam die kommunikative Wahrnehmung schulen, damit Sie differenzierter bemerken, was abläuft, und passend gegensteuern können;
- Ihnen eine Basisausrüstung an Gesprächswerkzeugen zur Verfügung stellen
- Sie über grundlegende Kommunikationsregeln informieren.

Teil 2: Beispiele – Dialoge analysieren

In zweiten Teil dieses Buches

- stellen wir Ihnen Dialoge vor – konkrete Situationen, wie sie sich täglich in den Büros abspielen.
- Und anhand dieser Dialoge zeigen wir Ihnen in genauer Analyse, warum das Gespräch jeweils erfolgreich war oder nicht. Dialoge und Analysen helfen Ihnen deshalb ganz konkret, das nächste Mal selbst einen Ausweg aus einer kommunikativen Sackgasse zu finden.

Dieses Buch wird

- Sie anregen, Ihr Verhalten zu überdenken und an schwierige Gespräche neu heranzugehen – immer mit dem Ziel, besser und authentischer zu kommunizieren und damit auch beruflich erfolgreicher zu werden. Denn Sie haben es jederzeit selbst in der Hand, wie gut Sie mit anderen zurechtkommen.

* Sie stärken für Situationen, vor denen viele Menschen zurückschrecken: wenn es um Kritik geht, um Geldverhandlungen, Beschwerdemanagement oder andere Situationen, die Sie beschwerlich finden mögen.

Sollten Sie Anregungen und Ideen zu diesem Buch haben, so können Sie uns, die Autoren, gerne kontaktieren. Für den ersten Teil schreiben Sie bitte an Christine Scharlau unter info@christine-scharlau.de Für den zweiten Teil wenden Sie sich bitte an Michael Rossié: Sie finden unter www.sprechertraining.de seine E-Mail-Adresse und weitere Informationen.

Viel Erfolg bei einer entspannteren und effektiveren Kommunikation im Beruf wünschen Ihnen

Christine Scharlau und *Michael Rossié*

Teil 1: Training – Kommunikation besser verstehen

Wenn Sie Teil 1 dieses Buches von vorn nach hinten durcharbeiten, werden Sie von den Grundlagen bis zu den besonders herausfordernden Anwendungen fortschreiten. Sie können aber ebensogut dort einsteigen, wo Ihr dringendster Bedarf oder Ihr größtes Interesse liegt und dann eventuell zu vorausgegangenen Abschnitten zurückkehren. Beide Trainingsweisen führen zu mehr Sicherheit und Flexibilität in Gesprächen, damit werden gewünschte Gesprächsergebnisse wahrscheinlicher.

- Kapitel 1 stellt Ihnen die sechs häufigsten Hürden vor, mit denen Sie es in Gesprächen immer wieder zu tun haben, und gibt Ihnen Empfehlungen, wie Sie mit diesen Hürden umgehen können.
- In Kapitel 2 finden Sie vor allem einzelne Techniken zur Gesprächsführung.
- Kapitel 3 geht auf den Kern der Gesprächskompetenz ein: Die innere Einstellung. Dazu gleich mehr!
- In Kapitel 4 geht es um Arbeitsgespräche mit mehreren Menschen und Sie erhalten Informationen und Werkzeuge für diese speziellen Gesprächssituationen.
- Kapitel 5 geht auf besonders anforderungsreiche Gespräche über Kritik, Geld und andere heikle Themen ein.

Die innere Einstellung
Da Wissen und Techniken allein nicht ausreichen, um sich zu verständigen, finden Sie in Kapitel 3 Hinweise zum Umgang mit Ihrer inneren Einstellung. Dieses Kapitel eignet sich ebenso gut wie das erste für Ihren Einstieg in Teil 1 des Buches.

Überlick zu Teil 1: Wo Sie was finden

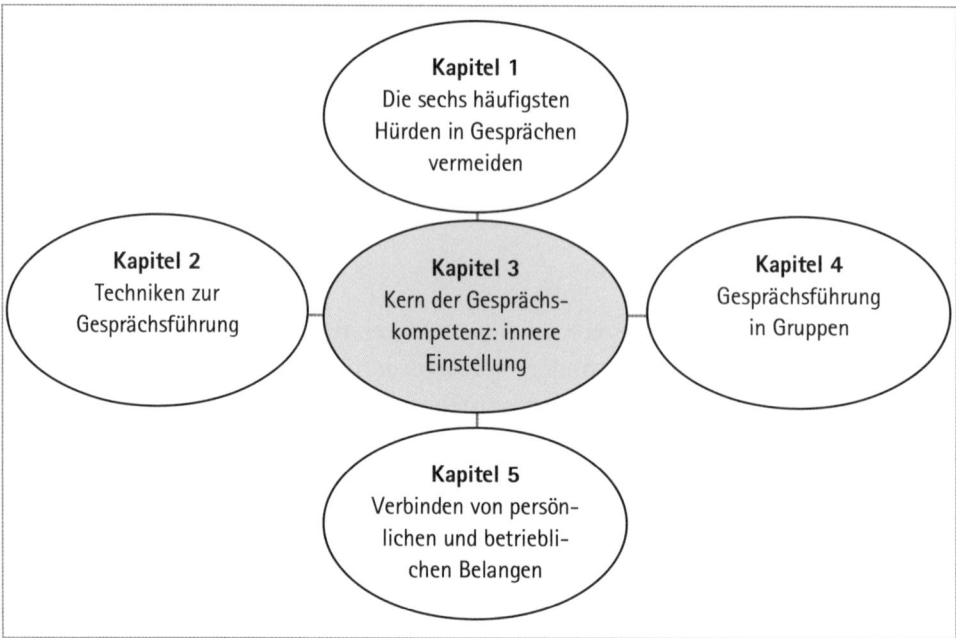

Aufbau von Teil 1: Im Zentrum steht die „innere Einstellung".

Was meinen wir in diesem Buch mit dem Wort „Gespräche"?

Der Begriff „Gespräche" bedeutet in diesem Buch jede Situation, in der mehrere Menschen miteinander sprechen, formalisierte Gespräche wie Besprechungen in großer Runde zählen ebenso dazu wie der informelle Plausch. Neben Wissenskomponenten enthält dieses Buch eine Reihe von Selbstbeobachtungsaufgaben und mentalen Übungen. Prüfen Sie kritisch, wie Sie diese am besten gebrauchen können.

Flexible Handhabung

Wandeln Sie das Angebotene gegebenenfalls so ab, dass Sie bequem und leicht Erfahrungen sammeln können. Prüfen Sie, was für Sie passt, und integrieren Sie, was Ihnen nützt. Handhaben Sie die Übungsanleitungen flexibel und passen Sie die Formulierungsbeispiele Ihrem eigenen Stil an. Lassen Sie sich bei Ihrem bewussteren Umgang mit Gesprächen auch nicht abschrecken von der zwangsläufig damit einhergehenden zeitweiligen Irritation. Jedes Lernen führt dazu, dass das Bisherige, bislang gut Funktionierende, erst einmal in Frage gestellt wird. Es ist normal, dass reflektiertes Üben zunächst bewirken kann, dass man stolpert. Dies stellt eine Bedingung dar, um Neues zu lernen.

Indem Sie sich mit Ihrer individuellen Art zu kommunizieren beschäftigen, werden Sie bemerken, dass es um mehr als um Techniken geht, letztlich nämlich um eine kommunikationsfördernde innere Haltung und den sorgsamen Umgang mit sich selbst. Gerade in heiklen Situationen, z. B. wenn andere uns kritisieren oder wenn wir uns unsicher fühlen, wirkt dieser Faktor besonders stark. Insofern geht es bei den Aufgaben in diesem Teil immer auch darum, sich eine innere Einstellung zu erarbeiten, die zur eigenen Person passt, zu der man sich entscheiden und die man einüben kann.

Sieben Tipps für Ihr Training

Tipp 1: Trainieren Sie so, dass es leicht und angenehm ist

Sich mit anderen Menschen zu verständigen hat eine interessante und vergnügliche Seite. Wenn Sie diese für sich entdecken, werden Sie nicht nur bessere Gesprächsergebnisse erhalten, sondern auch mehr Arbeitsfreude gewinnen.

Manche Themen werden Ihnen mehr liegen als andere: Üben Sie auch das, was Ihnen weniger liegt, doch bearbeiten Sie die für Sie schwierigeren Themen in kleineren Schritten, zunächst nur die kleinstmögliche Übungseinheit; entwerfen Sie etwa eine Beispielformulierung, spielen Sie eine Situation im Kopf durch. Nutzen Sie für noch ungewohnte Verhaltensweisen unspektakuläre Alltagssituationen, es ist leichter, sich da auszuprobieren, wo Sie nicht viel verlieren können, z. B. wenn Sie Kunde sind.

Tipp 2: Führen Sie ein Journal

Je nachdem, welche Art zu lernen Sie bevorzugen, und besonders dann, wenn Sie gern schriftlich nachdenken: Kaufen Sie sich ein Heft, in das Sie Ihre Beobachtungen und Überlegungen eintragen. Sie schaffen sich damit ein persönliches Kommunikationsjournal, das Ihre Vorbereitungen zu geplanten Gesprächen enthält, das, was Sie sich vornehmen, besonders zu üben, und das, was Ihnen besonders gut gelungen ist. So können Sie auch über einen längeren Zeitraum hinweg Ihre Fortschritte und die Differenzierung Ihrer Wahrnehmung dokumentieren, Beispiele, die Sie beobachtet haben, Ihre Gedanken und Erkenntnisse. Ich empfehle Ihnen, ein besonderes Heft dafür zu kaufen, eines, das Ihre Sinne und Ihr ästhetisches Empfinden anspricht – denn immerhin geht es hier um Kommunikationskompetenz, einen zentralen und intimen Bereich Ihrer Person.

Tipp 3: Suchen Sie sich Modelle

Wenn Sie sich mit einem Thema dieses Buchs intensiv beschäftigen wollen, kann es nützlich sein, nach Vorbildern Ausschau zu halten. Überlegen Sie, was Sie von anderen lernen können und wer in Ihrer Arbeitsumgebung Gespräche so führt, wie Sie es gern können wollen. Beobachten Sie genau, wie Ihre Kollegen und Vorgesetzten Aufgaben verteilen, eine Besprechung leiten, präsentieren, kritisieren: Was wollen Sie für sich übernehmen und Ihrem Stil anpassen? Wollen Sie bestimmte Themen vertiefen, so finden Sie im Literaturverzeichnis Hinweise dazu.

Tipp 4: Entwickeln Sie Ihren eigenen Stil

Auch vorbereitete Gespräche bestehen aus spontanem Sprechen, und zu sprechen ist etwas sehr Persönliches. Jeder Mensch hat eine individuelle Ausdrucksweise, einen eigenen Stil, der wiederum Ausdruck seiner einzigartigen Sicht auf die Welt ist. Auswendig Gelerntes wirkt im Gespräch unecht und behindert einen lebendigen, flexiblen Kontakt zu den Gesprächspartnern. Bitte prüfen Sie deshalb alle in diesem Buch genannten Grundsätze, Leitlinien und Formulierungsbeispiele, wie Sie zu Ihnen passen. Wenn Ihnen ein Aspekt einleuchtet und Sie ihn anwenden wollen, lassen Sie sich von den Beispielen anregen und finden Sie dann Ihre persönliche Ausdrucksweise.

Tipp 5: Üben Sie praktisch und mental

Berufliche Gespräche sicher zu führen lernen Sie dadurch, dass Sie es tun. Die Trainingsangebote in diesem Buch dienen Ihnen zur Reflexion und Vorbereitung. Nutzen Sie in Ihrem beruflichen Alltag jede Möglichkeit, sich praktisch zu üben. Wissenschaftlich gesehen bringen Sie Ihrem Gehirn bei, Gespräche zu führen. Nutzen Sie also das immense Potential Ihrer Vorstellungskraft und üben Sie vor Ihrem geistigen Auge, indem Sie Situationen, in denen Sie sich verbessern wollen, immer wieder mental durchgehen. Dazu dienen auch die schriftlichen Übungen in Teil 1 des Buches.

Tipp 6: Geben Sie sich Zeit

Eingefahrene Verhaltensweisen, wie sie in Gesprächen ablaufen, ändern Sie nicht von jetzt auf gleich. Auch Grundsätze der Kommunikation brauchen Zeit; in Etappen wandeln Sie rationales Wissen, dem Sie zustimmen, in eine Ihnen hilfreiche innere Einstellung um. Seien Sie also vor allem geduldig mit sich.

Tipp 7: Beginnen Sie bei Ihren Stärken

Vieles wird entscheidend einfacher, wenn Sie wissen, was Sie schon können, was Ihnen leicht fällt und auf welche kommunikativen Fähigkeiten Sie sich verlassen können. Deshalb ziehen sich durch den gesamten ersten Teil des Buchs typenspezifische Hinweise, die Ihnen dazu dienen sollen, das, was Sie gut können fest in Ihrem Bewusstsein zu verankern. Hier erhalten Sie auch Hinweise, wo Ihre Entwicklungsbereiche liegen könnten. Entsprechend werden die Übungen für Sie unterschiedliche Bedeutung haben. Entdecken Sie den Punkt, bei dem Ihnen Gespräche als Instrumente des Berufslebens Vergnügen bereiten.

Zwei Hilfsmittel: Testen und Ziele setzen

Test: Schätzen Sie Ihre kommunikativen Stärken ein

Schätzen Sie sich mit folgendem Test selbst ein und machen Sie sich damit klar, was Ihre Stärken in Gesprächen sind. Finden Sie heraus, welche Bereiche Sie weiterentwickeln wollen und wo beim Training mit diesem Buch Ihr Schwerpunkt liegen soll. Greifen Sie dabei auf Ihre Erfahrungen in beruflich veranlassten Gesprächen zurück: Erinnern Sie sich daran, was Ihnen in Gesprächen leicht fällt oder welche Art von Gesprächen Ihnen mühelos gelingt, erinnern Sie sich an die Ergebnisse, die Sie in Gesprächen unterschiedlicher Art erzielt haben und denken Sie auch an das, was Sie von anderen über Ihre Fähigkeit, Gespräche zu führen, gehört haben. Die Skalen zu den einzelnen Aussagen für Ihre Selbsteinschätzung reichen von 1 bis 10, dabei bedeutet

- 1 „trifft überhaupt nicht zu" und
- 10 „trifft ganz und gar zu".

Wenn Sie sich beispielsweise in der Mitte platzieren, würde das heißen „trifft in der Hälfte der Fälle zu". Bitte positionieren Sie sich auf jeder Skala in Bezug auf Ihre beruflichen Gespräche.

---

1. Ich kann anderen etwas so erklären, dass sie genau verstehen, was ich meine.

1									10

2. Wenn ich Aufgaben delegiere, bekomme ich genau die Arbeitsergebnisse, die ich mir vorgestellt habe.

1									10

3. Ich weiß genau, was mein Vorgesetzter von mir erwartet.

1									10

4. Ich weiß von anderen, dass ich gut zuhören kann.

1									10

5. Vor jedem Gespräch mache ich mir klar, welches Ziel ich damit verfolge.

1									10

6. Ich bereite mich auf schwierige Gespräche gründlich vor.

1									10

7. Vor einem wichtigen Gespräch überlege ich, was meine Gesprächspartner brauchen, um mich verstehen zu können.

1									10

8. Meine eigenen Anliegen und Interessen kann ich klar und sicher vertreten.

1									10

9. Ich kann in Gesprächen die sachliche von der emotionalen Ebene unterscheiden.

1									10

10. Falls ich verbal angegriffen werde, kann ich auf unterschiedliche Weise reagieren.

1									10

11. Ich kann eine Besprechung mit mehreren Personen so leiten, dass am Ende allen das erarbeitete Ergebnis klar ist.

1									10

12. Wenn ich kritisiert werde, bin ich daran interessiert zu hören, wie ich wirke und was ich an meiner Arbeit verbessern kann.

1									10

13. Wenn sich andere im Eifer einer Auseinandersetzung emotional äußern, nehme ich das nicht persönlich.

1									10

14. Ich akzeptiere die Bedürfnisse und Interessen meiner Gesprächspartner, auch wenn ich sie inhaltlich nicht billige.

1									10

15. Ich scheue mich nicht, jemanden zu kritisieren, damit die Arbeitsergebnisse besser werden.

1									10

16. Ich gehe freundlich mit mir selbst um und spreche in meinen inneren Selbstgesprächen ermutigend mit mir.

1									10

17. Ich kann meine Arbeitsergebnisse sicher präsentieren.

1									10

18. Wenn ich feststelle, dass andere Menschen anders denken, reden und verstehen als ich, werde ich neugierig und will verstehen, wie sie „funktionieren".

1									10

Auf der nächsten Seite finden Sie einen Karriereplaner, in den mögliche Karriereziele schon eingetragen sind. Da Sie jedoch ganz individuelle Ziele haben, empfiehlt es sich, sich einen eigenen Planer nach diesem Schema anzufertigen.

Karriereplaner: Setzen Sie sich Ziele

Karriereplan für das Jahr

Für

So nutzen Sie Ihren Karriereplaner:	Karriereziel 1	Karriereziel 2	Karriereziel 3
	→ Teambesprechungen sicher leiten	→ Konstruktiv Feedback geben	→ Aktuelles Projekt im Team präsentieren
	Ihre Schritte zum Ziel	Ihre Schritte zum Ziel	Ihre Schritte zum Ziel
Beginnen Sie damit, Ihre Ziele zu formulieren. Nur wer weiß, wohin er will, merkt es, wenn er angekommen ist.	1. Gespräch mit meinem Teamleiter: Was ist ihm in Teambesprechungen wichtig? Was erwartet er von mir? (KF 7 bis 10 und Kap. 3) 2. Drei Teamsitzungen selbstständig für den Chef vorbereiten, mit ihm besprechen, nachbereiten (Kap. 4) 3. Teamsitzung in Vertretung selbst leiten (KF 24) 4. Teamsitzung in Anwesenheit des Chefs leiten, sein Feedback dazu erbitten (KF 25) 5. ___ 6. ___ 7. ___ 8. ___ 9. ___ 10. ___	1. Aktives Zuhören üben (Kap. 2, Kap. 3): drei Wochen lang einmal täglich bewusst auf aktives Zuhören umschalten, täglich dokumentieren 2. Einmal täglich ein positives Feedback geben, eine Woche lang im Privatbereich, eine Woche lang im Berufsalltag, täglich dokumentieren 3. Abschlussgespräch mit dem Praktikanten führen, Stärken und Verbesserungsbereiche benennen (Kap. 4, KF 21) 4. Kritikgespräch mit Assistentin (Kap. 5, KF 28) 5. ___ 6. ___ 7. ___ 8. ___ 9. ___ 10. ___	1. Meine Erfahrungen mit öffentlichen Auftritten analysieren: Was sichert mich? (KF 23) 2. Buch über Visualisieren und Präsentieren durcharbeiten unter dem Aspekt, optimale visuelle Vortragsunterstützung zu erstellen 3. Ankündigen, dass ich die nächste Präsentation übernehme 4. Ergebnisse prägnant aufbereiten 5. Anfang und Schluss der Präsentation wörtlich ausarbeiten 6. Mich vor der Präsentation in einen guten Zustand bringen (KF 15) 7. Nach der Präsentation zwei unterschiedlich wahrnehmende Kollegen, X. Y. und C. B., um differenziertes Feedback bitten, auswerten (Kap. 2) 8. ___ 9. ___ 10. ___ 10. ___

1 Die sechs häufigsten Hürden in Gesprächen vermeiden

Sprechen und Zuhören sind die Basisfähigkeiten verbaler Kommunikation. Als erwachsener, berufstätiger Mensch üben Sie diese Fähigkeiten schon seit einigen Jahren aus. Der Hebel, Ihre Gesprächskompetenz deutlich zu verbessern, liegt im Verfeinern dieser beiden Grundfertigkeiten. Hier im ersten Kapitel können Sie sich ein genaueres Verständnis erschließen und Grundlagenwissen auffrischen, das Ihnen hilft, Gespräche künftig besser zu steuern.

Als Einstieg erinnern Sie sich bitte an ein Gespräch, das Sie in Ihrem beruflichen Alltag geführt haben und das nicht zu Ihrer Zufriedenheit verlaufen ist. Der Anlass für das Gespräch könnte eine Frage, die Sie gestellt, oder ein mündlicher Auftrag, den Sie erteilt haben, gewesen sein.

To Do: Analysieren Sie ein gescheitertes Gespräch

Überlegen Sie, warum Sie mit dem Ergebnis nicht zufrieden waren. Schreiben Sie mögliche Ursachen auf, die dazu beigetragen haben könnten, dass die Situation nicht in Ihrem Sinn gelungen ist. Notieren Sie auch die Folgen der analysierten Ursachen.

Schreiben Sie zusätzlich auf, an welchem Verhalten Ihres Gegenübers Ihnen das Misslingen Ihrer Kommunikationsabsicht deutlich geworden ist.

Die sechs Verständigungshürden

Genau betrachtet ist es geradezu verwunderlich, wenn Verständigung reibungslos funktioniert, wo es doch so viele Hürden gibt, an denen sie scheitern kann. Ein dem Verhaltensforscher Konrad Lorenz zugeschriebenes Zitat, das ich erweitert habe, fasst diese Verständigungshürden prägnant zusammen:

- Gedacht ist nicht gesagt,
- gesagt ist nicht gehört,
- gehört ist nicht verstanden,
- verstanden ist nicht einverstanden,
- einverstanden ist nicht ausgeführt,
- ausgeführt ist nicht beibehalten.

Die folgenden Abschnitte beziehen sich auf diese Stolpersteine auf dem Weg zur Verständigung und begründen sie Satz für Satz einzeln. Zunächst sollen aber noch zwei grundsätzliche Aspekte beleuchtet werden.

Erstaunlich, dass andere tun, was ich sage

Gerade im Berufsleben geht es vorrangig darum, mit Worten etwas zu bewirken. Kommunikation ist dann erfolgreich, wenn das intendierte Handeln schließlich auch eintritt. Sie haben Ihre Kommunikationsabsicht erreicht, wenn Sie sagen „Gib mir mal bitte die Akte Luxemburg" und der Adressat dieses Satzes reicht sie Ihnen herüber. Wenn jedoch eine S-Bahn am Gebäude vorbeifuhr oder das Telefon klingelte, während Sie sprachen, wenn Ihr Adressat Sie also nicht hören konnte oder abgelenkt war, hatte Ihr Kommunikationsversuch keinen Erfolg.

Dieses Beispiel zeigt zwei Klassen von Beteiligten: diejenigen, die etwas sagen und erreichen wollen – und diejenigen, die hören und darauf reagieren (sollen). Aus Ihren Kommunikationstrainings oder aus der Schule wird Ihnen diese Einteilung unter dem Namen „Sender-Empfänger-Modell" bekannt sein.

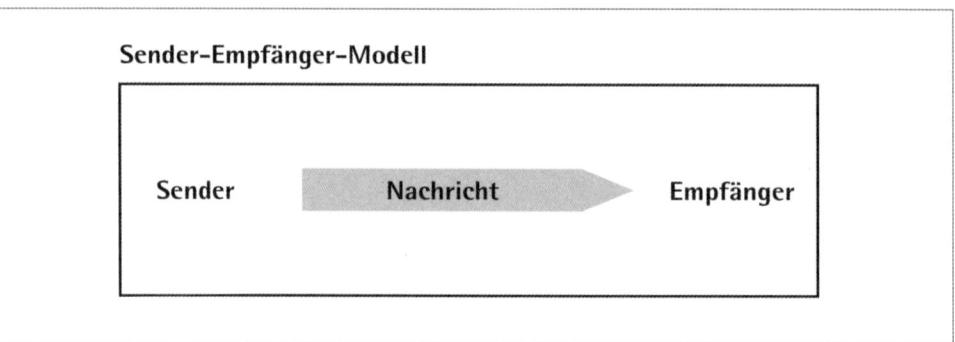

Das Gesagte wird als Nachricht bezeichnet, die der **Sender** durch Sprechen (verbal) sowie durch Gestik, Mimik und Tonfall (nonverbal) an einen oder mehrere **Empfänger** abschickt.

Wechselnde Rollen

In einem Gespräch wechseln beide Rollen und werden gleichzeitig wahrgenommen: Während Sie eine Nachricht kundtun, nehmen Sie die Nachricht Ihres Gegenübers auf, z. B. aufmunternde oder desinteressierte Blicke. Das Abwechseln beider Rollen, des Senders und Empfängers von Nachrichten, geschieht unwillkürlich und sehr schnell.

Sender	→	Nachricht	→	Empfänger
Empfänger	←	Rückmeldung	←	Sender

Sie sind mitverantwortlich für das, was Sie hören

Bevor Sie sich mit den Hürden der Kommunikation beschäftigen, möchte ich Sie noch auf einen zweiten interessanten Aspekt hinweisen: Die Nachrichten, die zwischen den Beteiligten ausgetauscht werden, sind nicht unbeeinflusst von ihnen, wie es beispielsweise Signalflaggen wären oder Bälle, die hin- und herrollen. Die Äußerungen in Gesprächen werden sowohl vom **S**ender als auch vom **E**mpfänger modelliert. Während der Signalflaggen-Code der Schifffahrt im Flaggenalphabet festgeschrieben ist, ist die Bedeutung einer Nachricht im persönlichen Umgang viel weniger festgelegt, sondern stark kontextabhängig.

* Wer etwas
* wie,
* in welcher Umgebung,
* mit welcher Vorgeschichte und
* wann
* zu wem
* sagt,
* erzeugt vielfältige Unterschiede.

Störanfälligkeit von Kommunikation

Der Satz „Sind Sie fertig?" kann, je nach Kontext und mitgesendeten nonverbalen Zeichen, geradezu gegenteilig ausgesprochen und aufgefasst werden: nämlich mit der Bedeutung „Sind Sie schon fertig?" oder „Sind Sie endlich fertig?". Diese Abhängigkeit von Begleitumständen ist der Grund für die Störanfälligkeit von Kommunikation. Die Begleitumstände verteilen sich auf alle am Gespräch beteiligten Menschen; zwar sind sie, wenn sie miteinander reden, aufeinander bezogen, handeln aber doch weitgehend unabhängig voneinander. Gesprächspartner können einander nicht in den Kopf schauen, folglich können sie oft nicht wissen und einschätzen, in welcher (inneren) Lage sich ihr Gegenüber befindet. In diesem Buch wird immer wieder auf die unterschiedlichen Blickwinkel der Gesprächspartner eingegangen, auf das notwendig beschränkte Wissen, das Gesprächsteilnehmer voneinander haben.

Sechs Hürden

Im Folgenden werden die bereits genannten sechs Hürden der Kommunikation anhand eines Beispiels bearbeitet, das sich in sechs Teilen durch das Kapitel zieht. Jeweils beide Seiten werden beleuchtet, die Sender- und die Empfängerperspektive. Beide Seiten erhalten Empfehlungen, wie mit den Hürden umzugehen ist. Weitere kürzere Beispiele verdeutlichen spezielle Aspekte.

Hürde 1: Gedacht ist nicht gesagt

Beispiel: Kundenberatung (Teil 1)

Frau Brose, die Inhaberin eines größeren Herrenausstatter-Geschäfts, möchte die Kundschaft langfristig an ihr Unternehmen binden und legt deshalb Wert auf gute persönliche Beratung. Um ihr Team zu verjüngen, hat sie kürzlich Herrn Martinov eingestellt, der 24 Jahre alt und noch etwas schüchtern ist. Er arbeitet jetzt seit einer Woche im Geschäft; ob seine Chefin mit seiner Art, die Kunden zu bedienen, zufrieden ist, weiß er nicht. Frau Brose schätzt seinen unaufdringlichen Umgang mit den Kunden, hat aber bemerkt, dass er einige Gelegenheiten nicht wahrgenommen hat, aktiv passende Ware zum Kombinieren anzubieten.

Training 1
Informationen geben – und einholen

Versetzen Sie sich in die Situation von Frau Brose und Herrn Martinov aus dem Beispiel zur Kundenberatung.

Schreiben Sie nun in Stichworten auf, was jeweils aus der Perspektive der Chefin und des Verkäufers zu tun ist, damit einerseits Frau Brose mit der Arbeitsleistung von Herrn Martinov zufriedener wird und andererseits Herr Martinov Klarheit darüber bekommt, wie seine Leistung eingeschätzt und was von ihm erwartet wird.

Lösung 1: Informationen geben – und einholen

In einer solchen Situation geht es darum, dass die Beteiligten miteinander ins Gespräch kommen. Frau Brose bemerkt, dass Herr Martinov nicht von sich aus Kunden auf Bekleidungskombinationen hinweist. Sie muss es ihm sagen.

Herr Martinov weiß nicht, ob seine Chefin mit seiner Kundenberatung zufrieden ist. Er muss sie fragen.

Wenn keiner der beiden die Initiative zu einem Gespräch ergreift – die eine vielleicht, weil so viel anderes zu tun ist, der andere, weil er sich nicht traut –, kann Ärger entstehen: auf Seiten der Chefin, wenn sie immer wieder sieht, dass ihr Verkäufer etwas unterlässt, was ihr wichtig ist, auf der Seite des Angestellten, wenn seine Chefin irgendwann unkontrolliert reagiert und ihm Vorwürfe macht.

To Do: Gedacht ist nicht gesagt: Klarheit schaffen

Aus der **S**enderperspektive: Sprechen Sie aus, was andere wissen müssen, um ihre Arbeit nach Ihren Vorstellungen zu erledigen.

Aus der **E**mpfängerperspektive: Fragen Sie nach, wenn Sie nicht sicher sind, was von Ihnen erwartet wird.

Was einfach klingt, ist manchmal gar nicht so leicht. Häufig wird etwas nicht ausgesprochen oder hinterfragt, weil es selbstverständlich zu sein scheint.

Tipp: So vermeiden Sie Unklarheiten

Achten Sie auf die nächste Unklarheit in einem Gespräch, die entsteht, weil etwas *nicht* gesagt wurde. Damit schärfen Sie Ihr Verständnis für die Bedeutsamkeit ungenannter Voraussetzungen. Wenn dann in wichtigen Gesprächen Missverständnisse auftreten, können Sie schneller überprüfen, ob die aktuelle Verständigungshürde aufgrund einer nicht ausgesprochenen scheinbaren Selbstverständlichkeit entstanden ist.

Schweigsamkeit als Kommunikationshürde

Neben den vermeintlichen Selbstverständlichkeiten, die jemand zu erwähnen für unnötig hält, beinhaltet die Aussage „gedacht ist nicht gesagt" noch eine weitere Art von Verständigungshürde: Manche Menschen neigen dazu, zwar intensiv zu denken, aber wenig zu sprechen. Dies führt bisweilen dazu, dass etwas Wichtiges unbeabsichtigt nicht ausgesprochen wird.

Aus der Senderperspektive betrachtet

Ist es Ihnen selbst schon einmal so gegangen, dass Sie etwas so lebhaft gedacht haben, dass Sie sicher waren, Sie hätten es auch ausgesprochen? Aber niemand der – wohlwollenden – Anwesenden hatte es gehört? Neigen Sie dazu, nur das Notwendigste zu sagen, Ihnen Selbstverständliches nicht zu wiederholen? Dann sollten Sie folgende Empfehlung beherzigen.

Tipp: Bewusst Kommunizieren

Missverständnisse und Zeitverlust bei wichtigen Angelegenheiten lassen sich oftmals dadurch vermeiden, dass Sie andere an etwas erinnern, auch wenn Sie es für selbstverständlich halten. Wenn Sie sicher sein wollen, dass Ihre Botschaft auch eine Chance hat, gehört zu werden: Schauen Sie Ihr Gegenüber an und stellen Sie innerlich bewusst um von Denken auf Kommunizieren. Nehmen Sie wahr, dass Sie jetzt etwas sagen.

Aus der Empfängerperspektive betrachtet

Kennen Sie Menschen, die so sparsam in ihrem sprachlichen Ausdruck sind, dass sie der festen Ansicht sind, etwas gesagt zu haben, was sie aber bisher nur gedacht hatten? Im Umgang mit ihnen hilft folgende Vorgehensweise.

Tipp: Fragen Sie nach

Sie arbeiten mit Menschen zusammen, die häufiger mit ihrer inneren Welt beschäftigt zu sein scheinen als mit der äußeren? Sie haben die Erfahrung gemacht, dass manches Wichtige von Ihren Gesprächspartnern nicht ausgesprochen wird, oder Sie bekommen oft zu hören, dass man Ihnen etwas Bestimmtes doch schon gesagt habe? Dann sollten Sie aus eigener Initiative nachfragen, wenn Sie eine Information brauchen, vermuten, dass Sie eine brauchen könnten, oder wenn Ihnen etwas unklar ist. Schlimmer als die Antwort „Das habe ich doch schon gesagt" ist es, hinterher zu hören „Da hätten Sie eben fragen sollen."

Hürde 2: Gesagt ist nicht gehört

Wo mehrere Menschen zusammenarbeiten, ist nicht immer allen klar, wer welche Nachricht tatsächlich gehört hat. Gerade bei Mitteilungen von mittlerem Wichtigkeitsgrad besteht die Gefahr, aus dem Auge zu verlieren, dass nicht alle, die das Thema anging, anwesend waren.

Um zu hören, was ein anderer gesagt hat, müssen Sie aber anwesend sein – physisch und mental. Diese Bedingung ist nicht trivial. Wenn nämlich Anwesenheit fälschlich vorausgesetzt wird, können Irritationen und Missverständnisse entstehen.

Beispiel: Unbemerkte Abwesenheit

Arne Kraus sitzt mit Kollegen am Mittagstisch. Eine Kollegin erwähnt den bevorstehenden Betriebsausflug. Herr Kraus: „Seit wann steht denn der Termin fest?" Die Kollegin antwortet: „Der wurde auf der Sitzung am Montag besprochen, du warst doch dabei." Herr Kraus: „Nein, war ich nicht. Ich war beim Kunden."

Training 2
Informationsfluss gewährleisten

Welche kommunikativen Anforderungen illustriert das obige Beispiel? Beschreiben Sie aus der Sender- und aus der Empfängerperspektive, was zu tun ist, um einen ausreichenden Informationsfluss sicherzustellen.

Senderperspektive	Empfängerperspektive

Lösung 2: Informationsfluss gewährleisten

Eine Nachricht soll alle erreichen, die von ihr betroffen sind. Besonders dann, wenn eine Information nur mündlich verbreitet wird, besteht die Gefahr, dass abwesende Adressaten nicht unterrichtet werden. Wenn Sie auf einen vollständigen Informationsfluss angewiesen sind, sollten Sie so vorgehen:

Senderperspektive	Empfängerperspektive
• Stellen Sie sich die Kontrollfragen: „Wissen alle davon, die es wissen müssen?", „Sind alle hier, die es betrifft?". • Sorgen Sie bei wichtigen Informationen dafür, dass alle Nichtanwesenden anderweitig erreicht werden. • Stellen Sie dies durch einen Kontrollschritt sicher (z. B. Umlauf mit Abzeichnung, terminierte Antwortmail).	• Informieren Sie sich aktiv, was in Ihrer Abwesenheit besprochen und beschlossen wurde. • Im Beruf ist Information keine Bring-, sondern eine Holpflicht.

Für die beiden Protagonisten aus dem Beispiel „Kundenberatung" hätten diese Erkenntnisse folgende Bedeutung:

Beispiel: Kundenberatung (Teil2)

Frau Brose hatte auf einer internen Fortbildung die Art der Kundenberatung erläutert, die sie von ihrem Personal erwartet. Ihr ist allerdings nicht gegenwärtig, dass Herr Martinov dabei nur zeitweise anwesend sein konnte.

Herr Martinov fragt seine Chefin, was er auf der Fortbildung, die er wegen einer Beerdigung vorzeitig verlassen musste, inhaltlich verpasst hat. Sie verabreden deshalb ein Gespräch zu zweit zum Thema Kundenberatung.

Mentale Abwesenheit

Nicht allein dadurch, dass Menschen sich im gleichen Raum und in Hörweite aufhalten, ist gesichert, dass sie tatsächlich hören, was gesagt wird. Vielfältige Gründe können ihre Aufmerksamkeit anders steuern: Auch wenn die Schallwellen des Gesagten ihr Ohr erreichen, wenn sie innerlich mit anderem beschäftigt sind, hören sie nicht zu.

Beispiel: In die Arbeit vertieft

Iris Soltan arbeitet gemeinsam mit einer Kollegin im gleichen Raum, sie ist ganz in ihre Aufgabe vertieft. Da bemerkt sie, ganz am Rand ihrer Wahrnehmung, dass die Kollegin sie fragend und erwartungsvoll anschaut. „Hast du etwas gesagt?", erkundigt sich Iris und kann sich nicht erinnern, etwas gehört zu haben.

In entspannten Situationen ist eine solche zeitweilige Abwesenheit des Gesprächspartners belanglos. Wenn es Ihnen aber wichtig ist, dass Ihre Information die Empfänger sicher erreicht, ist es nützlich, sich die Hürde „Gesagt ist nicht gehört" in Erinnerung zu rufen.

Hürde 3: Gehört ist nicht verstanden

Für Sie als **S**ender einer Nachricht bedeutet dies, dass Sie sich vergewissern müssen, was die anderen verstanden haben. Überprüfen Sie die Voraussetzungen Ihrer Zuhörer und klären Sie im Zweifelsfall, ob Sie wirklich über denselben Sachverhalt, dieselbe Person sprechen.

Wenn Sie der **E**mpfänger einer Nachricht und sich nicht sicher sind, ob Ihr Gegenüber gemeint hat, was Sie verstanden haben, sollten Sie unbedingt nachfragen.

Training 3
Der richtige Umgang mit Arbeitsanweisungen

In einem Meeting hören Sie die Aufforderung Ihres Chefs: „Haben Sie ein Auge auf die einschlägige Fachpresse!"
Schreiben Sie nun detailliert auf, was Sie darunter verstehen.

Lösung 3: Der richtige Umgang mit Arbeitsanweisungen

Vergleichen Sie, welche der folgenden Aspekte in Ihrer Antwort vorkommen:
- Wer von den Anwesenden soll die Aufgabe übernehmen? Sie allein? Alle Anwesenden?
- Um welche Publikationen handelt es sich im Einzelnen?
- Für welchen Zeitraum gilt diese Anweisung? Bis zur nächsten Sitzung oder bis zum Ende des Projekts? Ist es eine Daueraufgabe?
- Welches Handeln soll daraus folgen? Sich selber auf dem Laufenden zu halten, Kollegen zu informieren oder dem Chef zu berichten? Soll dies regelmäßig geschehen oder nur, wenn Ihnen etwas besonders wichtig für Ihr Unternehmen erscheint?
- Wissen Sie, mit welchem Ziel dieser Auftrag verbunden ist?

So viel an Präzisierung findet in den meisten Fällen nicht statt. Aus gutem Grund: Geteilte – oder vermeintlich geteilte – Selbstverständlichkeiten werden häufig nicht ausgesprochen, um Energie und Zeit zu sparen. Dies funktioniert jedoch nur, wenn alle Beteiligten von identischen Voraussetzungen ausgehen.

Wie Missverständnisse entstehen

Bei Ihrer Antwort zu Training 3 kommt es nicht auf die Vollständigkeit der genannten Aspekte an: Es zählt vor allem, ob Ihr Auftraggeber genau das gemeint hat, was Sie verstanden haben. Hier passieren häufig Fehleinschätzungen, denn Menschen neigen dazu, die eigenen Selbstverständlichkeiten auch bei anderen zu unterstellen. Wir alle denken Voraussetzungen mit, ohne uns darüber im Einzelnen klar zu sein. Wenn Gesprächsteilnehmer dieselben Annahmen voraussetzen, gelingt die Verständigung. Ist dies nicht der Fall, ist Missverstehen programmiert. Sobald Sie darauf bewusst achten, werden Sie täglich in Gesprächen unterschiedliche Bedeutungszuschreibungen und unterschiedliche Gewichtungen wahrnehmen.

Wenden wir nun zur Veranschaulichung diese Erkenntnisse wieder auf das Beispiel mit der Ladeninhaberin Frau Brose und ihrem Verkäufer Herrn Martinov an:

Beispiel: Kundenberatung (Teil 3)
Frau Brose erläutert im Gespräch mit Herrn Martinov die Art, Kunden zu beraten, die sie erwartet, und vergewissert sich, ob Herr Martinov sie verstanden hat.
Herr Martinov hört seiner Chefin gut zu und gibt, was er verstanden hat, abschließend in seinen Worten wieder.

Tipp: Scheuen Sie sich nicht zu fragen

Manche Menschen befürchten, sich durch Nachfragen bloßzustellen, besonders wenn sie sich noch unsicher fühlen. Die Außenwirkung ist jedoch meist gegenteilig, denn rechtzeitiges Nachfragen beugt Zeitverschwendung vor. Das wissen gute Führungskräfte zu schätzen.

Sie können Ihre Nachfrage auf verbindliche Art einleiten, z. B. so: „Ich möchte mich gern vergewissern, ob ich Sie richtig verstanden habe."

Wo Verständigungshindernisse noch liegen können

Die bisher erläuterten unterschiedlichen Bedeutungszuschreibungen sind im Berufsalltag die Haupthindernisse, wenn Verständigung nicht ausreichend funktioniert. Außerdem erschweren noch weitere Erschwernisse ganz unterschiedlicher Art den Weg zum Verstehen:

- akustische, wenn die Lautstärke des Senders und die Hörfähigkeit des Empfängers nicht zusammenpassen (Alter) oder Umgebungsgeräusche die Nachricht übertönen;
- sprachliche, wenn der Empfänger die Sprache der Nachricht nicht verstehen kann; das kann auch auf Dialektausdrücke und Fachbegriffe zutreffen und auf körpersprachliche Gesten, die regional unterschiedliche Bedeutungen haben (kultureller Hintergrund);
- intellektuelle, wenn Sender und Empfänger im Abstraktionsgrad, in der Verfügung über Wissen oder in ihrem Gebrauch sprachlicher Bilder nicht aneinander

anschließen können (Bei sehr jungen Menschen fallen das logische Vermögen und die Vorstellungskraft oft weit auseinander.);

* emotionale, wenn eine Situation durch starke Gefühle derart geprägt ist, dass die Wahrnehmung der beteiligten Personen eingeschränkt ist (z. B. durch Angst, Hierarchiegefälle), oder wenn das Einfühlungsvermögen in das Befinden anderer noch nicht entwickelt oder blockiert ist (noch nicht ausreichende Selbststeuerung, mangelnde Fortbildung).

Wenn es zu Ihren Aufgaben gehört, andere anzuleiten oder einzuarbeiten, ist es sinnvoll, anhand der oben stehenden Liste zu prüfen, welche Hindernisse das Verstehen erschweren könnten und wie Sie das, was Sie vermitteln wollen, besser an die Fähigkeiten Ihrer Zielgruppe anpassen können.

Hürde 4: Verstanden ist nicht einverstanden

Beispiel: Kundeberatung (Teil 4)

Frau Brose hat mit Herrn Martinov seine Art besprochen, Kunden zu beraten. Sie hat dazu Verbesserungsvorschläge gemacht: Er möge aus eigener Initiative mehr Alternativvorschläge machen, und zwar solche, die zum Stil der Kunden passen. Danach hat sie sich vergewissert, ob er ihre Vorschläge verstanden hat.

Herr Martinov hat das, was Frau Brose sich vorstellt, in seinen Worten zu ihrer Zufriedenheit wiedergegeben.

Training 4:
Unterscheiden Sie zwischen Verstehen und Einverständnis

Versetzen Sie sich in beide Gesprächspartner des Beispiels Kundenberatung hinein. Schreiben Sie in Stichworten auf, wie der nächste Gesprächsschritt aus der jeweiligen Perspektive aussehen könnte.

Lösung 4: Unterscheiden Sie zwischen Verstehen und Einverständnis

An das skizzierte Gespräch zwischen Frau Brose und Herrn Martinov sollte sich folgender Schritt anschließen:

- Frau Brose vergewissert sich, ob Herr Martinov ihre Sicht teilt. Was hält er von ihren Vorschlägen, wie kann er sie umsetzen? Wenn er Einwände hat, was wäre ein Vorgehen, das seine innere Zustimmung fände?
- Herr Martinov bringt seine Bedenken zum Ausdruck und erklärt, welche Schwierigkeiten er sieht.

Im Beispiel könnte das so aussehen:
- Frau Brose bemerkt an der Art, wie Herr Martinov das Geforderte schildert, seine Skepsis und fragt ihn nach seiner Einstellung dazu.
- Herr Martinov erklärt Frau Brose, dass er bezweifelt, ihre Anforderungen umsetzen zu können. Er erläutert ihr, dass er bei Kunden schon schlechte Erfahrungen mit aktiven Vorschlägen gemacht hat und befürchtet, aufdringlich zu wirken.
- Gemeinsam erarbeiten Frau Brose und Herr Martinov nun ein Beratungsverhalten, das seinem Umgangsstil eher entspricht: Seine Stärke ist es, zu fragen und genau herauszuhören, was Menschen sich wünschen; diese Fähigkeit soll er verstärkt einsetzen. Außerdem wird er eine Fortbildung zu den Themen Stil und Farbtypen besuchen, um sicherer zu werden.

Kommunikation ist kein Selbstzweck

Wenn Sie sich vergewissert haben, dass Sie verstanden haben, was Ihr Gegenüber Ihnen mitgeteilt hat, oder dass Sie verstanden worden sind, ist ein Gespräch, das etwas bewirken soll, also noch nicht vollständig. Zumindest im Berufsleben geht es weiter, Kommunikation ist kein Selbstzweck. Fördern Sie das Umsetzen Ihrer Absichten in Handeln und verschaffen Sie sich zunächst die Sicherheit, dass Ihr Gegenüber das, was zu tun ist, so sieht wie Sie.

To Do: Gesprächsziel „Einverständnis"

Aus der Senderperspektive: Überprüfen Sie, ob die Zustimmung Ihres Gesprächspartners „Ja, verstanden" oder „Ja, einverstanden" heißt.

Aus der Empfängerperspektive: Teilen Sie mit, was Ihre Zustimmung konkret bedeutet.

Verstehen ist schon viel, doch allein damit ist es nicht getan. Es wird nichts (oder zu wenig) geschehen, wenn jemand Sie zwar sachlich versteht, aber nicht der Ansicht ist, dass auch geschehen sollte, was Sie vorschlagen oder fordern. Bestenfalls erreichen Sie halbherziges Handeln. Nur wenn es Ihnen gelingt, Ihren Gesprächspartner zu überzeugen, wird er offensiv vertreten, was Sie anstreben, und selbst dafür sorgen, dass es beibehalten wird.

Dieser Aspekt ist besonders bedeutsam, wenn Sie mit hierarchisch untergeordneten Menschen sprechen. Angst vor negativen Konsequenzen, falsch verstandene Anpassungsbereitschaft und generell die Angst vor Veränderung bringt Menschen, die sich abhängig fühlen, dazu, ihre Einwände nicht oder nicht deutlich genug zu äußern. Damit geht dem Unternehmen eine wertvolle Perspektive verloren und es werden Lösungsmöglichkeiten verpasst, die erst durch die Auseinandersetzung mit beiden Perspektiven entwickelt werden können.

Einverständnis aus der Senderperspektive

Fragen Sie interessiert und neugierig, was Ihre Gesprächspartner von Ihren Vorschlägen halten. Wenn Sie Vorgesetzter oder Vorgesetzte sind, geben Sie sich nicht mit förmlicher Zustimmung zufrieden, sondern interessieren Sie sich dafür, was die Menschen, die Sie anleiten, wirklich denken. Schätzen Sie das Verbesserungspotential, das in Bedenken und Einwänden liegt. Es gibt oft gute Gründe für Vorbehalte. Die Realität ist so komplex, dass niemand alle Auswirkungen allein überblicken kann. Und denken Sie daran: Niemand weiß über die Zustände in Ihrer Organisation besser Bescheid als Ihre Mitarbeiter.

Einverständnis aus der Empfängerperspektive

Tun Sie eindeutig kund, ob Sie dem, was Ihr Gegenüber gesagt hat, inhaltlich zustimmen oder ob Sie es ablehnen. Wenn Sie nicht einverstanden sind, sollten Sie Ihre Einwände und Bedenken äußern. Werben Sie dafür, dass diese berücksichtigt werden. Und halten Sie sich vor Augen: Erst aus der Vielfalt der Perspektiven aller Beteiligter entstehen für die gesamte Organisation gute Lösungen.

Hürde 5: Einverstanden ist nicht ausgeführt

Beispiel: Kundenberatung (Teil 5)
Im Gespräch mit Herrn Martinov hat Frau Brose mit ihm verabredet, wie er seine persönliche Art, Kunden zu beraten, zukünftig noch verbessern kann. Nun kommt es darauf an, die Vereinbarungen im Arbeitsalltag umzusetzen

Training 5
Vereinbarungen umsetzen

Schreiben Sie in Stichworten auf, wie der nächste Schritt im obigen Beispiel aus der jeweiligen Perspektive beider Gesprächspartner aussehen könnte. Wie sollten Frau Brose und Herr Martinov am besten vorgehen, um ihre Ziele zu erreichen?

Lösung 5: Vereinbarungen umsetzen

Frau Brose nimmt in ihre Agenda auf, Herrn Martinov bei mindestens zwei Beratungsgesprächen wöchentlich zu beobachten. Außerdem will sie ihn nach seiner Fortbildung fragen, was er gelernt hat. Herr Martinov bittet Frau Brose, ihm einmal pro Woche direktes Feedback zu seinen Kundengesprächen zu geben. Er wird sich selbst ein Fortbildungsseminar aussuchen.

To Do: Überlassen Sie Ergebnisse nicht dem Zufall

Aus der Senderperspektive: Verhelfen Sie Ihren Zielen aktiv zur Umsetzung.

Aus der Empfängerperspektive: Teilen Sie mit, was Sie als Nächstes tun wollen, um die Vereinbarungen zu erfüllen.

In diesem Abschnitt ist deutlich geworden: Einverständnis allein reicht nicht. Jedenfalls dann nicht, wenn es um Ergebnisse, insbesondere Geschäftsergebnisse geht. Und auch wenn es sich um Ihre eigene Weiterentwicklung handelt (Selbstmanagement), in privaten Beziehungen und in der Kindererziehung, Verstehen und Einverständnis allein sind zu wenig. Was soll geschehen? Was sind die ersten Schritte zum Ziel? Wie und wann wollen Sie diese tun? Letztlich geht es ja um das Handeln, wenn Sie etwas erreichen oder verändern wollen – ob es nun Ihre Mitarbeiter oder Ihre eigene Person betrifft. Da Menschen aber dazu neigen, das Gewohnte beizubehalten, erfordert jede Verhaltensänderung besondere Aufmerksamkeit.

Aus der Senderperspektive betrachtet

- Fragen Sie sich selbst, was der erste Schritt zur Umsetzung ist. Fragen Sie Ihren Gesprächspartner dasselbe.
- Überlegen Sie, wie Sie diesen Schritt unterstützen können, vor allem, wenn Sie Führungsverantwortung tragen. Das heißt nicht, dass Sie selbst einen Teil der Arbeit erledigen sollten, sondern dass Sie Vorbereitung und Durchführung begleiten, damit getan werden kann, was Ihnen wichtig ist.
- Vereinbaren Sie konkret, was wann durchgeführt wird.

Aus der Empfängerperspektive betrachtet

- Fragen Sie sich selbst, was der erste Schritt zur Umsetzung ist. Fragen Sie Ihren Gesprächspartner dasselbe.
- Überlegen Sie, ob Ihr Gesprächspartner Sie unterstützen kann. Scheuen Sie sich nicht, Vorgesetzte um Hilfe bei der Umsetzung zu bitten. Das gehört zu deren Aufgaben. Verabreden Sie etwas, was realistisch möglich ist.
- Wenn Sie aktiv fragen, werden Sie sich wundern, wie viele Menschen, auch Kollegen und Vorgesetzte, zur Unterstützung bereit sind.

Tipp: Holen Sie sich Unterstützung

Wenn Sie Ihr eigenes Verhalten verändern wollen und gute Gründe haben, nicht in Ihrem beruflichen Umfeld um Hilfe zu bitten, suchen Sie sich externe Unterstützung – im privaten Kreis oder durch professionelle Beratung

---

Hürde 6: Ausgeführt ist nicht beibehalten

Beispiel: Kundenberatung (Teil 6)

Frau Brose hat mit Herrn Martinov besprochen, wie er seine persönliche Art, Kunden zu beraten, zukünftig verbessern kann. Sie haben dazu ganz konkrete Umsetzungsschritte vereinbart. Was ist jetzt noch nötig?

Training 6
Gesprächsergebnisse sichern

Erinnern Sie sich nochmals an die Vereinbarungen zwischen Frau Brose und Herrn Martinov, die in der Lösung zu Training 5 beschrieben sind. Notieren Sie nun in Stichworten, wie die Komplettierung des Gesprächs aus der jeweiligen Perspektive beider Gesprächspartner aussehen könnte.

Lösung 6: Gesprächsergebnisse sichern

Zum Gespräch zwischen Frau Brose und Herrn Martinov gehört eine Nachbereitung, die sicherstellt, dass die verabredeten Schritte auch längerfristig umgesetzt werden. Das könnte zum Beispiel so aussehen:

Frau Brose vereinbart mit Herrn Martinov ein nächstes Gespräch in sechs Wochen, in dem sie gemeinsam seine Erfahrungen und Fortschritte auswerten wollen. Sie notiert sich einen möglichen Termin und dazu den Vermerk, Herrn Martinov spätestens dann danach zu fragen, welches Fortbildungsseminar er gebucht hat.
Herr Martinov schreibt sich in seinen Kalender, in den nächsten sechs Wochen Frau Brose einmal wöchentlich nach ihrem Feedback zu fragen. Er notiert auf seiner To-Do-Liste, noch heute mit der Suche nach Fortbildungsinformationen zu beginnen und eine Freundin anzurufen, die ihm von einem Seminar erzählt hat, das passen könnte.

To Do: Kontrollieren Sie die Umsetzung von Vereinbarungen

Aus der **S**enderperspektive: Unterstützen Sie die Umsetzung von Zielen durch Kontrolle und Etappenziele.
Aus der **E**mpfängerperspektive: Schaffen Sie sich Selbstkontrollen, besonders bei neuen Aufgaben und Arbeitsabläufen.

Kontrolle gibt Orientierung

Kontrolle und Selbstkontrolle sichern Gesprächsergebnisse, sie unterstützen und machen wahrscheinlicher, dass angestrebte Ziele erreicht werden. Kontrolle gibt Orientierung: Sind die Arbeitsergebnisse in Ordnung, ist das für alle Beteiligten entlastend, sind sie es noch nicht, ist das Anlass, darüber nachzudenken, wie das gewünschte Ergebnis erreicht werden kann oder ob es Gründe gibt, die Bedingungen zu überprüfen und eventuell die Vorgaben zu ändern.

Senderperspektive	Empfängerperspektive
• Sichern Sie Gesprächsergebnisse, indem Sie vereinbaren, wann die Ergebnisse ausgewertet werden. • Legen Sie einen Termin für diese Nachbesprechung fest.	• Sichern Sie Gesprächsergebnisse, indem Sie das, was Sie dafür zu tun haben, in kleine Schritte unterteilen und terminieren. • Bitten Sie diejenigen, die am Ergebnis Ihrer Arbeit interessiert sind (Kollegen, Vorgesetzte) um Feedback. • Vereinbaren Sie einen Termin, zu dem Sie das Erreichte besprechen und bewerten.

Die sechs Kommunikationshürden auf einen Blick

Nachdem Sie nun die hier zugrunde gelegten sechs Hürden der Kommunikation kennen gelernt und bearbeitet haben, wird am Beispiel von Frau Brose und Herrn Martinov im Zusammenhang dargestellt, wie man sie überwindet.

Kommunikationshürde	Geschäftsinhaberin Frau Brose	Verkäufer Herr Martinov
1 Gedacht ist nicht gesagt.	... bemerkt, dass Herr Martinov nicht von sich aus Kunden auf Bekleidungskombinationen hinweist. Sie muss es ihm sagen.	... weiß nicht, ob seine Chefin mit seiner Art, die Kunden zu beraten, zufrieden ist. Er muss sie fragen.
2 Gesagt ist nicht gehört.	... hatte auf einer internen Fortbildung die Art der Kundenberatung erläutert, die sie von ihrem Personal erwartet. Ihr ist nicht gegenwärtig, dass Herr Martinov dabei nur zeitweise anwesend sein konnte.	... fragt seine Chefin, was er inhaltlich verpasst hat. Deshalb verabreden beide ein Gespräch zu zweit zum Thema Kundenberatung.
3 Gehört ist nicht verstanden.	... erläutert die Art zu beraten, die sie erwartet, und vergewissert sich, ob Herr Martinov verstanden hat.	... hört Frau Brose gut zu und gibt, was er verstanden hat, in seinen Worten wieder.
4 Verstanden ist nicht einverstanden.	... bemerkt seine Skepsis an der Art, wie Herr Martinov das von ihr gewünschte Verhalten schildert, und fragt ihn nach seiner Einstellung dazu. Gemeinsam erarbeiten sie ein Beratungsverhalten, das seinem Umgangsstil eher entspricht: Seine Stärke ist es, zu fragen und genau herauszuhören, was Menschen sich wünschen; dies soll er mehr einsetzen. Außerdem wird er eine Fortbildung zu Stil und Farbtypen besuchen.	... erklärt Frau Brose, dass er bezweifelt, ihre Anforderungen umsetzen zu können. Er erläutert ihr, dass er schlechte Erfahrungen mit aktiven Vorschlägen gemacht hat und befürchtet, aufdringlich zu wirken.
5 Einverstanden ist nicht ausgeführt.	... nimmt in ihre Agenda auf, Herrn Martinov bei mindestens zwei Beratungsgesprächen wöchentlich zu beobachten und ihn nach seiner Fortbildung zu fragen, was er gelernt hat.	... bittet Frau Brose, ihm einmal pro Woche direktes Feedback zu seinen Kundengesprächen zu geben, und wird sich ein passendes Fortbildungsseminar aussuchen.
6 Ausgeführt ist nicht beibehalten.	... vereinbart mit Herrn Martinov ein nächstes Gespräch in sechs Wochen, in dem sie gemeinsam seine Erfahrungen und Fortschritte auswerten wollen. Sie notiert sich einen möglichen Termin und dazu den Vermerk, Herrn Martinov spätestens dann zu fragen, welches Seminar er gebucht hat.	... schreibt sich in seinen Kalender, in den nächsten sechs Wochen Frau Brose einmal wöchentlich nach ihrem Feedback zu fragen. Er notiert auf seiner To-Do-Liste, noch heute mit der Suche nach Fortbildungsinformationen zu beginnen.

To Do: Warum Gespräche scheitern

Schauen Sie nun noch einmal nach, was Sie sich zum ersten To Do dieses Kapitels, in dem Sie ein gescheitertes Gespräch analysieren sollten, notiert haben. Ordnen Sie die Ursachen, die Sie für das Misslingen gefunden haben, den hier beschriebenen sechs Hürden der Kommunikation zu.

Zum raschen Nachschlagen und Wiederholen dient die folgende Tabelle. Hier sind in Kurzfassung alle sechs Kommunikationshürden und Empfehlungen, wie man sie überwinden kann, aufgeführt. Sowohl die Sender- als auch die Empfängerperspektive sind berücksichtigt.

Kommunikationshürde	Senderperspektive	Empfängerperspektive
1 Gedacht ist nicht gesagt.	Sprechen Sie aus, was andere wissen müssen, um ihre Arbeit nach Ihren Vorstellungen erledigen zu können.	Fragen Sie nach, wenn Sie nicht sicher sind, was von Ihnen erwartet wird.
2 Gesagt ist nicht gehört.	Vergewissern Sie sich, was die anderen gehört haben.	Besorgen Sie sich die Informationen, die Sie verpasst haben.
3 Gehört ist nicht verstanden.	Vergewissern Sie sich, was die anderen verstanden haben.	Sagen Sie, was bei Ihnen angekommen ist.
4 Verstanden ist nicht einverstanden.	Überprüfen Sie, ob die Zustimmung „Ja, verstanden" oder „Ja, einverstanden" heißt.	Teilen Sie mit, was Ihre Zustimmung bedeutet.
5 Einverstanden ist nicht ausgeführt.	Verhelfen Sie Ihren Zielen zur Umsetzung.	Sagen Sie, was Sie zur Umsetzung brauchen.
6 Ausgeführt ist nicht beibehalten.	Unterstützen Sie durch Kontrolle.	Schaffen Sie sich Selbstkontrollen, besonders bei neuen Aufgaben.

Training 7
Wenden Sie Ihr Kommunikationswissen auf Ihren Arbeitsauftrag an

Wenden Sie nun anhand der folgenden Aufgabenstellung das, was Sie in diesem Kapitel gelernt haben, auf Ihre eigene Arbeitssituation an. Erarbeiten Sie wieder beide Perspektiven schriftlich. Das Aufschreiben ist unerlässlich, weil es Sie dazu führt, genau zu sein, konkret zu werden und sich festzulegen.

Senderperspektive:
Sie müssen einen Kollegen oder Mitarbeiter einarbeiten oder haben ihm einen Arbeitsauftrag gegeben. Was können Sie tun, um sicherzustellen, dass der Betreffende genau weiß, was er zu tun hat, und dass das auch geschieht?

Empfängerperspektive:
Überprüfen Sie, ob Sie genau wissen, was Ihr Chef oder Ihre Chefin von Ihnen erwartet. Schreiben Sie auf,

- was Sie explizit gehört haben,
- was Sie erschlossen haben,
- was Sie annehmen oder vermuten.

Formulieren Sie präzise die Aspekte, die Ihnen fraglich sind.

Lösung 7: Wenden Sie Ihr Wissen an

Senderperspektive:

- Sie haben den Arbeitsauftrag genau definiert.
- Sie haben anhand der sechs Hürden die einzelnen Schritte festgelegt, die die Voraussetzungen für eine erfolgreiche Kommunikation sind.
- Eine Kommunikation ist dann erfolgreich, wenn Sie erreicht haben, was Sie erreichen wollten.

Anhand Ihrer Aufzeichnungen können Sie nun überprüfen, wo noch Handlungsbedarf besteht.

Empfängerperspektive:

- Sie haben die Beschreibung Ihrer Funktion oder Ihrer Stelle notiert, so wie Sie Ihre Aufgaben momentan interpretieren.
- Sie haben aufgeschrieben, was Ihnen klar ist und wo Sie Unklarheiten in Ihrem Auftrag sehen.

Das sind die Grundlagen für ein Gespräch mit Ihrem Chef/Ihrer Chefin, das Sie initiieren sollten, wenn Unklarheiten vorliegen.

Fazit

- Es ist nicht selbstverständlich, wenn Sie verstehen, was gemeint ist, und wenn Sie mit Ihrem Anliegen verstanden werden. Wenn Kommunikation problemlos gelingt, haben Sie allen Grund, sich dankbar zu wundern.
- Aussprechen, Hören und Verstehen sind die Grundbedingungen für eine gelungene Kommunikation.
- Übereinstimmung prüfen sowie Umsetzung fördern und kontrollieren ist besonders im Berufsleben unabdingbar, um Ergebnisse zu erzielen.
- Trotzdem klappt nicht immer alles. Gespräche sind so komplex wie Menschen und Situationen und es ist unmöglich, alle Schritte ständig ausreichend zu berücksichtigen.
- Ihre Gesprächskompetenz ist gut, wenn Sie aufmerksam wahrnehmen, wann sich Missverständnisse anbahnen, die Fehlerquellen kennen und bei Bedarf korrigieren.

2 Wie Sie gezielt trainieren, Gespräche zu steuern

In diesem Kapitel trainieren Sie neun Verfahren zur Verständigung, dabei handelt es sich um die Basisfertigkeiten der Gesprächsführung, die Sie in jedem zielorientierten Gespräch nutzen können. Einige davon werden Sie kennen, Sie haben sie bereits durch Gespräche gelernt, denn schließlich sind Gespräche das am häufigsten eingesetzte Medium im Beruf.

Überprüfen und testen Sie, welche Techniken Ihnen in beruflichen Gesprächen bereits geläufig sind und welche Sie künftig genauer und intensiver einsetzen wollen.

Geistige Einstellung

Über alle Techniken hinaus ist jedoch die geistige Einstellung wirksam, mit der Sie Gespräche führen. Mit welcher inneren Haltung Sie in einen Dialog gehen, ist entscheidend für Ihre Wirkung auf andere. Wie dieses zentrale Training wirkt, erfahren Sie im Kapitel „Der Kern Ihrer Gesprächskompetenz: Ihre innere Einstellung".

Machen Sie sich das Gesprächsziel klar

Selbst wenn Sie bisher noch an keiner Fortbildung teilgenommen haben, die „Gespräche vorbereiten" zum Thema hatte, so haben Sie aber Gespräche geführt, möglicherweise auch Besprechungen geleitet, und dabei erfahren, was sich förderlich und was sich hinderlich auswirkt.

Training 8
So bereiten Sie ein Gespräch vor

Bitte notieren Sie, wie Sie eine Besprechung vorbereiten oder vorbereiten würden, die Sie einberufen und leiten.

Lösung 8: So bereiten Sie ein Gespräch vor

1. Klären Sie das Ziel des Gesprächs für sich genau, sodass Sie wissen,
   - warum Sie sich mit diesen Gesprächsteilnehmern zu dieser Besprechung zusammensetzen,
   - was Sie damit erreichen wollen und
   - was für Sie ein gutes Gesprächsergebnis wäre.
2. Machen Sie allen Beteiligten das Gesprächsziel klar und versetzen Sie Ihre Gesprächspartner in die Lage, aktiv an einem guten Ergebnis mitzuwirken. Verschicken Sie dazu eventuell vorab eine Agenda bzw. Tagesordnung und Unterlagen.
3. Bringen Sie sich selbst in einen guten Zustand, der hilfreich für Ihre Ziele ist. Nur wenn Ihnen selbst klar ist, was Sie wollen, und Sie das auch innerlich unterstützen, können Sie die Gesprächsziele engagiert vertreten.

Außerdem ist es nötig,

- den Zeitpunkt der Besprechung so zu terminieren, dass alle, die für das Ergebnis gebraucht werden, teilnehmen können,
- die Zeitdauer realistisch zu begrenzen, sodass alle Beteiligten wissen, wann sie wieder für andere Aufgaben frei sind,
- den Ort und den Rahmen so zu wählen, dass die Arbeitsfähigkeit unterstützt wird.

Zweckgerichtete Vorbereitung

Sie erfahren in diesem Abschnitt mehr zu den ersten drei Punkten, die für jede Art von Gespräch gelten. Die letzten werden im nächsten Abschnitt erläutert. Sie betreffen speziellere Aspekte der Vorbereitung und sind abhängig vom Zweck des Gesprächs sowie davon, welche Aufgaben Sie haben und wie Ihr Gespräch in organisationale Prozesse eingebettet ist.

Checkliste: Einfache Leitlinien der Vorbereitung	
Was will ich erreichen?	
Was brauchen die anderen?	
Was brauche ich dazu?	

Klären Sie das Gesprächsziel

Gleich welche Art von Gespräch Sie vorbereiten und auch wenn Ihre Zeit nur sehr knapp ist: Klären Sie *immer* vorab das Ziel. Machen Sie sich klar, was der Zweck der Zusammenkunft ist:

- Brauchen Sie eine gemeinsame Klärung oder Entscheidung?
- Geht es um den Austausch von Informationen?
- Oder um das Zusammentragen von Ideen oder Meinungen?
- Sind Sie als Experte mit Ihrem Fachwissen gefragt?
- Wollen Sie in der Vorgesetztenrolle ein Statement abgeben?
- Sind Sie in der Rolle, jemanden zu beraten oder anzuleiten?
- Wollen Sie für eine Sache werben?
- Wollen Sie eine Entscheidung mitteilen?

Welche Fragen, Absichten, Notwendigkeiten stehen hinter diesem Gespräch? Wenn Sie diese Frage nicht beantworten können oder mit der Antwort nicht zufrieden sind, sollten Sie in Erwägung ziehen, den Termin abzusagen und die eingesparte Zeit für die Klärung zu nutzen. Das nützt Ihrer Arbeitsaufgabe mehr als eine unklare und damit nicht steuerbare Besprechung.

Das Ziel nimmt das Ergebnis nicht vorweg

Ein Gesprächsziel ist kein inhaltlich vorweggenommenes Gesprächsergebnis, es kann z. B. so formuliert sein: „Wir verabreden gemeinsam die Prioritäten der anstehenden Aufgaben." Oder noch konkreter: „Am Ende der Besprechung, in 45 Minuten, haben wir uns auf eine Maßnahmenliste geeinigt und die Rangfolge der anstehenden Aufgaben festgelegt." Auch bei Ihren Telefongesprächen profitieren Sie von solch einer zielorientierten Vorbereitung.

Aus der Sender- und Empfängerperspektive

Besonders in der Rolle der *Gesprächsleitung* haben Sie die Aufgabe, dafür zu sorgen, dass alle Beteiligten ihre Kenntnisse, Erfahrungen und Perspektiven dazu nutzen können, das Gesprächsziel zu erreichen. Kommunikation ist kein Selbstzweck.

Sind Sie *Teilnehmer* eines Gesprächs, sollten Sie ebenfalls für sich klären, was Sie mit diesem Gespräch bezwecken, damit Sie zu einem zufrieden stellenden Ergebnis beitragen können. Und fragen Sie möglichst frühzeitig nach Zweck und Ziel der Zusammenkunft, falls darüber Unklarheit besteht.

> **Tipp: Gespräche mit besonderem Zweck**
>
> Es gibt Gespräche, auch Telefongespräche, die der eigenen Entlastung dienen. Solch Psychohygiene kann hilfreich und wichtig sein. Im Gespräch mit vertrauten Kollegen können Sie sich innerlich sortieren. Kündigen Sie solche Gesprächszwecke fairerweise an, z. B.: „Ich bin während der Diskussionsleitung in eine verzwickte Situation geraten, ich wusste nicht mehr, wie ich zur Sache zurückkommen sollte. Mir ist noch nicht klar, wie das passiert ist. Würden Sie das bitte mit mir gemeinsam analysieren?

Die folgende Checkliste können Sie für die Vorbereitung Ihres nächsten Gesprächs oder einer Besprechung nutzen:

Checkliste: Klärung des Gesprächsziels	
Was ist das Ziel des Gesprächs? (In einem Satz)	
Gibt es ein offizielles Ziel, z. B. ausgerichtet an Projektmeilensteinen, an strategischen Zielen der Organisation?	
Haben Sie eigene Ziele? Was wollen Sie erreichen, worauf besonderen Wert legen?	
Kontrollfrage: Ist diese Besprechung wirklich nötig? Könnte Ihr Ziel auf andere Weise (Telefonkonferenz, Mail) wirtschaftlicher erreicht werden?	
Mit welcher inneren Einstellung gehen Sie in dieses Gespräch?	

Weitere Hinweise zur Vorbereitung von speziellen Gesprächen finden Sie ab Seite 150.

Was ist Ihre Stärke?

Dieses Plädoyer für klare Gesprächsziele kann für Sie unterschiedliche Bedeutung haben: Wenn Sie zu den Menschen zählen, die sich durch Zielstrebigkeit und Strukturiertheit auszeichnen, dann werden Sie hier kein großes Übungsfeld entdecken. Eher ist für Sie zum Ausgleich nötig, dass Sie sich an die Legitimität von Smalltalk erinnern, daran, dass neben der nötigen Zielorientiertheit auch Kontaktpflege und Interesse aneinander ihren Platz haben und zu einem guten Arbeitsklima beitragen.

Gehören Sie eher zu denjenigen, die der Pflege sozialer Kontakte Raum geben, weil Sie wissen, dass es ineffektiv ist, dieses Bedürfnis zu übersehen, können Sie sich klar machen, dass Sie mit straffen Besprechungen, die an klaren Zielen orientiert sind, Ihren Kollegen und Mitarbeitern Respekt zollen.

Angemessene Rahmenbedingungen

Ein Gespräch erfordert nicht nur eine klare Zielorientierung, sondern häufig ist es zusätzlich nötig, den Rahmen, in dem es stattfinden soll, vorzubereiten. Dazu gehören die folgenden bereits erwähnten Aspekte:

* Terminieren Sie den Zeitpunkt der Besprechung so, dass alle, die für das Ergebnis gebraucht werden, daran teilnehmen können.
* Begrenzen Sie die Zeitdauer, sodass alle Beteiligten wissen, was in welcher Zeit erledigt werden soll und wann sie wieder für andere Aufgaben frei sind.
* Wählen Sie den Ort und den Rahmen so, dass die Arbeitsfähigkeit unterstützt wird.

Umstände anpassen

Eine auf 20 Minuten angesetzte Lagebesprechung zu viert kann an Stehtischen zügig abgewickelt werden (Stehen fördert die Zeitdisziplin), für eine halbtägige Konzeptsitzung mit auswärtigen Gästen sind ein gut zu lüftender Raum, Getränke, unter Umständen Präsentationsmedien und ein Imbiss notwendig.

Tipp: Lassen Sie Besprechungen nicht ausufern

Achten Sie darauf, dass sich die Gesprächsteilnehmer nicht in Grundsatzfragen verstricken. Sie sprengen den Rahmen von Gesprächsanlässen, die der Steuerung des Tagesgeschäfts dienen. Auch wenn es nicht Ihre Rolle ist, das Gespräch zu leiten, sollten Sie darauf hinweisen.

Was bei Präsentationen, bei Bewerbungs- und Akquisegesprächen selbstverständlich ist, sollten Sie auch für Mitarbeitergespräche, Team-Meetings und Besprechungen im eigenen Haus beachten: Gute Vorbereitung fördert jedes geplante Gespräch. Sie schaffen sich damit eine solide Arbeitsgrundlage und stärken Ihre Selbstsicherheit. Außerdem zollen Sie den Gesprächsteilnehmern Respekt und das verbessert das Arbeitsklima und die Qualität der Ergebnisse.

Mit Hilfe der folgenden Vorlage können Sie sich Ihre eigenen Checklisten erstellen, die Sie an die unterschiedlichen Gesprächs- und Besprechungsarten, für die Sie zuständig sind, anpassen können.

Checkliste: Vorbereitung von Besprechungen

Anlass	Organisation	Datum	Art der Besprechung

Ziele
- Offizielle Ziele – orientiert an Projektmeilensteinen, strategischen Zielen der Organisation
- Eigene Ziele – was will ich erreichen und worauf besonderen Wert legen?

Kontrollfragen
- Ist diese Besprechung wirklich nötig?
- Könnte ihr Ziel auf andere Weise (Telefonkonferenz, Mail) wirtschaftlicher erreicht werden?

Teilnehmer/Innen

Können alle oder die meisten den Termin wahrnehmen?

Eigene Rolle	Vorgesetzte/r	Kollege/Kollegin	extern

Aufgabenverteilung

Wer übernimmt
- die Moderation?
- das Protokoll?
- einzelne Tagesordnungspunkte?

Vorbereitung (vorab zu tun/zu veranlassen)
- Was müssen die Teilnehmer vorab oder in der Sitzung über den Stand der Dinge/Pläne/die nächsten Schritte wissen?
- Beginn, Ende, Pause festlegen
- Unterlagen erstellen (knapp im Umfang); wer macht das bis wann?
- Unterlagen verschicken, bei externen Teilnehmern Anreise erleichtern: Wegbeschreibungen mit den Unterlagen verschicken bzw. Link mit schicken
- Plakate, Präsentation vorbereiten

Persönliche Vorbereitung
- Was ziehe ich an, damit ich mich sicher fühle?

Rahmen
- Ist ein geeigneter Raum zum Termin frei? (Störungsfreiheit!)
- Pinnwände, Flipchart, Stifte
- Getränke
- Ausschilderung im Haus

Ablauf
- Kennen sich alle Teilnehmer?
- Ist Zeit für Informelles vorab nötig?
- Wem muss Anschluss ermöglicht werden?
- Auf welches besondere Ereignis (erreichter Meilenstein, bestandene Prüfung usw.) soll ausdrücklich hingewiesen werden?
- Art des Protokolls (Verteiler, Genehmigung des letzten Protokolls, Beschlusskontrolle)· Was müssen die Teilnehmer für die Ziele dieser Sitzung wissen?
- Was soll deutlich, ins Gedächtnis gerufen werden?·
- Hintergrundunterlagen zusammenstellen: Beschlüsse, Konzepte, Vereinbarungen, Verträge usw.

Schluss
• Welcher Abschluss der Besprechung entspricht dem Ziel?
• Aufgabenverteilung, Zusammenfassung der Ergebnisse, Dank usw.
Nachbereitung
• (Foto-)Protokoll
• Umsetzung der Aufgaben, Bericht an wen?
• Information an Abwesende
• Beschlusskontrolle

Aktives Zuhören

Sprechen und Zuhören sind die kommunikativen Basiskompetenzen, die Sie tagtäglich in vielen unterschiedlichen Situationen praktizieren. Überprüfen Sie anhand der folgenden Liste, was für Sie Zuhören bedeutet:

Hören Sie üblicherweise so zu?	Ja	Nein
Ich weiß oft schon nach dem ersten halben Satz, was mein Gesprächspartner sagen will.		
Ich interessiere mich mehr für das, was jemand ausdrücklich sagt, als für die Zwischentöne.		
Wenn ich mich mit jemandem unterhalte, ist es mir sehr wichtig, meine eigenen Ideen und Gedanken loszuwerden.		
Während ich zuhöre, nutze ich die Zeit, um meine Gedanken zum Thema zu formulieren und meine Argumente zurechtzulegen.		
Wenn ich zuhöre, signalisiere ich kurz, dass ich verstanden habe – durch Kopfnicken, „mmh", „sehe ich auch so", „verstehe ich" oder „Ja" – und bringe dann meine Argumente ein.		

Diese Aussagen beschreiben gängiges Zuhören, wie es in vielen Fällen, vor allem in Alltagsgesprächen, ausreicht. Auch dieses passive Zuhören ist ein sehr wirksames Instrument: Wenn Sie darauf verzichten, selbst zu sprechen, und gleichzeitig interessiert und aufmerksam schauen, ermutigen Sie andere zu sprechen.

Passives Zuhören ist oft zu wenig

Doch gewohnheitsmäßiges passives Zuhören stößt an Grenzen und reicht nicht aus, wenn die Denkwelten der Gesprächspartner oder die Arten, wie sie die Welt beurteilen, unterschiedlich sind, oder wenn sie aus verschiedenen Lebenswelten kommen. Häufig sind mitgesendete emotionale Botschaften verschlüsselt oder mehrdeutig.

Besonders gefährlich für gute Verständigung sind falsche Vorannahmen: Sie meinen, etwas verstanden zu haben, aber Ihr Gegenüber hat sich etwas ganz anderes dazu gedacht. Wieder geht es also um Vorannahmen, die nur für eine Person oder einen Teil der Beteiligten selbstverständlich sind (siehe dazu auch Seite 30 ff.). Die Gefahr des vermeintlichen Verstehens liegt besonders nahe, wenn Sie sich auf vertrautem Gelände wähnen oder wenn der Zustimmungsdruck hoch ist. Je unbekannter Ihnen etwas ist, desto eher vergewissern Sie sich, ob Sie richtig verstanden haben. Und genau darum geht es.

Aktives Zuhören geht über das Übliche hinaus

Aktives Zuhören heißt, Sie vergewissern sich aktiv, ob das, was Sie verstanden haben, dem nahe kommt, was Ihr Gegenüber gemeint hat.

Sie führen eine Rückkopplungsschleife ein und verlangsamen das Tempo des Dialogs. Das ist angebracht, wenn Sie sicher sein wollen, wirklich richtig verstanden zu haben, also wenn die Konsequenzen eines Gesprächs weitreichend sind oder in spannungsreichen Situationen, wenn ein Gesprächspartner emotional bewegt ist. In entspannten Situationen kann diese Art von Rückversicherung allerdings deplaziert oder lächerlich wirken, wie das folgende Beispiel zeigt:
Armin: „Fass' mal mit an, ich will den Schreibtisch näher ans Fenster dort stellen."
Klaas (aktiv zuhörend): „Verstehe ich dich richtig: Du meinst, ich soll dir jetzt helfen, den Schreibtisch zu verschieben?"
Geht Klaas jedoch gerade mit einem Stapel Bücher durch die Tür – die Redaktion zieht um –, kann es sinnvoll sein, sich zu vergewissern.
Klaas: „Du meinst, ich soll dir jetzt *sofort* helfen, den Schreibtisch zu verschieben?"
Armin: „Ja." Klaas: „Das geht nicht. Aber sobald ich diese Bücher verstaut habe, kann ich dir helfen." Die Wirkung der Rückversicherung ist in diesem Fall besser als ein genervtes „Nein".
Aktives Zuhören ist dann besonders nützlich, wenn Sie in Sachaussagen Gefühle mitschwingen hören und klären wollen, was für ein unausgesprochener Appell ausgesendet wurde.

Beispiel: Unausgesprochenes klären

Ria: „Fass' mal mit an, ich will den Schreibtisch näher ans Fenster stellen." Klaas: „Du meinst, ich soll dir jetzt *sofort* helfen, den Schreibtisch zu verschieben?" Ria: „Ja!!" Klaas: „Das klingt ja ziemlich dringlich." Ria: „Ist es auch. Ich muss gleich zum Interview. Und eben habe ich dir dabei geholfen, den Computer wieder anzuschließen."

Aktives Zuhören wenden Sie z. B. auch an, wenn Sie ein kleines Kind verstehen wollen oder jemanden, der sich in einer ungewohnten Sprache ausdrückt. Dann wiederholen Sie von sich aus, was Sie verstanden haben, forschen mit allen Sinnen und Ihren intuitiven Fähigkeiten und nutzen damit die Möglichkeit, das Gehörte kleinschrittig zu überprüfen. Aktives Zuhören ist also eine Fähigkeit, über die Sie bereits verfügen und die Sie einsetzen, wenn Ihr Interesse geweckt ist.

Aktives Zuhören als soziale Kompetenz

Sie können aktives Zuhören zu einer bewusst genutzten sozialen Kompetenz machen, wenn Sie daran denken umzuschalten, sobald die Situation Klärung erfordert. Die Herausforderung liegt darin, die eigene innere Welt für einen Moment zurückzustellen. Das fällt, je nach Situation, unterschiedlich schwer. Ihre eigenen emotionalen Bedürfnisse können bisweilen Ihre Aufnahmefähigkeit einschränken, z. B. der Aspekt Ihrer Person, der heftig fordert: „Ich habe Recht und ich will jetzt endlich auch gehört werden!" oder Ihr dringendes Bedürfnis nach Ausdruck: „Ich weiß, wie es gehen könnte, und will es auch sagen."

Aktives Zuhören fordert Ihre Bereitschaft, den anderen genau verstehen zu wollen und dazu die eigenen Bedürfnisse zurückzustellen. Das größte Hindernis ist jedoch zu meinen, Sie wüssten schon Bescheid.

Die Wirkung von aktivem Zuhören

Ein Teil der Wirkung aktiven Zuhörens liegt darin, dass Sie damit Raum zur Klärung bieten: Indem Sie die emotionale Seite der Botschaft aufgreifen, ermöglichen Sie eine Bestätigung, Präzisierung oder Korrektur und können so zur Klärung eines eventuell damit verbundenen Problems beitragen. In den folgenden beiden Beispielen steht A für die aktiv zuhörende Person:

B: „Das Projekt kommt nicht von der Stelle."
A: „Sie befürchten, dass wir nicht mehr rechtzeitig fertig werden könnten?"
B: „Ja, das macht mir Sorge. Können wir das jetzt besprechen?"

C: „Warum ist denn die Leitung dauernd besetzt!?"
A: „Sie sind ungeduldig, weil Sie nicht sehen, wie es weitergehen kann."
C: „Na, ja – auch. Vor allem habe ich mich über die Absage geärgert. Jetzt müssen wir etwas anderes ausprobieren."

Anlässe für aktives Zuhören

Angebracht ist aktives Zuhören immer dann,

* wenn Sie sich vergewissern wollen,
* wenn Sie Missverständnissen vorbeugen wollen, wenn es also um wichtige Nachrichten geht,
* wenn Sie Grund zur Annahme haben, dass Missverständnisse die Verständigung bereits erschweren, weil die mitspielenden Gefühle Raum brauchen.

Aus der Sender- und Empfängerperspektive betrachtet

Beim aktiven Zuhören werden Sie als Empfänger einer Botschaft aktiv. Sie stellen Klärungsbedarf fest und schalten um auf aktives Zuhören. Nach diesem inneren Prozess senden Sie Ihre Fragen, um sich zu vergewissern, etwa „Meinen Sie es so: ...?".

> **Tipp: Zuhören ist auch eine Gesprächstechnik**
>
> Zuhören heißt nicht zustimmen, sondern erfahren wollen, was Ihr Gegenüber meint. Besonders dann, wenn Sie anleitende oder beratende Aufgaben haben, ist aktives Zuhören Ihr Hauptwerkzeug, um zu erfahren, was genau der andere braucht oder erreichen möchte.

Was ist Ihre Stärke?

Wenn es Ihnen leicht fällt, sich im Austausch mit anderen zurückzuhalten, und wenn Sie dazu neigen, eine eher beobachtende Haltung einzunehmen, können Sie wahrscheinlich ausgezeichnet zuhören. Wenn Sie zudem die Welt gern analytisch betrachten und Sie interessiert, wie Kommunikation funktioniert, gehört aktives Zuhören womöglich schon lange zu Ihrem Repertoire. Ihre Lernaufgabe könnte sein, in emotional aufgeladenen Situationen zusätzlich darauf zu achten, Ihren Gesprächspartnern ausdrücklich mitzuteilen, dass Sie sie genau verstehen wollen. Wenn Sie diese Absicht nämlich nicht deutlich machen, könnte Ihr aktives Zuhören möglicherweise als Ausfragen missverstanden werden.

Wenn Sie dagegen ein eher expressiver Mensch sind, der gern andere an den eigenen Gedanken und Ideen teilhaben lässt, könnte aktives (und auch passives!) Zuhören für Sie ein wichtiges Lernfeld sein.

Deutungen vermeiden

Können Sie sich gut in andere Menschen hineinversetzen, gelingt es Ihnen wahrscheinlich, durch sachliches Benennen unausgesprochen mitschwingender Emotionen Situationen zu entschärfen, in denen Sie z. B. Hektik oder Beklemmung wahrnehmen. Vermeiden Sie jedoch unbedingt Deutungen wie „Sie sind wohl so aufgeregt, weil Sie um Ihr Projekt fürchten". Solche Aussagen transportieren eine unangemessene „Ich-weiß-wie-du-dich-fühlst"-Haltung.

Zuhören, das die Verständigung fördert, geschieht wie von selbst, wenn Sie eine Haltung forschender Neugier und nicht wertenden Interesses einnehmen. Weitere Aspekte des Zuhörens finden Sie ab Seite 119.

Tipp: Gefühle beeinflussen Gesprächsergebnisse

Gefühle sind auch Fakten. Es ist ineffektiv, sie nicht zur Kenntnis zu nehmen. Sie stehen im Berufsleben nicht im Vordergrund, können die Ergebnisse aber beeinflussen – positiv und negativ.

Tipp: Zuhören ist nicht gleich Zuhören

Nutzen Sie die nächste Gelegenheit, Gesprächen zuzuhören: im Café, auf dem Flughafen, beim Einkaufen. Achten Sie auf den Unterschied von interessiertem und mechanischem Zuhören.

Akzeptieren Sie andere Sichtweisen

Beispiel: Eine emotionsgeladene Situation

Kunde: „Dass die Bahn auch ständig Verspätungen einfährt, ist empörend! Ich verlange mein Geld für die Fahrkarte zurück." Schaffner: „Es gibt überhaupt keinen Grund, sich darüber aufzuregen." Kunde: „Natürlich muss man sich aufregen!! Schon wieder verpasse ich den Anschlusszug!"

Training 9
Würdigen Sie das Anliegen Ihres Gegenübers

Stellen Sie sich eine Gesprächssituation vor, in der Sie ähnlich angesprochen werden wie der Schaffner im oben stehenden Beispiel. Mit welcher Art von Formulierung und welcher inneren Einstellung können Sie sich in solch einem Gespräch davor bewahren, dass es sich in Behauptung und Gegenbehauptung festfährt, ähnlich wie „Muss man nicht" – „Muss man aber doch!".

Lösung 9: Würdigen Sie das Anliegen Ihres Gegenübers

Sie nehmen Druck aus der Situation und bahnen den Weg zu den sachlichen Gesichtspunkten, wenn Sie das Anliegen des anderen ausdrücklich würdigen, etwa so: „Ich verstehe, dass Sie das verärgert hat."

Das bedeutet nicht, dass Sie ihm inhaltlich zustimmen, aber es macht einen Unterschied, wenn Sie Ihrem Gegenüber das Recht auf seine Sicht der Dinge zugestehen. Sie beugen der Beharrlichkeit vor zu beweisen, wie schlimm, bedeutend, wichtig das Geschehene doch ist.

Andere Sichtweise würdigen

Würdigen heißt, es gibt einen Grund und der ist es wert, ernst genommen zu werden – gerade dann, wenn Sie selbst die Sache anders beurteilen. Sie können anderen Menschen das Recht zugestehen, die Welt auf ihre Weise zu sehen, ohne dass Sie die Ihrige dabei aufgeben. Für Gesprächssteuerung bedeutet das, ein Gesprächsanliegen ausdrücklich zu würdigen und es damit ernst zu nehmen. Auf diese Weise schaffen Sie eine tragfähige Basis für Ihre gemeinsame Aufgabe, mit einem Thema konstruktiv umzugehen. Das gilt für Kollegen, Mitarbeiter und Kunden gleichermaßen.

Sie lassen damit Platz für Emotionen – sei es Ärger, Skepsis, Zweifel oder Unsicherheit – und Sie sagen ausdrücklich, dass er oder sie (aus seiner oder ihrer Sicht) gute Gründe hat, so zu reagieren und bahnen damit einen Weg zur Sache, zu den Lösungsmöglichkeiten. Vielleicht erinnern Sie sich: Gegen Emotionen kann man nicht argumentieren. Falls Sie es versuchen, wecken Sie vor allem Widerstand bei der Gegenseite: „If you insist, I resist!"

Dem anderen Raum geben

Wer jedoch merkt, dass er mit seinem Anliegen angekommen ist, braucht nicht mehr um Gehör zu kämpfen. Sobald Sie also darauf verzichten, überzeugen zu wollen, geben Sie Ihrem Gegenüber Raum, sich darüber klar zu werden, was wichtig ist. Damit bewegen Sie sich schon auf eine Lösung des gemeinsamen Problems zu. Ausdrückliches Akzeptieren ist im beruflichen Feld zweckdienlicher, als auf der Stelle in den Problemlösungsprozess einzusteigen.

Die Rolle von Gefühlen

In Gesprächen spielen neben Sachaspekten auch die Anliegen einzelner Personen eine Rolle. Und die sind in der Regel mit Gefühlen verbunden, mit persönlichen Werten, Einstellungen und Bedeutungszuschreibungen (siehe Seite 119). Dies kommt z. B.

zum Tragen, wenn Abteilungsleiter den Stand ihrer Projekte anhand verabschiedeter Meilensteine besprechen oder wenn jemand über ein halbes Jahr unbezahlten Sonderurlaub verhandeln möchte. Eine solche Gemengelage persönlicher Gewichtungen kann dazu führen, dass sich Menschen in den Augen der anderen seltsam benehmen, in ihrer eigenen Wahrnehmung verhalten sie sich passend: Die Abteilungsleiterin in der Projektbesprechung schreit und fuchtelt heftig mit den Händen herum, derjenige, der das Gespräch gesucht hat, um den Sonderurlaub zu beantragen, macht auf dem Absatz kehrt und geht ohne ein Wort aus dem Büro. „Seltsam" ist die Wertung der Beobachter, denn sie kennen die Gründe nicht.

Jeder hat gute Gründe

Sie behalten in Gesprächen einen klaren Kopf, wenn Sie davon ausgehen, dass es für das Verhalten anderer Menschen immer gute Gründe gibt, auch wenn Sie selbst diese nicht teilen. Die Gründe waren gut genug, die anderen zu diesem Handeln zu veranlassen, und sie beruhen auf den Informationen, die ihnen mit ihrer Wahrnehmung zur gegebenen Zeit von ihrem Ausschnitt der Welt zugänglich waren. Das gilt es zu akzeptieren.

Tipp: Akzeptierendes Zuhören

Akzeptierendes Zuhören hilft in emotionsgeladenen Situationen weiter. Bestätigen Sie die Sichtweise Ihres Gegenübers ausdrücklich, etwa so: „Ja, ich verstehe, dass Sie das so sehen müssen." „Ja, du hast Grund, aufgebracht zu sein."

Was ist Ihre Stärke?

Wenn Sie sich gut in andere Menschen einfühlen können, fällt es Ihnen eher leicht, Verständnis zu vermitteln und andere Sichtweisen zu akzeptieren. Möglicherweise ist die Versuchung aber groß, in die Gefühle Ihres Gegenübers „mit einzusteigen". Sie behalten besser den beruflich geforderten Überblick, wenn Sie innerlich eine angemessene Distanz wahren, sich also klar machen, dass das Würdigen des Anliegens *nicht* bedeutet, inhaltlich zuzustimmen (siehe auch Seite 105.).

Wertschätzung zeigen

Wenn Sie eher mit Logik auf die Konsequenzen von Verhalten schauen, haben Sie wahrscheinlich sehr rasch im Blick, was zu tun ist, um zu einer Lösung zu kommen. Dann könnte die Gefahr bestehen, dass die ausdrückliche Wertschätzung Ihres Gegenübers zu kurz kommt. Wenn Sie es dann mit Menschen zu tun haben, denen dies sehr wichtig ist, verkürzen Sie die Auseinandersetzung, indem Sie Ihre Akzeptanz der anderen Sichtweise ausdrücklich betonen.

Tipp: Automatismen unterbrechen

Wenn Sie das nächste Mal eine Äußerung hören, die Ihrer eigenen Ansicht widerspricht, und wenn Sie spüren, wie Sie innerlich sofort „anspringen" und sich anschicken, auch laut zu widersprechen, dann unterbrechen Sie diesen Automatismus und gestehen Sie Ihrem Gesprächspartner ausdrücklich zu, so zu denken, wie er es eben tut. Es ist seine Sicht der Welt und seine persönliche situationsbedingte Reaktion.

Wenn Sie diesen Automatismus unterbrechen können, sind Sie künftig dazu in der Lage, eine sehr wirksame Gesprächstechnik anzuwenden.

Die Wirkung von Fragen

Wahrzunehmen, wie und wie unterschiedlich Fragen wirken, ist ein wichtiger Teil von sozialer Kompetenz. Mit Hilfe der in Training 10 auf der nächsten Seite gestellten Aufgabe können Sie sich darüber klar werden, welche Reaktionen unterschiedliche Arten von Fragen bei Ihren Gesprächspartnern auslösen. Damit Ihnen die Bearbeitung leichter fällt, sollten Sie sich zunächst einmal in die Situation des folgenden Beispiels hineinversetzen.

Beispiel: Die richtigen Fragen stellen

Frau Hestert arbeitet für Herrn Dr. Grünsam, der sie eher spärlich mit Informationen versorgt. Sie bereitet eine Tagung mit über 140 Gästen vor, die ihr Chef leiten wird. Nun will sie sich einen Überblick verschaffen, was in den zwei Tagen ihrer Abwesenheit geschehen ist, und überlegt sich, welche Frage sie am besten stellen sollte, um das Notwendige zu erfahren.

Training 10
Fragen Sie so, dass Sie das erfahren, was Ihnen weiterhilft

Notieren Sie im Hinblick auf die Situation von Frau Hestert, welche Frage Ihnen sinnvoll erscheint und was die einzelnen Fragen bewirken könnten:

- Gibt es neue Informationen zur Tagung?
- Wollen Sie mich über den Stand der Dinge informieren?
- Was ist inzwischen geschehen, das ich wissen muss?
- Können wir meine To-Do-Liste durchgehen und Veränderungen abstimmen?
- Was soll ich tun?

Frage	Mögliche Wirkung

Lösung 10: Fragen Sie so, dass Sie das erfahren, was Ihnen weiterhilft

Frage	Mögliche Wirkung
Gibt es neue Informationen zur Tagung?	Die Frage kann passen, um z. B. in einem ersten Schritt zu klären, ob für dieses Thema Zeit einzuplanen ist. Der Chef kann sich darauf beschränken, mit Ja oder Nein zu antworten.
Wollen Sie mich über den Stand der Dinge informieren?	Auch hier wird eine karge Antwort nahe gelegt. Wenn die Antwort „Nein" ist, weiß Frau Hestert nicht, ob z. B. der Zeitpunkt nicht passt oder ob es keine neuen Entwicklungen gibt, die sie betreffen.
Was ist inzwischen geschehen, das ich wissen muss?	Diese Frage zielt auf den Unterschied, der ihr wichtig ist: Wie bekomme ich Anschluss an das Geschehen, das ich jetzt wieder übernehmen soll? Sie bietet dem wortkargen Gefragten die weiteste Möglichkeit zu antworten und kommt damit den Interessen beider Beteiligten entgegen. Die Gefahr besteht darin, dass ein Chef des skizzierten Typs längst vergessen hat, was geschehen ist.

Können wir meine To-Do-Liste durchgehen und Veränderungen abstimmen?	Anhand einer konkreten, dokumentierten Aufgabenaufstellung kann Punkt für Punkt der aktuelle Informationsstand abgeglichen werden. Dies würde am ehesten zu einem optimalen Ergebnis führen.
Was soll ich tun?	Diese Frage passt dann, wenn sich Herr Dr. Grünsam z. B. aufgeregt oder hektisch verhält, weil er Angst hat, dass nichts so laufen wird, wie er es gerne hätte.

Fragen sind Alltagswerkzeuge, Sie benutzen sie ständig, wenn Sie sich unterhalten. Fragen sind auch in so unterschiedlichen Gesprächen wie Teamkonferenzen, Kunden- und Konfliktgesprächen wirksame Instrumente. Sie können damit Ihre Absichten unterstützen oder, wenn Sie unachtsam sind, vereiteln. Die vorige Aufgabe hat illustriert, dass es keine generell richtigen oder falschen, passenden oder unpassenden Fragen gibt. Vielmehr sind sie abhängig von Situation und Absicht einzusetzen: Man muss sich überlegen, was man bewirken und erreichen möchte, worin die Aufgabe besteht.

Wollen Sie den Dialog öffnen oder schließen?

Ob Sie den Dialograum, den gemeinsamen Denkraum, öffnen oder schließen wollen, ist ein wichtiger Unterschied. Wahrscheinlich kennen Sie die Unterscheidung zwischen offenen und geschlossenen Fragen schon.

To Do: Offene und geschlossene Fragen unterscheiden

Um den Unterschied zwischen diesen Fragetypen zu erfahren, spüren Sie der Wirkung der folgenden Fragenpaare nach:

- „Haben Sie es schon einmal versucht?" – „Was haben Sie bisher versucht?"
- „Haben Sie das verstanden?" – „Was haben Sie davon verstanden?"
- „Wollen Sie mir Bescheid sagen?" – „Wann wollen Sie mir Bescheid sagen?"
- „Können Sie das sofort übernehmen?" – „Unter welchen Bedingungen können Sie das sofort übernehmen?"

Die ersten Fragen sind jeweils geschlossen. Sie fordern zu kurzen Antworten auf: Ja oder Nein. Das kann angebracht sein, wenn es Ihnen auf eine klare, sofortige Entscheidung ankommt. Und Sie können damit deutlich machen, dass Sie ein Thema abschließen wollen und für beendet betrachten, z. B. am Schluss eines Gesprächs. Auch wenn Sie am Ende eines Kundengesprächs wissen wollen, wie es um die Kaufentscheidung steht, sollten Sie keine Angst vor einem Nein haben. Ein klares Nein ist eine bessere Basis für späteres Anknüpfen als ein vager Aufschub, bei dem sich beide Verhandlungspartner unwohl fühlen.

Geschlossene Fragen

Gut funktionieren geschlossene Fragen auch,

- wenn Sie eine Unterbrechung kurz halten wollen: „Darf ich Sie gleich zurückrufen?" oder „Können wir das heute Nachmittag besprechen?",
- wenn schnelle, klare Anweisungen oder Informationen gefordert sind: „Rechts? – „Nein, geradeaus",
- wenn Sie Verbindlichkeit herstellen wollen: „Übernehmen Sie die Aufgabe?".

Geschlossenen Fragen schließen ein Thema ab. Das heißt, Sie müssen, wenn Sie mehr erfahren wollen, immer wieder neu ansetzen, und erfahren unter Umständen wenig, was Sie einem gemeinsamen Ziel näher bringen könnte.

To Do: Mit offenen Fragen erfahren Sie mehr

Entwickeln Sie für das folgende Beispiel einen Formulierungsvorschlag, mit dem Sie die Chancen vergrößern, von Ihrem Gegenüber mehr zu erfahren:
„Haben Sie schon einmal ein elektronisches Erinnerungssystem ausprobiert?" – „Nein."
„Wollen Sie es einmal versuchen?" – „Nein."

Wenn Sie die Frage stellen „Welche Vorteile oder Nachteile könnte für Sie ein elektronisches Erinnerungssystem haben?", dann ist der Gefragte am Zug. Offene Fragen dieser Art eröffnen ihm die Möglichkeit, seine Erfahrungen und Gründe, Vorlieben und Bedenken anzusprechen.
Wenn als Gesprächsziel beispielsweise festgelegt wurde, Bedingungen für bessere Termintreue herzustellen, haben Sie mit offenen Fragen mehr Möglichkeiten, gemeinsam in einem Team Ideen für Lösungen zu entwickeln.

Was wollen Sie bewirken?

Was wollen Sie durch Ihr Fragen erreichen? Überlegen Sie, welchen Zweck das betreffende Gespräch oder der Abschnitt des Gesprächs haben soll.

Zweck des Gesprächs	Frageart
Informationen, Überblick	Offene Fragen Es stehen Ihnen alle Fragepronomen zur Verfügung: Was? Wer? Wo? Wann? Wie? Wodurch? usw.
Konkretisierung	Präzisierungsfragen Wie genau? Wie lange? Wie weit? Wie viel? Im Vergleich wozu? Zu groß – zu klein? Zu viel – zu wenig? Zu früh – zu spät? Zu teuer? Woran sehen Sie das?
Begründung und Sinn	Warum? Warum nicht? Und wenn doch? Was muss geschehen, dass …? Wozu? Was wollen Sie damit erreichen?
Entscheidungen	Geschlossene Fragen schränken die Antwortmöglichkeit ein auf Ja oder Nein (oder vielleicht)
Ihr Gegenüber zum Nachdenken bringen	Wann ist das so? Wie könnte es anders sein? Welche Bedingungen sind förderlich?
Unterhaltung, Kontakt	Alle Arten von offenen Fragen, die Bezug zur Situation haben. Fragen sind ein probates Mittel der Kontaktpflege.

Zielorientiert fragen

Wenn Sie wissen, wohin Sie mit einer Frage wollen, ist das schon viel. Doch Sie können noch genauer überlegen, welche Unterschiede wichtig für die weitere Arbeit sind. Zuweilen mag Ursachenforschung angebracht sein, dann nämlich, wenn bestimmte immer wieder auftretende Fehler oder schwere Pannen zukünftig vermieden werden sollen. Nur in solchen Fällen sind problemorientierte Fragen angebracht, z. B. „Wie konnte das passieren?" oder „Was genau ist da abgelaufen?".
Häufiger geht es jedoch darum, einem angestrebten Zustand näher zu kommen. Dann sind folgende Fragetypen hilfreich:

- „Was können wir dafür tun, dass das nicht wieder geschieht?"
- „Welche Bedingungen brauchen wir, um diesen Erfolg zu wiederholen?"
- „Welche Möglichkeiten sehen Sie, den Termin doch noch einzuhalten?"
- „Welche Fähigkeiten haben wir im Team, die wir hier brauchen können?"

Konstruktive Fragen

Diese Fragen sind zielorientiert. Sie wirken aufbauend, konstruktiv und ermuntern Ihre Gesprächspartner, gemeinsam die Bedingungen zur Lösung von Problemen zu konstruieren. Deshalb sind sie sehr nützlich. Es ist also unterstützend zu fragen: „Worauf wollen Sie sich in einer Situation konzentrieren?", „Welche Handlungen oder Einstellungen ändern eine Situation in die gewollte Richtung?" oder „Was macht den Unterschied?".

Die folgende Tabelle gibt Ihnen einen Überblick über die verschiedenen Fragetypen mit entsprechenden Beispielen aus der Senderperspektive und Hinweisen auf ihre Wirkung beim Empfänger.

Fragetyp	Beispiel aus der Senderperspektive	Wirkung aus der Empfängerperspektive
Geschlossene Entscheidungsfragen	„Können Sie im März mit zur Messe fahren?"	Schränken ein auf Ja oder Nein, dringen auf Entscheidung.
Offene Informationsfragen	„Was brauchen Sie, um (doch noch) mit zur Messe fahren zu können?" „Wie wollen Sie das erreichen?"	Öffnen den Raum für den Gefragten, er kann nachdenken und seine Sicht darstellen, Alternativen können entwickelt werden, fordern zum Erzählen auf.
Alternativfragen oder Katalog-Fragen	„Wollen Sie Montag bis Mittwoch oder Mittwoch bis Freitag unseren Messestand betreuen?"	Der Gefragte kann sich zwischen aufgezeigten Möglichkeiten entscheiden oder sich der Vielfalt der Möglichkeiten bewusst werden.
Präzisierungsfragen	„Wann genau geht Ihr Flug nach München?" „Was genau wollen Sie unternehmen?"	Dringen auf Anschaulichkeit, können vom Thema ablenken, wenn sie zu früh gestellt werden.
Suggestivfragen	„Sie sind doch auch einverstanden, dieses Bürgerbegehren zu unterschreiben?"	Drängen durch eine verkappte Behauptung in eine bestimmte Richtung.
Rhetorische Fragen	„Sie sind Lottospieler? Dann sind Sie an unserem Superangebot interessiert, nur im März ..." „Wollen Sie Geld verlieren?"	Behauptungen in Frageform, auf die gar keine Antwort erwartet wird. Dienen auch als rhetorisches Mittel in Reden.
Motivierende Fragen	„Sie sind doch Experte. Wie schätzen Sie die Möglichkeit ein ...?"	Ob Sie wirklich motivieren, hängt davon ab, ob Sie als echt oder manipulativ empfunden werden.
Begründungstragen	„Warum sind Sie gestern schon um 16 Uhr gegangen?"	Erschrecken manchmal Menschen, die Begründung und Rechtfertigung nicht gut unterscheiden können.

Was ist Ihre Stärke?

Wenn Menschen Ihnen schnell vertrauen, wenn es Ihnen leicht fällt, deren Beweggründe zu verstehen, werden andere Ihnen auch rasch ihre Geschichten erzählen, weil sie Ihr Interesse spüren. Das kann hilfreich sein, um Hintergründe zu verstehen und Lösungen zu entwickeln. Möglicherweise müssen Sie sich andererseits davor wappnen, sich von Erzählungen zu sehr beeindrucken zu lassen, und klar im Blick behalten, wo wessen Verantwortlichkeiten liegen. Denken Sie ebenfalls daran, am Schluss eines Gesprächs Verbindlichkeit herzustellen.

Wenn Sie eher zielorientiert denken und es Ihnen leicht fällt, das angestrebte Ergebnis im Blick zu behalten, könnte es nützlich für Sie sein, besonders darauf zu achten, was Fragen auslösen können. Für Sie könnte es wichtig sein, Ihre Fragen zu begründen (siehe Tipp unten), damit Sie auf Ihr Gegenüber nicht inquisitorisch wirken.

Was ist das Wichtigste am Fragen?

Ihre Frage-Haltung und das Zuhören. Nehmen Sie das Zuhören sehr ernst, wenn Sie durch Fragen andere Menschen auffordern, ihre Gedanken preiszugeben. Mehr als das technisch richtige Anwenden eines bestimmten Fragentyps zählt Ihre Einstellung, eine angemessene Frage-Haltung. Wenn Sie ehrlich interessiert sind – an einer Lösung, wenn es um Aufgaben oder Schwierigkeiten geht, an Ihren Mitstreitern, wenn Sie gemeinsam Ihre Arbeit besprechen –, dann wird Sie diese Haltung glaubwürdig machen und Sie werden in dem, wozu Sie Gespräche brauchen, weiterkommen (siehe auch Seite 216 f.).

Tipp: Erläutern Sie Ihre Frage!

Mit Fragen drücken Sie Ihr Bedürfnis aus, etwas wissen zu wollen. Diese Erwartung kann Druck verursachen. Fragen können bohrend, bedrängend, einengend wirken und schnell als Vorwürfe interpretiert werden, insbesondere von unsicheren Gesprächspartnern und in angespannten Situationen. Schon das Frageformat fordert eine Antwort. Sie können dem vorbeugen, dass sich Ihr Gesprächspartner in die Enge getrieben fühlt, indem Sie kurz erläutern, warum Sie fragen.

Kritische Fragen abmildern

Beherzigen Sie diesen Tipp in den Fällen, in denen Sie bereits vorhersehen, dass Ihre Frage zu kritisch wirken könnte. Auch wenn Sie an der Antwort Ihres Gegenübers wirklich interessiert sind, unter Druck kann die Wahrnehmung des anderen eingeschränkt sein. Die folgenden Sätze veranschaulichen die Wirkung von erläuterten Fragen:

„Sind Sie heute Morgen um 8.30 Uhr hier gewesen?" Oder: „Ich habe eben mit dem Elektriker gesprochen. Er sagte mir, er habe heute Morgen hier niemanden erreicht. Sind Sie um 8.30 Uhr hier gewesen?"

Selbstverständlichkeiten hinterfragen

Das folgende Beispiel zum Thema Wegbeschreibung illustriert die Schwierigkeiten, sich bei unterschiedlichem Wissensstand verständlich zu machen. Sich die eigenen Selbstverständlichkeiten bewusst zu machen ist aufwendig und gelingt nicht immer. Eine gewohnte Denkrichtung konsequent umzukehren erscheint einfach, ist aber nicht so leicht und erfordert Flexibilität.

To Do: Einen Weg eindeutig beschreiben

1. Beschreiben Sie schriftlich den Weg zu Ihrem Arbeitsplatz, so wie Sie ihn meistens fahren oder gehen. Ein in der Stadt Unkundiger sollte den Weg danach finden können.
2. Schreiben Sie eine Wegbeschreibung aus der entgegengesetzten Richtung.

Notieren Sie zusätzlich in Stichworten, was Sie an Unterschieden zwischen den beiden Aufgabenteilen bemerkt haben.

Bekanntes hinterfragen

Etwas zu beschreiben, was gewohnt und selbstverständlich ist, fällt gar nicht so leicht. Wahrscheinlich mussten Sie überlegen, gerade weil Sie die Strecke so gut kennen. Möglicherweise haben Sie sich Fragen wie diese gestellt:

- Welche Wegmarkierungen sind auch für einen Fremden, der eine Fülle neuer Informationen verarbeiten muss, auffällig genug, um sich daran orientieren zu können?
- Wie die Richtung beschreiben? Als Himmelsrichtung, mit rechts und links oder durch einen sichtbaren, markanten Punkt bezeichnen? Ist dieser auch im Dunkeln zu erkennen?
- Welche Namen oder Nummern haben die Straßen?
- Wie viele Ampeln stehen auf einem bestimmten Wegstück?
- Wie lang ist die Strecke bis zum Abbiegen in Metern oder Kilometern?

Die Perspektive wechseln

Haben Sie bei der zweiten Aufgabe alle Rechts-links-Anweisungen entsprechend umgekehrt? Bei einem solchen Wechsel der Perspektive schleichen sich oft Fehler ein. Lassen Sie deshalb Ihre Beschreibung von einer ortskundigen Person kontrollieren. Bei vielen Wegbeschreibungen, z. B. auf Homepages von Hotels oder für Veranstaltungsorte, fehlt ein Hinweis auf die Richtung, aus der sie beschrieben sind, ebenso oft sind rechts und links vertauscht. So ist es auch, wenn Sie sich mit anderen verständigen wollen: Viele scheinbare Selbstverständlichkeiten bleiben ungenannt – auf beiden Seiten. Etwas, was der Hörer zur Orientierung braucht, bleibt ungesagt, da es dem Sprechenden selbstverständlich erscheint. Selbstverständlich bedeutet vor allem: Es ist nur Ihnen selbst verständlich. So entstehen Missverständnisse; Sie erinnern sich „Gedacht ist nicht gesagt".

To Do: Wechseln Sie die Perspektive

Aus der **S**enderperspektive: Nehmen Sie bei allen wichtigen Gesprächen immer wieder mental die Perspektive Ihres Gegenübers ein. Lassen Sie sich wiederholen, was von Ihrer Botschaft angekommen ist.

Aus der **E**mpfängerperspektive: Wenn Sie in wichtigen Gesprächen die leiseste Unklarheit spüren, sollten Sie dies als Hinweis nehmen, nachzufragen

So gelingen Feedbacks

Feedback ist inzwischen, besonders im beruflichen Umfeld, ein geläufiger Begriff. In verschiedenen Arbeitsfeldern und Organisationen wird er allerdings sehr unterschiedlich verwendet.

Man versteht beispielsweise darunter:

- jemandem den Spiegel vorzuhalten
- Kritikgespräche
- Vorstellungen und Meinungen äußern
- Lob
- eine Übung im Kommunikationstraining, bei der Teilnehmer einander sagen, was sie voneinander halten
- eine persönliche Reaktion auf ein Verhalten

Prüfen Sie also, was Ihre Gesprächspartner mit diesem Begriff meinen, und erläutern Sie, wie Sie Feedback verstehen.

Definiert wird Feedback als

* Rückmeldung im Sinn einer Reaktion
* Rückkopplung im technischen Bereich (Akustik, Kybernetik)

In diesem Buch wird Feedback verstanden als eine mündlich geäußerte, persönliche Reaktion auf ein Verhalten.

Was ist das Ziel eines Feedbacks?

Das Ziel ist, die eigene Sichtweise klarzustellen – als Voraussetzung einer guten Verständigung und Zusammenarbeit. In diesem Sinn bezieht sich Feedback auch auf positive Inhalte. Kritik ist eine Sonderform von Feedback (siehe dazu Seite 167 f.).

Wenn Sie Feedback bekommen, erfahren Sie etwas über sich. Indem Sie von einem Gesprächspartner direkt und klar etwas über sich hören, erfahren Sie mehr über Ihre Wirkung, über die Konsequenzen Ihres Verhaltens. Das ist wertvoll, denn darüber können Sie nie vollständig Bescheid wissen, jeder Blick auf sich selbst ist von Wunschdenken verzerrt. Insofern ist jedes Feedback es wert, bedacht zu werden.

Beispiel: Bedingungen für Feedback
Nach drei Wochen Probezeit als Abteilungsleiterin im neuen Unternehmen werden Sie von Ihrer Chefin zum ersten Auswertungsgespräch gebeten. Sie rechnen damit, nach Ihren Erfahrungen gefragt zu werden. Sie rechnen jedoch vor allem damit zu hören, wie Ihre Chefin Ihre Arbeit bislang einschätzt.

Training 11
Konstruktives Feedback geben

Bitte versetzen Sie sich in die im obigen Beispiel beschriebene Situation und überlegen Sie, auf welche Art ein solches Feedback gegeben werden sollte, damit Sie etwas damit anfangen können?
Notieren Sie, was nach Ihren Erfahrungen ein konstruktives Feedback ausmacht.

Lösung 11: Konstruktives Feedback geben

An folgenden Leitlinien können Sie Ihr Feedback orientieren:

- Feedback heißt Rückmeldung über ein bestimmtes Verhalten. Wenn Sie Feedback geben, informieren Sie eine andere Person über (Aus)Wirkungen ihres Verhaltens.
- Feedback ist keine Beurteilung und keine Deutung, sondern benennt Wahrnehmungen und beschreibt Erleben, und zwar möglichst konkret und zeitnah.
- Feedback kann Möglichkeit zum Lernen bieten. Das setzt eine Haltung von grundsätzlicher Wertschätzung und Achtung voraus. Anders als Lob und Tadel, die von oben nach unten gegeben werden, geschieht Feedback auf gleicher Augenhöhe mit der Grundannahme: Jeder Mensch hat gute Gründe für das, was er tut – auch wenn man selbst diese Gründe (noch) nicht sieht oder versteht.

Beispiel: Bleiben Sie höflich

- „Gestern Abend gegen 18 Uhr hatte ich einen Kunden am Telefon, der auf Ihren Rückruf gewartet hatte." (Sachlich beschriebener Sachverhalt)
- „Ich verstehe, dass Sie gestern Grund hatten, zeitig zu gehen." (Grundsätzliche Wertschätzung)
- „Bitte erinnern Sie sich daran, dass ich Bescheid von Ihnen erwarte, wenn ein versprochener Rückruf noch aussteht." (Klarer Ausdruck dessen, was erwartet wird)

Negativ-Beispiel:
- „Warum haben Sie gestern den Rückruf verschlampt?" (Unterstellung und Vorwurf)

Verbalen Angriff abwehren

Die letzte Ausdrucksweise unterstellt ungeprüft ein Versäumnis und ist abwertend formuliert. Auch wenn es gute Gründe für den nicht getätigten Rückruf gab (z. B. Verwechslung, Namensgleichheit, Missverstehen des verabredeten Zeitpunkts), der auf diese Weise Beschuldigte ist innerlich damit beschäftig, den verbalen Angriff abzuwehren. Die Chance, etwas zu lernen, ist vertan. Das Ziel dieser Äußerung, dass Versprechen an Kunden Vorrang vor allem anderen haben, wird so nicht erreicht.

Beispiel: Wertschätzendes Feedback

Frau Hellbrügge will die Fassade ihres alten Hauses, in dem sich ihre Rechtsanwaltskanzlei befindet, restaurieren lassen. Sie legt Wert auf eine stilgerechte Restauration und hat Herrn Otte, einen Kunstschmied, gebeten, das reparaturbedürftige Geländer der Treppe zu begutachten. Er erläutert ihr die Schäden, die er sieht, und die Möglichkeiten, sie zu beheben. Dabei spricht er so laut, dass sich Frau Hellbrügge am liebsten die Ohren zuhalten und weggehen würde.

Frau Hellbrügge besinnt sich einen Moment und gibt in einer Sprechpause in freundlichem Ton das folgende Feedback: „Herr Otte, mir gefällt, dass Sie mir das so präzise erklären. Ich könnte Ihnen jedoch besser zuhören, wenn Sie weniger laut sprechen würden." Daraufhin erklärt Herr Otte mit deutlich gedämpfter Stimme, dass er gerade aus der Werkstatt komme, und da müsse er immer gegen die Maschinengeräusche ansprechen.

Feedback gibt Orientierung

Frau Hellbrügge hat das, was sie stört, wertschätzend, knapp und undramatisch angesprochen. Sie hat dafür eine Form gewählt, die auch im Ton deutlich macht, dass es ihr nicht um Missbilligung oder Zurechtweisung geht. Damit hat sie Bedingungen geschaffen, unter denen sie wieder zuhören und einen Auftrag vergeben kann.

Indem Sie Feedback geben, machen Sie sich als Person einschätzbar und erlauben anderen, sich zu orientieren. Das gibt Ihrem Dialogpartner Sicherheit und erlaubt ihm eine Antwort, ohne ihm eine bestimmte Reaktion vorzugeben. Damit fördert Feedback ein für alle Beteiligten wünschenswertes Ergebnis. Feedback kann, wenn es konstruktiv ist, der Beginn eines Dialogs zur Verbesserung der Arbeitsergebnisse oder der Zusammenarbeit sein und nützt beiden Gesprächspartnern.

Was ein konstruktives Feedback auszeichnet

Sie setzten Feedback konstruktiv ein, wenn Sie

- möglichst unmittelbar
- ein Verhalten oder eine Situation
- aus Ihrer Sicht
- beschreiben und
- deutlich machen, was das für Sie bedeutet.

Dieser Satz bedeutet in seine Einzelteile zerlegt Folgendes:

- Möglichst unmittelbar
  Eine schnelle Reaktion orientiert denjenigen, der das Feedback bekommt, ein Verändern des Verhaltens wird erleichtert. Über die Gegenwart verständigt man sich leichter als über etwas, das lange zurückliegt. Angesammelter Ärger aus der Vergangenheit wirkt destruktiv und weckt fruchtlose Diskussionen darüber, was gewesen ist oder nicht. Da alle Beteiligten dem Ereignis unterschiedliche Bedeutung zugemessen haben, erinnert sich jeder an etwas anderes.

- Ein Verhalten oder eine Situation

  „Sie haben mich in dieser Woche zweimal nicht über Anrufe informiert" ist konkret und sachlich, erleichtert das Zuhören und schafft eine Basis, um die Anforderungen an die Informationsweitergabe zu klären.

  „Warum sind Sie immer so unzuverlässig? Wahrscheinlich denken Sie nur an Ihr Wochenende" ist ein genereller Vorwurf, gepaart mit einer Spekulation. Beides macht Widerspruchsmanöver wahrscheinlich. Das fördert weder den Dialog noch die Veränderung des störenden Verhaltens. Vage Hinweise und generalisierende Behauptungen (nie, immer, grundsätzlich) verschlimmern eine schon angespannte Situation.

  Benennen Sie das, worum es Ihnen geht, so genau wie möglich. Damit geben Sie Ihrem Gegenüber Freiraum für eine Antwort, die Sie beide weiterbringt.

- Aus Ihrer Sicht

  Es geht um das, was Sie aus Ihrer Perspektive wahrnehmen, den Teil der Wirklichkeit, der momentan für Sie wichtig ist. Andere beurteilen ein Geschehen anders, nehmen etwas anderes wahr – darüber ins Gespräch zu kommen bringt eher weiter. Formulieren Sie Ihre Sicht, Ihre Wahrnehmung und Ihre Beurteilung auch als solche, und zwar in Form so genannter Ich-Botschaften: „Ich habe Interesse" oder „Ich könnte besser zuhören". Mit dem Benennen Ihrer Perspektive informieren Sie über sich und beziehen ein, dass es gute Gründe für das angesprochene Verhalten geben mag. Dem anderen gute Gründe zuzugestehen ist wertschätzend. Diese anzuhören und mit den eigenen Gründen in Verbindung zu bringen schafft Orientierung, die besonders nötig ist, wenn Sie anleitend oder in Führungsfunktion tätig sind.

- Beschreiben

  Frau Hellbrügge aus dem Beispiel hat ein direktes Feedback gegeben und ausgesprochen, was sie störte. Sie hätte auch, um der lauten Stimme auszuweichen, Schritt für Schritt den Abstand zu Herrn Otte vergrößern können, damit hätte sie ihm ein indirektes Feedback gegeben. Indirektes Feedback wird aber oft nur unbewusst wahrgenommen und regt zu Vermutungen an, die schwieriger zu verhandeln sind.

  Ein indirektes, nur körpersprachlich ausgedrücktes Feedback hätte Herrn Otte veranlassen können zu denken: „Sie guckt nicht richtig an, was ich ihr zeige, sie geht immer weiter zurück, wahrscheinlich ist sie nicht wirklich interessiert." Und entsprechend hätte er weniger enthusiastisch seine Vorschläge vertreten und sich damit weniger als Experte gezeigt – und die Chance auf diesen Auftrag verringert. Feedback kann dann zu einem zielorientierten Dialog führen, wenn es direkt, also unverschlüsselt und unumwunden, geäußert wird.

- Deutlich machen, was das für Sie bedeutet

  Wenn Sie ausdrücken, was Sie sich wünschen, was Sie erwartet hätten oder was Sie brauchen, machen Sie damit Ihre Position klar und überlassen es Ihrem Gegenüber, eine angemessene Antwort darauf zu finden. Mehr kann Feedback nicht erreichen.

Das Beispiel von Frau Hellbrügge und Herrn Otte veranschaulicht Ihnen darüber hinaus, dass der Ton die Musik macht: Ein freundliches „Bitte reden Sie etwas leiser" hätte dem Zweck dieses Gesprächs wahrscheinlich auch Genüge getan. Der Appell an Sie lautet daher, die Regeln eines fachgerechten Feedbacks für heikle, gespanntere Situationen zur Verfügung zu haben. Nicht zum Ausdruck gebrachte persönliche Sichtweisen, die unter der Oberfläche schwelen und stören, können sich zu Phantasien auswachsen und die Verständigung blockieren.

Tipp: Wie Sie konstruktiv Feedback geben
- Beziehen Sie Ihr Feedback stets auf eine zeitlich nahe liegende Situation.
- Benennen Sie präzise ein bestimmtes Verhalten oder eine einzelne Situationen.
- Benennen Sie Ihre subjektive Perspektive, Ihr Erleben, Ihr Wahrnehmen – und wenn Sie Führungsaufgaben haben auch Ihre Anforderungen.
- Äußern Sie sich direkt und unumwunden.
- Übernehmen Sie mit konstruktivem Feedback die Verantwortung für Ihren Teil der Zusammenarbeit.
- Nützliches Feedback ist also situativ, konkret, subjektiv und wertschätzend.

Das schadet einem Feedback

Unklare oder generalisierende Feedbacks und solche, die vorwurfsvoll formuliert sind, bringen Sie nicht weiter. Wenn es Ihre Absicht ist, Bedingungen für produktive Zusammenarbeit herzustellen, erzielen Sie mit Feedbacks, die abwerten, bevormunden, verurteilen, herabsetzen, moralisieren und psychologisch deuten, nicht die gewünschte Wirkung.

Indirekte Feedbacks haben unter Umständen nicht weniger Wirkung als direkte: Sich beispielsweise abzuwenden, während jemand spricht, kann sehr wirkungsvoll sein. Indirektes Feedback ist allerdings immer interpretationsbedürftig. Ein Restaurantleiter erhält auch über das, was die Gäste auf den Tellern zurücklassen, eine Rückmeldung. Ob aber die Reste liegen bleiben, weil die Gäste wenig Hunger hatten oder weil Sie mit der Qualität der Speise nicht zufrieden waren, erfährt er nur, wenn er die betreffenden Personen fragt – und zwar mit echtem Interesse und nicht stereotyp.

> **Tipp: Klare Ansage**
>
> Wenn Sie bei einem Feedback sicherstellen wollen, dass Sie von Ihrem Gegenüber verstanden werden, sprechen Sie unmissverständlich aus, was Sie denken.

Training 12
Formulieren Sie konstruktiv

Bitte formulieren Sie schriftlich folgende Äußerungen in konstruktive Feedbacks um:

1. „Wie kann man nur so vergesslich sein! Halten Sie doch Ihre Gedanken zusammen." (Ungünstig, weil eine absolut gesetzte Norm unterstellt wird: „Man darf nichts vergessen.")
2. „Immer sind Sie unpünktlich!" (Ungünstig, weil generalisiert wird.)
3. „Warum haben Sie mir die Panne nicht sofort gemeldet? Sie haben wohl ein Autoritätsproblem!" (Sehr schädlich, weil psychopathologisch gedeutet wird; damit begibt sich der Sprecher in eine Haltung, die ausdrückt: „Ich weiß, welches psychische Problem Sie haben.")
4. „Sie müssen häufiger den Mund aufmachen." (Unter Umständen ungünstig, weil solche direktiven Anweisungen dem Angesprochenen wenig Spielraum lassen.)

1.

2.

3.

4.

Lösung 12: Formulieren Sie konstruktiv

1. „Gestern Abend fehlten die Unterlagen zu den letzten beiden Tagesordnungspunkten. Darüber habe ich mich geärgert, wir mussten die Besprechung für 20 Minuten unterbrechen. Ich weiß, dass das bisher noch nicht vorgekommen ist, und ich würde gern mit Ihnen besprechen, wie Sie sicherstellen können, dass die Unterlagen zukünftig komplett sind."

2. „Sie sind mit dem Bericht erst drei Tage nach dem vereinbarten Datum fertig geworden. Ich möchte ihn zukünftig pünktlich haben. Bitte sagen Sie mir beim nächsten Mal spätestens zwei Tage vor dem vereinbarten Termin Bescheid, wie weit Sie sind, sodass wir gegebenenfalls gemeinsam besprechen können, was vorrangig ausgearbeitet werden muss, um fertig zu werden."

3. „Sie haben den Maschinenschaden gestern erst nach 30 Minuten weitergemeldet. Das entspricht nicht den Vorgaben. Ich will, dass Sie einen Schaden unverzüglich melden. Sogar wenn Sie mich dafür aus einem Kundengespräch herausholen müssen."

4. „Sie haben in den drei Wochen, die Sie jetzt hier sind, wenig Vorschläge beigesteuert, wie wir unsere Arbeitsprozesse verbessern können. Ich habe den Eindruck, dass Sie dazu einiges sagen könnten, und möchte Sie auffordern und ermuntern, das auch zu tun."

Experimentieren Sie

Bitte bedenken Sie beim Formulieren und Lesen, dass bei Beispielen für mündliche Kommunikation, die schriftlich formuliert sind, der Ton, in dem ein Satz gesagt wird, fehlt; dieser kann möglicherweise entscheidend sein. Experimentieren Sie und fragen Sie in vertrautem Kreis nach, wie Ihre Sätze wirken.

Positives Feedback

Äußern Sie auch, was Sie positiv überrascht, was Ihren Ansprüchen genügt oder sie übertrifft. Ihr positives Feedback nützt Ihren Geschäftspartnern, Mitarbeitern, Lieferanten und Kunden, denn sie können besser einschätzen, wie ihr Verhalten ankommt. Um das eigene Angebot ständig verbessern zu können, ist es nötig, auch die eigenen Stärken gut zu kennen. Dazu tragen Sie mit Ihrem positiven Feedback bei.

> **To Do: Formulieren Sie ein positives Feedback**
>
> Formulieren Sie zu drei Situationen oder Verhaltensweisen, die Ihnen in der letzten Zeit aufgefallen sind, ein positives Feedback.

Hier finden Sie Beispielformulierungen für positives Feedback:

- „Ich habe selten eine so kompetente telefonische Bestellannahme erlebt, wie gerade die von Ihnen."
- „Die Tagungsbetreuung in Ihrem Haus war vorzüglich. Besonders gefallen hat mir, wie flexibel Sie sich auf unsere Wünsche einstellen konnten."
- „Ihre Begrüßungsrede am Tag der offenen Tür hat mich beeindruckt. Besonders, dass Sie dabei so locker einzelne Besucher angesprochen haben."
- „Mir ist positiv aufgefallen, wie genau Sie den Vertretungsplan für den nächsten Monat erstellt haben. Sie haben an alle Eventualitäten gedacht."

Feedback bekommen und erfragen

Wenn Sie Feedback bekommen, hören Sie vor allem zu. Sie erhalten Informationen über sich, die sehr wertvoll sein können. Auch wenn Sie sich zunächst vielleicht missverstanden fühlen: Verschieben Sie Erklärungen oder Rechtfertigungen Ihres Verhaltens auf einen späteren Gesprächsabschnitt. Nehmen Sie eine Haltung des Interesses ein und lassen Sie sich in dieser nicht durch Ihre eigenen inneren Rechtfertigungen stören. Ein Feedback zu bekommen bedeutet auch, dass Sie Ihrem Gegenüber ein Feedback wert sind. Und vielen Menschen fällt diese Rolle nicht leicht.

Nachdem Sie zugehört haben, sind Sie an der Reihe. Fragen Sie nach, wenn Sie etwas nicht verstanden haben, vergewissern Sie sich, ob Sie richtig verstanden haben. Bringen Sie in Erfahrung, was genau passend war und was Sie anders machen sollen: „Habe ich Sie richtig verstanden, dass Ihnen mein Entwurf gefallen hat, Sie aber mit meiner Präsentation im Team nicht zufrieden waren?" Je klarer Ihre Informationsgrundlage ist, desto besser können Sie sich für zukünftiges Verhalten entscheiden.

Feedback einfordern

Die wichtigen Informationen, die Sie durch Feedback bekommen können, müssen Sie sich manchmal aktiv beschaffen und ausdrücklich danach fragen. Manche Menschen geben Feedback eher indirekt oder nur, wenn sie daraufhin angesprochen werden. Achten Sie, wenn Sie nach Feedback fragen, auf eine dafür geeignete Situation und auf die erkennbare Bereitschaft zum Zuhören.

Feedback auswerten

Durch Feedback erfahren Sie nicht nur etwas über Ihre Wirkung, sondern zusätzlich etwas über denjenigen, der das Feedback äußert. Seine Ansprüche, Wünsche, Normen, seine Art, die Welt, die Menschen überhaupt und speziell Sie zu sehen, drückt der Feedbackgeber immer mit aus. (Frau Hellbrügge im Beispiel hat offenbar ein empfindliches Gehör und es ist ihr wichtig, ungestört zuhören zu können.)

Vielleicht erfahren Sie im Feedback etwas über sich, was Ihnen im Moment nicht wichtig ist, oder etwas, was Sie nicht verändern wollen. Es liegt an Ihnen, dies zu sortieren und Ihre Schlüsse daraus zu ziehen. Möglicherweise sollten Sie auch prüfen, welche Interessen der Feedbackgeber verfolgt und ob Sie diese unterstützen wollen.

Was ist Ihre Stärke?

Falls Sie zu denjenigen gehören, die viel Wärme ausstrahlen und denen positives Feedback, Ermutigung und Anerkennung leicht von den Lippen gehen, können Sie sich im Aussprechen von positivem Feedback vervollkommnen. Sie tragen damit viel zum wertschätzenden Klima in einer Arbeitsgruppe bei.

Achten Sie jedoch darauf, dass Sie das, was Sie verändert haben wollen, klar und unmissverständlich ausdrücken, und vergewissern Sie sich, dass Ihre Verbesserungshinweise angekommen sind. Wenn es Ihnen eher schwer fällt, Verhalten anzusprechen, das Sie stört, könnte Ihnen helfen, sich klar zu machen, dass Ihr Feedback ein Dienst für Ihren Gesprächspartner ist: eine Information, die er nur bekommt, wenn Sie sie ausdrücken. Einen Übungsvorschlag finden Sie auf Seite 77.

Generelle Wertschätzung vorab ausdrücken

Wenn Sie selbst einen eher knappen und sportlichen Stil schätzen und die Erfahrung gemacht haben, dass Ihr Feedback von manchen nicht leicht angenommen wird und Sie häufig Verteidigungsmanöver provozieren, dann beachten Sie bitte Folgendes: Ihre klaren Rückmeldungen können eher auf fruchtbaren Boden fallen, wenn Sie vorab Ihre grundsätzliche Wertschätzung ausgedrückt haben (vor allem wenn derjenige, der Ihr Feedback bekommt, in einer unterlegenen Position ist).

Üben Sie es, auch die Stärken ausdrücklich zu benennen, bevor Sie auf Verbesserungsbedarf hinweisen. Gehen Sie nicht davon aus, dass jeder Ihrer Mitarbeiter oder auch Ihre Chefin weiß, wie sehr Sie sie schätzen: Sprechen Sie aus, was Sie an Positivem wahrgenommen haben – und äußern Sie danach, wo Sie Verbesserungsbedarf sehen.

Senderperspektive	Empfängerperspektive
• Platzieren Sie Feedback in einem Moment, in dem Ihr Gegenüber hörbereit ist. • Formulieren Sie Feedback situativ, konkret, subjektiv und wertschätzend. • Seien Sie deutlich, denn „was dem Herzen widerstrebt, lässt der Kopf nicht ein" (Schopenhauer). • Nehmen Sie positives Feedback in Ihr Repertoire auf.	• Erbitten Sie Feedback von Ihren Kolleginnen und Kollegen, von Ihren Kunden und von Ihren Vorgesetzten, denn Sie können nur Erwartungen erfüllen, die Sie genau kennen. • Hören Sie gut zu und lassen Sie das Gehörte erst einmal wirken (ohne sich zu rechtfertigen oder zu verteidigen). • Sortieren Sie, was Ihr Anteil am Geschehen ist, und sagen Sie dann, was Sie ändern wollen oder können und was nicht.

To Do: Üben Sie Feedback im Alltag

Falls Ihnen ein wertschätzendes, direktes Feedback bei Verbesserungsvorschlägen noch nicht leicht von den Lippen geht, nutzen Sie als Übungsfeld Ihren privaten Alltag: Äußern Sie in Geschäften, Ihrer Autowerkstatt oder in Restaurants deutlich, was Sie erwarten, was Ihnen gut gefällt und was besser gemacht werden könnte.

Beziehen Sie Position

Sicher haben Sie schon einmal in einem Gespräch ein Anliegen vertreten, das Ihnen wichtig war. Unerheblich ist, ob das Gespräch unter vier Augen oder in einer größeren Runde stattfand oder ob Sie nicht für sich selbst, sondern für eine andere Person gesprochen haben. Wie Sie solche Gespräche vorbereiten, können Sie mit der folgenden Aufgabe üben.

Training 13
Vertreten Sie Ihre Interessen

Stellen Sie sich vor, Sie wollen

- ein spezielles Arbeitsgerät beantragen, z. B. einen Laptop oder einen orthopädischen Stuhl,
- bestimmte Arbeitsbedingungen vereinbaren, z. B. keine Telefonate und keine Störungen zwischen 11 und 13 Uhr, arbeiten bei geschlossener Tür, Jobsharing,
- Urlaubstage für eine Zeit aushandeln, die schwierig zu besetzen ist,
- Aushilfskräfte für besondere Aktionen einstellen,
- Entlastung von einer Aufgabe, die auf die vereinbarte Art nicht zu erledigen ist.

Wählen Sie zwei Themen aus und notieren Sie in Stichworten, welche Aspekte Sie berücksichtigen würden, wenn Sie solch ein Gespräch vorbereiten.

Thema 1:

Thema 2:

Lösung 13: Vertreten Sie Ihre Interessen

Bei Ihrer Vorbereitung sollten Sie mindestens die folgenden fünf Aspekte berücksichtigen:

- Das Gesprächsziel klären: Was wollen Sie erreichen? Was ist Ihr Minimalziel?
- Argumente für Ihr Anliegen sammeln
- Ihre Argumente aus der Perspektive des Verhandlungspartners prüfen und mögliche Nutzen für ihn sammeln
- Die Rahmenbedingungen klären
- Dafür sorgen, dass Sie überzeugend wirken, indem Sie sich in einen guten Zustand versetzen

Was wollen Sie erreichen und warum?

Erinnern Sie sich: Am wichtigsten bei der Vorbereitung eines Gesprächs ist zu klären, was Sie erreichen wollen und was für Sie ein gutes Gesprächsergebnis wäre. Das bedeutet nicht, dass Sie dann unflexibel darauf bestehen müssten, vielleicht lernen Sie im Dialog mit Ihrem Gesprächspartner Möglichkeiten kennen, an die Sie bislang nicht gedacht haben. Aber ohne Klärung Ihrer eigenen Ziele können Sie nicht klar und verhandlungsbereit auftreten.

Im nächsten Schritt sollten Sie überlegen, was Sie denn mindestens erreichen möchten. Manchmal braucht es ja viele Schritte, um für ein Vorhaben erfolgreich zu werben. Solche Mindestschritte sind in der folgenden Tabelle aufgeführt:

Mögliche Mindestschritte	Beispiel
• einen Teil dessen, was Sie wollen	Wenn neues Büro nicht möglich ist, wenigstens einen besseren Stuhl
• einen Ersatz für das, was Sie wollen	Wenn Schreibtisch am Fenster nicht einzurichten ist, eine bessere Lampe
• zu einer späteren Zeit	Wenn gegen Ende des Geschäftsjahres klar ist, was vom Budget übrig bleibt
• etwas anderes	Wenn viel dafür spricht, dass Sie eine Aufgabe doch übernehmen, Entlastung an anderer Stelle
• ein Versprechen desjenigen, der entscheidet, die Möglichkeiten genau zu prüfen und sich dafür einzusetzen	Wenn der Entscheider nicht entscheiden will oder andere an der Entscheidung beteiligt sind
• die Verabredung, Bedingungen zu klären, unter denen das, was Sie möchten, machbar wäre	Wenn andere Personen ihre Dienstzeit, ihre Urlaubszeit tauschen
• eine Zusage, zu einem späteren Zeitpunkt erneut zu verhandeln	Wenn aktuell keine Zustimmung zu erreichen ist
• eine Zwischenlösung, die Ihrem Hauptbedürfnis entgegenkommt	Wenn ein Einzelbüro momentan nicht frei ist, die Vereinbarung, den Sitzungsraum regelmäßig nutzen zu können oder teilweise zu Hause zu arbeiten

Mit Ihrer klaren Vorstellung, was am besten wäre, und dem Bewusstsein möglicher Alternativen im Hinterkopf, können Sie die Reaktion Ihres Gegenübers ruhig abwarten und erst einmal seine Sicht der Dinge zur Kenntnis nehmen, bevor Sie anfangen zu argumentieren.

Was sind Ihre Argumente?

Sammeln Sie Ihre Argumente vollständig. Belegen Sie sie soweit möglich mit Zahlen, Daten und Fakten. Auch wenn nicht alles messbar ist, es lässt sich viel mehr belegen, als Sie vielleicht glauben, sobald Sie auf die Details achten. Wenn Sie beispielsweise eine andere Aufgabe übernehmen wollen, können Sie vorher überlegen:

* Wie viel Zeit erfordert die Aufgabe, die Sie gern abgeben möchten?
* Welche höherwertige Arbeit könnten Sie in dieser Zeit tun?
* Wen könnten Sie dadurch entlasten?
* Könnten Sie das, was Sie tun möchten, besser erfüllen, als das, was Sie jetzt machen?
* Woran wäre das erkennbar?

Wenn Sie voraussehen, dass Ihnen nicht unverzüglich zugestimmt wird, heißt das, dass Sie für Ihren Vorschlag intensiv werben und den Nutzen dokumentieren müssen. Werben heißt verlocken, den anderen etwas schmackhaft machen. Das ist legitim, solange Sie auch Ihre eigenen Absichten klar benennen.

Beispiel: So werben Sie für Ihr Anliegen

Aldo Bürkli erklärt seinem Vorgesetzten: „Ich muss monatlich durchschnittlich sieben Besprechungen leiten. Die meisten dauern bis zu zwei Stunden. Was wir in diesen zehn bis 14 Stunden im Monat besprechen, könnte aus meiner Sicht besser verlaufen, wenn ich in der Diskussionsleitung sicherer wäre. Aus diesem Grund möchte ich an einem Training zur Besprechungsmoderation teilnehmen."

Betonen Sie den beiderseitigen Nutzen

Wenn Sie alle Ihre Argumente gesammelt haben (am besten schriftlich), prüfen Sie den Sachverhalt aus der Sicht der anderen Seite. Was ist aus deren Perspektive wichtig? Was wäre aus deren Sicht ein Gewinn? Was wäre ihr Nutzen dabei? Was könnten objektive Kriterien sein? Anderen Menschen können ganz andere Dinge wichtig sein, nicht nur weil sie andere Aufgaben haben. Sie erleichtern sich das Gespräch, wenn Sie solche unterschiedlichen Prioritäten in Betracht ziehen. Wenn Ihnen vielleicht Zeitgewinn ein gutes Argument zu sein scheint, ist Ihrem Chef möglicherweise das Renommee wichtig – oder umgekehrt. Ergänzen Sie Ihre Argumente dementsprechend und bereiten Sie sich auf Einwände vor. Dabei können Sie sich an den folgenden Formulierungsbeispielen orientieren:

- Das heißt für Sie ...
- Damit sparen Sie ...
- Damit gewinnen Sie ...
- Unsere Abteilung gewinnt dadurch ...
- Unsere Kunden haben davon ...
- Unsere Firma wird dadurch in der Öffentlichkeit ...
- Unser Bereich zeigt dadurch ...

Beispiel: Die Perspektive der Gegenseite berücksichtigen
Aldo Bürkli: „Wenn ich an einem Moderationstraining teilnehme und lerne, straffer zu leiten, und jede Besprechung nur eine Viertelstunde weniger lang dauert, sparen wir die Zeitdauer des Trainings in einem Vierteljahr ein und das Training hat sich schon allein zeitlich gelohnt. Außerdem könnte ich dann auch auf der Messe Kundengruppen moderieren."

Wenn Sie sich nicht sicher sind, ob Sie alle relevanten Gesichtspunkte der Gegenperspektive sehen, sprechen Sie mit anderen darüber und nutzen Sie deren Ideen.
Neben diesen taktischen Überlegungen gehört zu einem Gespräch, in dem Sie Ihre Interessen vertreten, auch, dass Sie deutlich und klar sprechen: akustisch verständlich, in einer Geschwindigkeit, der Ihr Gegenüber folgen kann, und in einer unverschnörkelten Sprache. Wenn Sie nicht wissen, wie Ihre Sprechweise wirkt, erbitten Sie hierzu kollegiales Feedback.

Die Rahmenbedingungen nicht vergessen

Bereiten Sie sich auch auf die Rahmenbedingungen des Gesprächs vor. Verhandeln Sie mit nur einer Person oder mit mehreren? Können Sie einige Bedingungen mitgestalten, z. B. einen Terminwunsch für die Besprechung äußern?
Wenn Sie in einer Gruppe gleichrangiger Kollegen verhandeln, überlegen Sie, ob es günstig ist, sich vorab um Unterstützung für Ihre Idee, Ihr Problem, Ihren Wunsch zu kümmern. Falls Sie allein verhandeln, sollten Sie nicht auf andere verweisen, dass könnte leicht so verstanden werden, als ob Sie Druck ausüben wollten. Wenn Sie zu mehreren sind, kann es aber sinnvoll sein, verschiedene Argumente von unterschiedlichen Personen vertreten zu lassen.

Tipp: Beachten Sie die Gepflogenheiten in Ihrem Unternehmen
Jede Organisation hat ihre spezifische Kultur. Richten Sie sich bei der Vorbereitung Ihres Gesprächs nach den Gepflogenheiten der Organisation, in der Sie arbeiten, und bereiten Sie unterstützende Unterlagen entsprechend auf. In Behörden und ähnlich strukturierten Großunternehmen, auch in Krankenhäusern, ist für alles, was den Weg in die Verwaltung nimmt, die schriftli-

che Form unverzichtbar. Wissenschaftler wollen vorab schriftlich informiert werden. In Handwerksbetrieben sind, je nach Thema, eher Skizzen oder Materialproben hilfreich. Modernere Branchen haben spezielle E-Mail-Standards. Erkunden Sie, was in Ihrem Unternehmen üblich ist, falls Sie dort noch neu sind.

Bringen Sie sich in einen guten Zustand

Nur wenn Sie selbst überzeugt sind, können Sie überzeugen. Sowohl Ihre Selbstzweifel als auch ein übertrieben forsches Auftreten, mit dem Sie diesen überspielen, überträgt sich auf Ihre Gesprächspartner. Stellen Sie einen realistischen Bezug zu Situationen her, die Sie schon bewältigt haben. Fällt es Ihnen leichter, für andere Menschen etwas zu erreichen, als für eigene Interessen zu werben? Es ist legitim, sich für die eigenen Interessen einzusetzen – wer sonst sollte es tun? Und jeder möchte an Entscheidungen teilhaben, die ihn selbst betreffen.

Auch Ihr Gesprächspartner hat seine Ziele, die er erreichen will. Wenn Sie gut vorbereitet sind, haben Sie freie Kapazitäten, um darauf zu achten, mit welchem Argument Sie Ihren Verhandlungspartner überzeugen können, in welchem Moment der Funke überfliegt.

Was ist Ihre Stärke?

Können Sie andere leicht mit Ihrer Begeisterung anstecken? Dann wird es Ihnen helfen, sich die eigenen Beweggründe klar zu machen. Denken Sie daran, diese mit Sachargumenten und Fakten zu untermauern.

Liegt Ihre Stärke mehr in der logischen Argumentation? Damit werden Sie bei Menschen mit ähnlichen Stärken gut ankommen. Benennen Sie aber auch Ihre persönlichen Interessen, Sie werden dadurch glaubhafter.

Zu dem speziellen Thema, wie Sie am besten Karriereschritte verhandeln, erfahren Sie mehr ab Seite 197.

Gespräche strukturieren – Ergebnisse erzielen

Gut gesteuerte Gespräche und Besprechungen haben eine bestimmte Struktur, die das Erreichen und Sichern von Ergebnissen unterstützt.

To Do: Wie sollte ein Gespräch strukturiert sein?

Überlegen Sie, was Ihrer Erfahrung nach zur Struktur eines Gesprächs gehört. Was ist für den Beginn, das inhaltliche Bearbeiten und den Abschluss unabhängig von Thema, Ziel und Beteiligten nötig? Notieren Sie sich Stichworte.

Gut strukturierte Gespräche haben

- eine Gesprächseröffnung, die ein gutes Klima fördert,
- im inhaltlichen Teil Zusammenfassungen der Zwischenergebnisse,
- einen Abschluss, der Verbindlichkeit herstellt.

Das Gespräch eröffnen – stellen Sie eine Beziehung her

Eine angenehme Atmosphäre wirkt gesprächsfördernd und verschafft Sicherheit. Die Sache, um die es in der Besprechung gehen wird, ist leichter verhandelbar, wenn die Teilnehmer sich auch persönlich wahrgenommen und geachtet sehen. Sorgen Sie deshalb für einen Anfang, der alle Teilnehmer einbezieht, in einer Form, die zu Ihrem Unternehmen, Ihrer Organisation, passt. Dieser Anfang beginnt schon vor dem förmlichen Beginn der Sitzung. Häufig dient eine informelle Viertelstunde diesem Zweck (Stehkaffe, „Coming Together"); Teilnehmer, die sich noch nicht kennen oder die sich lange nicht gesehen haben, können sich bei dieser Gelegenheit persönlich miteinander bekannt machen oder begrüßen und austauschen. Unabhängig von der Möglichkeit eines informellen Beginns sollte jede Besprechung, die nicht aus einem festen Teilnehmerkreis besteht, mit einer Vorstellung beginnen.

Als Teilnehmer strukturieren

Falls Sie ein Gespräch nicht selbst leiten: Auch in der Teilnehmerrolle können Sie aktiv sein und mit ergänzenden Vorschlägen strukturierend einwirken, z. B. wenn die Gesprächsleitung sofort in das Thema hineinspringen will:

- „Bevor wir mit dem Thema beginnen: Kennen sich schon alle Teilnehmer? Ich wüsste gern, wer hier in welcher Funktion (mit welchem Interesse) im Raum sitzt. Deshalb schlage ich eine kurze Vorstellungsrunde vor, bevor wir inhaltlich loslegen."
- „Ich hätte gern erst mal einen groben Überblick. Kann bitte, bevor wir beginnen, jeder kurz über den Stand seiner Vorhaben (die Entwicklung seit dem letzten Treffen, seinen besonderen Schwerpunkt heute) berichten?"

Wenn Sie das nicht besserwisserisch auftrumpfend, sondern gewinnend tun, unterstützen Sie die Gesprächsleitung verantwortlich und zeigen Ihre Fähigkeit, Gespräche zu strukturieren.

Tipp: Berücksichtigen Sie Raum für Selbstdarstellung

Berufliche Besprechungen sind auch immer ein Forum für Selbstdarstellung. Von den Anwesenden als kompetent wahrgenommen zu werden ist ein wichtiges Bedürfnis, besonders, wenn man nicht täglich miteinander zu tun hat. Dem können Sie Rechnung tragen, indem Sie das wichtigste Thema erst besprechen, nachdem alle die Gelegenheit gehabt haben, sich mit einem Gesprächsbeitrag dem Publikum zu präsentieren. Das gibt den einzelnen Teilnehmern das Gefühl, angekommen zu sein, und macht den Kopf frei für Sachinhalte.

Bündeln Sie Gesprächsergebnisse

Indem Sie Ergebnisse zwischendurch zusammenfassen, geben Sie den Teilnehmern Orientierung. Sie setzen Abschnitte und stellen die Verbindung zum Ziel der Besprechung her. Mit diesem Werkzeug können Sie Sitzungen straffen. Sie sollten dies tun, wenn Sie den Eindruck gewonnen haben, dass alle zu Wort gekommen sind und dass sich die Argumente wiederholen, ohne dass neue Gesichtspunkte erscheinen.

Fassen Sie auch dann zusammen, wenn Sie als Gesprächsleitung oder als Teilnehmer mehr Übersicht oder eine Denkpause brauchen oder wenn die Diskussion bei Nebenthemen gelandet ist. Sie können bündeln, was aus Ihrer Sicht bisher erreicht ist, oder auch andere bitten, dies zu tun:

- „Ich möchte den aktuellen Stand der Dinge kurz zusammenfassen: …"
- „Wie weit waren wir, bevor dieser neue Gesichtspunkt aufgetaucht ist?"
- „Wie weit sind wir bisher?"
- „Ich brauche jetzt eine Orientierung, was erledigt und was noch offen ist."

Gerade bei längeren Konferenzen können Sie zwischendurch eine Zäsur setzen: Was haben wir bisher erreicht/geklärt? Reicht das? Sollen wir das zunächst so stehen lassen? Was fehlt? Wie verfahren wir weiter? Oft ist es dem Weiterdenken oder dem Abkühlen erhitzter Gemüter förderlich, auf diese Weise eine Pause einzuleiten.

Tipp: Klären durch Zusammenfassen

Gerade das Zusammenfassen von Punkten, bei denen noch keine ausreichende Verständigung besteht, ist klärend, um allen deutlich zu machen, was noch offen ist oder um die Übereinkunft

---

in der Nicht-Übereinkunft festzustellen. Im Englischen klingt die Bezeichnung dafür eleganter: „We agree to disagree."

Auch dies ist eine Gemeinsamkeit, der kleinste gemeinsame Nenner, der die Situation klärt und deshalb ausgesprochen werden sollte.

Fragen Sie nach!

Wenn sich noch nicht alle zu einem Thema zu Wort gemeldet haben oder wenn Sie vermuten, Einwände würden zurückgehalten, fragen Sie ausdrücklich danach! Einwände und Skepsis verlängern zwar eine Besprechung, aber Lösungen, die möglichst vielfältige Gesichtspunkte berücksichtigen, sind von wesentlich besserer Qualität.

Das Gespräch abschließen – stellen Sie Verbindlichkeit her

Das Ende eines Gesprächs stellt den Übergang ins Umsetzen her, deshalb sollte sich der Abschluss auf den Transfer des Erarbeiteten in den Alltag beziehen. Spätestens jetzt sollten Sie das gemeinsam Erarbeitete zusammenfassen und dabei Bezug auf das Besprechungsziel nehmen. Besonders dann, wenn kontrovers diskutiert wurde: Benennen Sie Gemeinsamkeiten, fragen Sie nach Offenem und nach Unklarem. Sie bieten den Anwesenden damit (noch einmal) die Möglichkeit zur Präzisierung, zum Widerspruch, zur Ergänzung.

Dann verabreden Sie verbindliche Handlungsschritte gemäß Ihrem Besprechungsziel, „Wer tut was bis wann" (siehe dazu Seite 136 f.), oder vereinbaren, was mit dem Besprochenen geschehen soll: „Was ist ein sinnvoller nächster Schritt?"

Fragen Sie auch als Teilnehmer einer Besprechung ausdrücklich nach, immer wenn Sie den Eindruck haben, dass nicht alle Beteiligten ganz genau wissen, was eigentlich das Ergebnis des Gesprächs ist:

*   „Was haben wir jetzt genau verabredet?"
*   „Wie kann es jetzt weitergehen?"
*   „Was ist also der nächste Schritt?"

Folgetermin vereinbaren

Nicht immer mündet ein Gespräch in benennbare Handlungsschritte, manchmal geht es darum, Informationen oder Gesichtspunkte zunächst zu bedenken. Dann verabreden Sie, wie Sie im Gespräch bleiben wollen, vereinbaren Sie einen Termin für eine weitere Besprechung.

Die folgende Gegenüberstellung fasst das Wichtigste noch einmal zusammen.

Senderperspektive	Empfängerperspektive
Ein Gespräch zu strukturieren ist ein Dienst an der Sache und für die Teilnehmer. Der Zweck ist, Ergebnisse zu erreichen, mit denen alle weiterarbeiten können.	Als Gesprächsteilnehmer sind Sie mitverantwortlich für die Ergebnisse. Melden Sie Ihr Bedürfnis nach Struktur an und übernehmen Sie selbst, was Sie für sinnvoll halten.

Was ist Ihre Stärke?

Wenn es Ihnen leicht fällt, Gespräche zu strukturieren, könnten Sie diese Fähigkeit so einüben, dass sie auch für andere Gruppen in Ihrer Organisation nutzbar ist. Achten Sie bei aller Strukturiertheit aber auf die wichtigen informellen Phasen von Gesprächen: den Beginn und die Pausen. Sie sind unverzichtbar, damit Menschen neue Informationen verdauen und zu neuen Einsichten gelangen können.

Wenn Sie eher Ihrer Spontaneität vertrauen, werden Sie viele Möglichkeiten sehen, die Teilnehmer in eine Besprechung einzubeziehen. Sie verfügen mit den beschriebenen Gesprächsabschnitten über das Minimum einer Besprechungsstruktur, mit der Sie in vielen Fällen auskommen werden.

Der Aspekt „Gespräche strukturieren" wird in den Kapiteln „Arbeitsgespräche in Teams und Gruppen" sowie „Schwierige Gespräche erfolgreich führen" noch vertieft.

3 Der Kern der Gesprächskompetenz: Ihre innere Einstellung

Im Kapitel „Wie Sie gezielt trainieren, Gespräche zu steuern" konnten Sie einzelne Techniken trainieren, die Gespräche erleichtern. Dieses Kapitel ist dem Kern der Fähigkeit gewidmet, für beide Seiten zufrieden stellende Gespräche zu führen: Letztlich entscheiden Sie mit Ihrer inneren Einstellung über Ihre Gesprächskompetenz. Warum?

Gespräche sind komplex

Gespräche stellen Kontakt her und formen eine Beziehung zwischen Menschen, sie sind hochkomplex und nicht mechanistisch zu regeln. Sie selbst können, genau wie andere, Gespräche – ebenso wie Menschen – nur begrenzt steuern. Selbst wenn Sie ideale Gesprächssequenzen entwerfen und modellhafte Formulierungen lernen – die Reaktionen darauf bleiben offen. Deshalb haben Sie die wesentlichen Elemente Ihrer Gesprächskompetenz schon mit dem Sprechenlernen entwickelt. Im alltäglichen Umgang mit Ihrer Spontaneität und der Ihrer Gesprächspartner sind Sie auf Regeln nicht angewiesen. Erst bei schwierigeren Situationen fragen Sie womöglich nach Leitlinien.

Zwar können Gesprächsführungstechniken und Denkmodelle Ihnen dabei helfen, sich in ungewohnten beruflichen Situationen abzusichern. Um mit anderen Menschen auszukommen, brauchen Sie aber mehr als Techniken und Regeln. Das Zusammenleben und Zusammenarbeiten ist auf Vertrauen gegründet. Vertrauen wird als Vorschuss gegeben, seine Verletzung hat tiefgreifende Konsequenzen, Misstrauen ist langlebig. Weil das Alltagsleben so funktioniert, verfügen Sie über ein Gespür dafür, was ehrlich gemeint ist und wer Ihnen mit manipulativer Absicht begegnet. Selbst ein virtuoser Einsatz von Techniken ersetzt langfristig nicht eine innere Haltung, die von Respekt, Wertschätzung und dem Willen, miteinander auf faire Weise umzugehen, geprägt ist.

Der Umgang mit sich selbst

Das gilt vor allem für den Umgang mit sich selbst. Da Menschen unter Anspannung dazu neigen, so mit anderen zu sprechen, wie sie es mit sich selbst innerlich tun, steht das Gespräch mit sich selbst im Mittelpunkt dieses Kapitels. Wie bei allen

Übungen in diesem Buch gilt: Probieren Sie aus, was für Sie passt und funktioniert, dazu möchte ich Sie vor allem anderen ermuntern. Vieles gelingt leicht mit der inneren Einstellung, die fachlichen Aufgaben nach besten Kräften zu tun und die daran beteiligten Menschen zu achten – einschließlich sich selbst.

Auch Ihre Mitmenschen sind Meister der Kommunikation

Menschen sind Meister der Kommunikation – zumindest wenn sie an etwas interessiert und entsprechend aufmerksam sind: Sie lesen in Mienen, deuten Blicke, hören zwischen den Zeilen. Deshalb ist vor jedem wichtigen Gespräch Selbstklärung nötig, die mentale Vorbereitung, an die ich Sie immer wieder erinnere. Ihre eigene Klarheit ist die Grundlage dafür, authentisch aufzutreten. Mit einer Grundhaltung, die Interesse am Gesprächspartner und am Arbeitsergebnis beinhaltet, können Sie dann Techniken als zusätzliche Werkzeuge wirksam einsetzen.

Wie wirken Sie?

Dazu ist zunächst nötig zu erfahren, wie Sie auf die Menschen Ihrer Umgebung – begrenzt – Einfluss nehmen können. Vor allem können Sie darauf einwirken, wie andere auf Sie reagieren. Dazu machen Sie sich am besten klar, wie das, was Sie sagen, auf andere wirkt.

Diese Art der Selbstbeobachtung können Sie mit der folgenden Aufgabe üben. Für dieses Gedankenexperiment brauchen Sie allerdings Ruhe, eine behagliche Umgebung (nicht am Arbeitsplatz und nicht während Sie Auto fahren) und außerdem einen Kurzzeitwecker.

Training 14
Was Sie denken, strahlen Sie aus

Beobachten Sie sich sehr aufmerksam selbst. Sie werden dabei Ihre unterschiedlichen Reaktionen auf zwei verschiedene Gemütszustände, die Sie aktiv herstellen, feststellen können. Lesen Sie zuerst die Anleitung zu dieser Aufgabe und führen Sie sie dann aus:

1. Denken Sie an eine Situation, die Sie erlebt haben und die Ihnen unangenehm war, nehmen Sie ruhig die erste, die Ihnen in den Sinn kommt (z. B. eine Besprechung, während der Sie von Rückenschmerzen geplagt wurden, beim Zahnarzt, ein Misserfolg oder eine peinliche Lage).
2. Stellen Sie nun den Wecker auf drei Minuten.
3. Während dieser drei Minuten versetzen Sie sich bitte gedanklich in diese Ihnen unangenehme Situation. Schließen Sie möglichst die Augen und beobachten Sie währenddessen Ihre körperlichen Reaktionen. Nehmen Sie diese inneren Prozesse wahr, ohne einzugreifen, und achten Sie dabei besonders auf Ihre Körperhaltung.

   Spätestens wenn nach drei Minuten der Wecker piept, hören Sie damit auf, Ihre Reaktionen auf Unangenehmes zu erforschen. Denken Sie noch einmal daran zurück, was Sie wahrgenommen haben. Dehnen oder schütteln Sie sich kräftig, um diese Situation wieder loszuwerden, und sagen Sie sich innerlich: „Das ist jetzt vorbei", fahren Sie dann mit dem zweiten Teil der Aufgabe fort.
4. Denken Sie nun zum Kontrast an eine Situation, die Ihnen sehr angenehm und behaglich war.
5. Stellen Sie dann den Wecker wieder auf drei Minuten.
6. Während dieser drei Minuten versetzen Sie sich bitte gedanklich in diese angenehme Situation (z. B. auf einer Wiese, in der Sonne, am Meer, Sie waren stolz auf etwas). Schließen Sie wieder die Augen und beobachten Sie in Ruhe das, was Sie innerlich erleben. Nehmen Sie Ihre Reaktionen wahr und achten Sie dabei besonders auf Ihre Körperhaltung.

Notieren Sie, welche Reaktionen Sie festellen konnten.

Lösung 14: Was Sie denken, strahlen Sie aus

Wenn Sie sich auf Ihre inneren Bilder konzentrieren konnten, haben Sie vielleicht folgende Reaktionen bemerkt.

Beim Vorstellen der unangenehmen Situation:
- klopfendes Herz oder flacher Atem
- Zähne aufeinander beißen
- Zunge gegen den Gaumen pressen
- hochgezogene Schultern oder gebeugter Rücken und schlaffe Haltung
- zusammengezogenes, angespanntes Gesicht
- gerunzelte Stirn

Beim Vorstellen der angenehmen Situation:
- tiefer, ruhiger Atem
- entspanntes Gesicht
- lockerer Kiefer
- Lächeln
- aufrechte Haltung
- glatte Stirn

Somatische Marker

Diese körperlichen Reaktionen entstehen allein durch Ihre mentalen Vorstellungen. Wenn andere Menschen auch nicht sehen können, *welche* Bilder Sie gerade beschäftigen, so kann man Ihnen doch von außen ansehen, ob sie angenehm oder unangenehm sind. Gedanken erzeugen Körperreaktionen, die Ihre Gesprächspartner wahrnehmen und auf die sie reagieren. Die so genannten somatischen Marker (körperlichen Anzeiger) sind Indizien für Ihre Gestimmtheit. Es gibt viel mehr davon als die oben aufgezählten, Sie kennen sie und Sie sind fähig, darauf zu reagieren, auch wenn Ihre Reaktion darauf unbewusst ist. Stimme, Mimik und Körperhaltung vermitteln viele dieser somatischen Marker. Erinnern Sie sich an Situationen wie diese:

- Schon nach zwei Worten am Telefon können Sie einschätzen, in welcher Stimmung Ihr Gesprächspartner am anderen Ende der Leitung ist.
- Sie merken, ob jemand zögernd und verhalten auf eine Frage reagiert.
- Sie nehmen wahr, dass sich jemand freut, weil Sie das entspannte Lächeln und die blitzenden Augen sehen.
- Sie sehen jemanden den Flur entlanggehen und haben eine Vorstellung davon, wie müde oder energiegeladen sie oder er gerade ist.

Optimistische Grundhaltung

Weil Ihre inneren Bilder Sie selbst beeinflussen, ist eine optimistische Grundhaltung, immer wenn Sie die Wahl haben, hilfreicher als chronisches Schwarzsehen. An etwas Angenehmes zu denken fühlt sich besser an. Und es beeinflusst, was Sie über sich selbst und andere denken und was Sie dementsprechend ausstrahlen. Unrealistisches und selbstüberschätzendes Urteilen ist hiermit nicht gemeint, auch nicht, dass Sie unangenehme Gefühle wegschieben sollten. Aber Sie müssen wissen, dass man Ihnen düstere Gefühle, die Sie zu verbergen suchen, meist eben doch anmerkt (siehe auch Seite 105 und Seite 108), ebenso wie Sie häufig bemerken können, wenn andere angeben oder mehr versprechen, als sie halten können. Die folgende Tabelle führt Beispiele aus dem Berufsalltag auf:

Senderperspektive	Empfängerperspektive
Wenn Sie sehr ärgerlich sind, wird Ihnen schwerlich z. B. ein kon-struktives Feedback gelingen, weil spürbar ist, dass nicht das Interesse an Verbesserung im Vordergrund steht, sondern akuter Ärger, der nach Ausdruck drängt. Ihr Gegenüber merkt das, auch wenn Sie Ihre Worte kontrollieren.	Aktives Zuhören, taktisch eingesetzt um andere auszuhorchen, erzeugt beim Gesprächspartner Ärger. Die Absicht wird mit kommuniziert und gerade hierarchisch unterstellte Mitarbeiter haben dafür ein genaues Gespür.

To Do: Testen Sie Ihre Ausstrahlung

Werden Sie sich Ihrer Kompetenz, Ihrer Zuversicht und Ihres angenehmen Wesens bewusst und wählen Sie eine Situation, in der Sie guter Stimmung sind: Nehmen Sie die nächste Begegnung mit einem mürrischen Kunden, einer griesgrämigen Kollegin oder einem geistesabwesenden Verkäufer als herausfordernde Aufgabe, diesen Menschen zum Lächeln zu bringen. Genaue Anweisungen finden Sie auf der nächsten Seite.

1. Erinnern Sie sich daran, dass diese Person sicher plausible Gründe für ihre Missstimmung hat, vielleicht ist gerade das Auto liegen geblieben oder ein Kundentermin geplatzt.
2. Wappnen Sie sich gegen die „Ansteckung" von außen. Das geht umso leichter, je mehr Sie Ihrer guten Laune oder Ihrer Gelassenheit vertrauen können.
3. Versuchen Sie nun, durch ausgesprochen freundliches Reagieren Ihr Gegenüber aufzuheitern, etwa durch ein ehrliches Kompliment, das Ansprechen einer positiven Sache, die Ihnen auffällt, oder den Hinweis auf eine Besonderheit, die Sie mögen: „Feines Auto, der alte Ford Mustang da draußen."

Experimentieren Sie mit der Erfahrung, Ihre Einstellung auf andere zu übertragen (siehe auch Seite 160 ff.).

Warum Sie nicht alle Menschen gleich gut verstehen

Ihre eigene Person gut zu kennen und Ihre Ausstrahlung auf andere einschätzen zu können, ist einer der wirkungsvollsten Karrierefaktoren überhaupt.

Mit der folgenden Aufgabe können Sie sich elementare Verhaltenstendenzen systematisch erschließen und daraus den Schluss ziehen, wie Sie auf andere Menschen wirken. Wenn Sie dieses Modell grundsätzlicher Verhaltensunterschiede von Menschen erfasst haben, können Sie zu einer inneren Einstellung gelangen, gegensätzliche persönliche Unterschiede als Bereicherung und Ergänzung zu schätzen – oder aber zumindest gelten zu lassen, was Sie nicht verstehen.

Das eigene Kommunikationsprofil kennen lernen

Bitte schätzen Sie sich bezüglich der im Folgenden dargestellten drei Gegenpole ein. Es geht dabei jeweils um entgegengesetzte Verhaltensvorlieben. Auch wenn Ihre Neigung, das eine oder das andere zu bevorzugen, je nach Situation wechseln kann, gibt es häufig eine Tendenz in eine bestimmte Richtung. Die Auswertung kann Ihnen erste Anhaltspunkte geben, welche kommunikativen Anforderungen Ihnen leicht fallen und welche Ihnen mehr Aufmerksamkeit abverlangen. Darüber hinaus gewinnen Sie einen Eindruck, wie Sie auf Menschen wirken, die auf konträre Art und Weise wahrnehmen und entscheiden.

Aufmerksamkeit und Energie

Wohin fließt Ihre Aufmerksamkeit? Wie regenerieren Sie Ihre Energie? Kreuzen Sie in jeder Zeile entweder die rechte oder die linke Aussage an, je nachdem, welche für Sie eher zutrifft.

Ich bin sehr an meiner Umwelt interessiert und suche aktiv soziale Kontakte.		Ich fühle mich mehr zu meiner eigenen inneren Welt hingezogen und lasse mich lieber von anderen ansprechen, als auf sie zuzugehen.	
Ich diskutiere gern mit anderen und lerne gern durch gemeinsames Tun.		Ich lerne leicht durch Nachdenken und indem ich mir vorstelle, was ich lerne.	
Wenn ich Probleme lösen will, bespreche ich sie gern mit anderen.		Ich will Probleme zunächst allein durchdenken, bevor ich sie mit anderen bespreche.	
Meine Interessensspektrum ist eher breit.		Wenn ich mich für etwas interessiere, will ich das gründlich verstehen.	

Ich tendiere dazu, zuerst zu sprechen und zu handeln und danach zu überlegen.		Ich neige dazu, zuerst zu überlegen und erst dann zu handeln oder zu reden.	
Wenn Sie häufiger diese Aussagen angekreuzt haben, deutet das auf eine Neigung zur „Extraversion", die Präferenz, Energie und Motivation aus der äußeren Welt zu gewinnen, durch Handeln, gemeinsames Tun, im Kontakt zu anderen.		Wenn Sie häufiger diese Aussagen angekreuzt haben, deutet das auf eine Neigung zur „Introversion", die Präferenz, Energie und Motivation aus der inneren Welt zu ziehen, durch stille Reflexion, durch den Fokus auf Gedanken und die eigene innere Welt.	
Für die Einstellung der Extraversion steht das Kürzel E.		Für die Einstellung der Introversion steht das Kürzel I.	

Umgang mit Information

Welche Informationen bevorzugen Sie und wie sammeln Sie diese? Kreuzen Sie in jeder Zeile entweder die rechte oder die linke Aussage an, je nachdem, welche für Sie eher zutrifft.

Ich orientiere mich gern an Fakten und achte auf Details.		Ich abstrahiere schnell und bin an den Theorien eher als an Details interessiert.	
Ich erledige Aufgaben gern Schritt für Schritt.		Ich sehe sofort das große Ganze und weitere Möglichkeiten, dabei ist mir Reihenfolge nicht so wichtig.	
Ich erinnere mich gut an Einzelheiten.		Ich erkenne schnell Muster und Zusammenhänge.	
Ich bin zufrieden, wenn ich etwas praktisch umsetzten kann.		Ich bin zufrieden, wenn ich kreative Ideen entwickeln kann.	
Ich brauche präzise Informationen, um etwas umzusetzen.		Ich arbeite gern nach Zielvorgaben, wobei ich den Weg dorthin gern selbst gestalte.	

Wenn Sie häufiger diese Aussagen angekreuzt haben, deutet das auf eine Neigung, • mit den fünf Sinnen wahrzunehmen, • eine Präferenz für Einzelheiten, Daten und Fakten, • wissen zu wollen, was wirklich passiert, • beobachten, was um Sie herum vorgeht. Wichtig sind Ihnen die praktischen Erfordernisse im Hier und Jetzt. Für diese Funktion steht das Kürzel **S** (Sensing).	Wenn Sie häufiger diese Aussagen angekreuzt haben, deutet das auf eine Neigung, • intuitiv wahrzunehmen, • eine Präferenz für Zusammenhänge zwischen Tatsachen, Sprache und Ideen, • den roten Faden, im Gegensatz zu den reinen Fakten. Wichtig ist Ihnen, was sein könnte, die Entwicklungsmöglichkeiten. Für diese Funktion steht das Kürzel **N** (INtuition).

Entscheidungen treffen

Wie beurteilen Sie, was sie wahrnehmen? Wie treffen Sie Entscheidungen? Kreuzen Sie jeweils entweder die rechte oder die linke Aussage an, je nachdem, welche für Sie eher zutrifft.

Ich sehe Fehler und Widersprüche sofort.		Ich weiß sehr schnell, ob ich etwas mag oder nicht mag.	
Ich wäge Folgen und Ursachen einer Handlung bewusst ab.		Ich lasse mich von Sympathie leiten.	
Ich reflektiere eine Situation aus der Distanz.		Ich schwinge gern harmonisch mit und bin ganz dabei.	
Ich kalkuliere Einsatz und Gewinn.		Ich kann anderen schlecht etwas abschlagen.	
Ich orientiere mich auch im Umgang mit Menschen an Prinzipien.		Ich weiß oft genau, was anderen Menschen wichtig ist.	

Wenn Sie häufiger diese Aussagen angekreuzt haben, deutet das auf eine Neigung, analytisch zu beurteilen, eine Präferenz für Theorie, Distanz, Prinzipientreue, Folgerichtigkeit, objektive Kriterien.	Wenn Sie häufiger diese Aussagen angekreuzt haben, deutet das auf eine Neigung, nach ihren subjektiven Werten zu urteilen, eine Präferenz, die Auswirkungen von Entscheidungen auf die Betroffenen zu berücksichtigen, die Werte anderer und die besonderen persönlichen Bedingungen mit zu bedenken.
Für diese Funktion steht das Kürzel **T** (Thinking).	Für diese Funktion steht das Kürzel **F** (Feeling).

Auswertung: Was die Kategorien bedeuten

Hinter den Fragen zur Selbsteinschätzung, die Sie gerade beantwortet haben, steht ein psychologisches Modell. Die hier beschriebenen Gegenpole bezeichnen Verhaltensvorlieben bzw. Präferenzen:

Sie verfügen bei jedem Gegensatzpaar über beide Möglichkeiten, wahrscheinlich liegt Ihnen eine von beiden aber näher. Sie setzen sie daher bevorzugt ein und haben mehr Übung darin, das Ergebnis ist Ihnen selbstverständlicher und vielleicht natürlicher. Die nicht präferierte Verhaltensweise steht Ihnen bei Bedarf jedoch ebenfalls zur Verfügung. Bei der Verständigung mit anderen hilft es Ihnen, das Zusammenspiel Ihrer Verhaltenstendenzen zu kennen. Die folgende Auswertung gibt Ihnen hierzu erste Anhaltspunkte.

Unterschiede in Profilen darstellen

Um die Andersartigkeit anderer Menschen zu verstehen, ihre Gründe, so zu handeln, wie sie es tun, kann eine Unterscheidung nach Verhaltensweisen nützen, die auf C. G. Jungs psychologische Forschungen zurückgeht. Katharine Myers und Isabel Briggs Myers haben seine polaren Kategorien genutzt und handhabbar gemacht; diese bilden heutzutage die theoretische Grundlage einer Reihe von Instrumenten, um Persönlichkeitsprofile darzustellen.

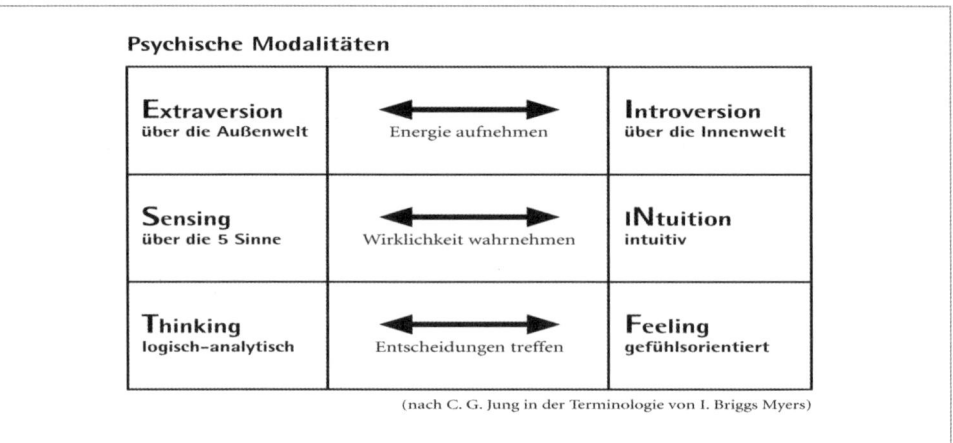

(nach C. G. Jung in der Terminologie von I. Briggs Myers)

Der Sinn solch einer Beschreibung von Verhaltensunterschieden ist es, sehr grundlegende Unterschiede von Antriebskräften zu verstehen. Unabhängig vom Inhalt der Kommunikation er-möglicht dieses Modell ein vertieftes Verständnis dessen, was Menschen dazu bewegt, so zu handeln, wie sie es tun, und nicht anders.

Extraversion – Introversion: nach außen oder nach innen gerichtete Aufmerksamkeit

Manche Menschen braucht man nur fragend anzusehen und schon erzählen sie, manche muss man ausdrücklich fragen, um zu hören, was ihnen wichtig ist. Das charakterisiert einen Unterschied zwischen extravertierten Menschen, die sich (tendenziell mehr) von der Außenwelt anregen und motivieren lassen, und introvertierten Typen, die (zunächst einmal) mehr mit sich selbst beschäftigt sind und die Beschäftigung mit der eigenen Gedankenwelt als entlastend und befriedigend erleben.

„Jetzt ist mir erst so richtig klar geworden, dass es Menschen gibt, die denken, *bevor* sie reden!", staunte ein Teilnehmer eines Führungskräftetrainings, als über diesen Unterschied gesprochen wurde. Dass ein extravertierter Abteilungsleiter, der redend denkt und seine Gedanken erst einmal laut hören muss, einem introvertierten Finanzexperten, der alle Möglichkeiten genau durchdacht hat, bevor er eine äußert, suspekt vorkommt, liegt auf der Hand. Verständnisschwierigkeiten sind programmiert. Sie können durch das wach gehaltene Bewusstsein gemildert werden, dass diese Menschen, was das Ausdrücken von Gedanken angeht, sehr unterschiedliche Wege wählen.

Extravertierte Reaktionen

Wenn Sie eher dazu neigen, extravertiert zu reagieren, kann das für Ihr Verhalten in Gesprächen Folgendes bedeuten:

Senderperspektive	Empfängerperspektive
• Wahrscheinlich begeistern Sie andere leicht mit Ihren Ideen, beleben eine Diskussion und können Ihre Gedanken gut im Gespräch entwickeln. Das geht reibungslos mit Menschen, die Ihnen darin ähnlich sind. Andere müssen sich zum Sprechen eigens entschließen. • Fragen Sie ausdrücklich nach, wenn Sie mit Menschen zusammenarbeiten, die ruhiger sind als Sie.	• Zuhören gelingt Ihnen, sobald Sie sich dazu entschlossen haben. Lassen Sie andere ausreden und hören Sie bis zum Ende zu. • Geben Sie denen, die ihre Gedanken nicht so schnell veröffentlichen, auch eine Chance, sie zu äußern. Was sie sagen, ist oft gut durchdacht, auch wenn sie es nicht so enthusiastisch mitteilen.

Introvertierte Reaktionen

Wenn Sie eher dazu neigen introvertiert zu reagieren, kann das für Ihr Verhalten in Gesprächen Folgendes bedeuten:

Senderperspektive	Empfängerperspektive
• Wenn Sie etwas sagen, haben Sie es wahrscheinlich zuvor gründlich durchdacht. • Sprechen Sie aus, was Ihnen wichtig ist, wenn Sie Ihre Gesichtspunkte berücksichtigt wissen wollen. Wenn Sie mit extravertierten Menschen zusammenarbeiten, ist es möglicherweise nötig, dass Sie die Gewichtigkeit Ihrer Äußerungen betonen. Bleiben Sie beharrlich.	• Genaues Zuhören fällt Ihnen leicht. Wenn Ihre Gesprächspartner Sie kaum zu Wort kommen lassen, muss das nicht gegen Sie gerichtet sein. Extravertierte Menschen können sich oft nicht vorstellen, dass andere weniger Lust am Reden und trotzdem etwas zu sagen haben.

Sensing – Intuition: sinnliche (empfindende) oder intuitive Wahrnehmung

Sinnlich wahrnehmende Menschen nehmen von der Welt zunächst eine Fülle von Details wahr. Sie orientieren sich an Tatsachen, die sie gut behalten und an die sie sich leicht erinnern, verlassen sich auf ihre fünf Sinne und sehen den nächsten Schritt, der getan werden muss. Neue Informationen erschließen sie sich nach und nach und verknüpfen sie jeweils mit ihrer Erfahrung.

Für intuitiv wahrnehmende Menschen existieren Details zunächst nicht. Sie haben einen Gesamteindruck, brauchen einen Überblick, nehmen zuerst Atmosphären wahr. Sie sehen Verbindungen, Zusammenhänge, Möglichkeiten und Trends und haben oft die Erfahrung gemacht, dass sie sich auf ihren sechsten Sinn verlassen können. Sie vertrauen auf Inspiration und ihr Improvisationstalent.

In einer Projektgruppe, die im Rahmen von Social Marketing eine Schule durch Übernahme von zwei Unterrichtstagen unterstützen wollte, haben die intuitiven Mitglieder ohne Zögern Pläne für die Inhalte des Schulunterrichts geschmiedet. Diejenigen mit einer Präferenz für Sensing waren es, die darauf gedrungen haben, zunächst die versicherungsrechtlichen Fragen abzuklären und die Zustimmung des Schulamts einzuholen. Eine typische Frage bei intuitiven Menschen ist also „Was ist möglich?" und bei Menschen mit einer Präferenz für Sensing „Geht das überhaupt?".

Sinnliche Wahrnehmung

Wenn sinnliche Wahrnehmung für Sie eher im Vordergrund steht, dann kann das für Ihr Verhalten in Gesprächen Folgendes bedeuten:

Senderperspektive	Empfängerperspektive
• Sie werden Ihre Gesprächsäußerungen wahrscheinlich präzise mit Fakten belegen und in stimmiger Reihenfolge vortragen. • Erlauben Sie sich, Ihre Detailgenauigkeit auch einmal zurückzustellen und sich auf den Kern einer Sache zu konzentrieren oder Gedankenexperimenten zu folgen.	• Wenn Sie als sinnlich wahrnehmender Mensch mit intuitiv Wahrnehmenden zusammenarbeiten, lassen Sie sich durch deren assoziatives Hin- und Herspringen im Gespräch nicht aus dem Konzept bringen. Fordern Sie die Orientierung an der vorgegebenen Struktur von Zeit zu Zeit wieder ein. • Sie können sich durch die Vielfalt der Möglichkeiten, die intuitiven Kollegen einfallen, auch bereichern lassen.

Intuitive Wahrnehmung

Wenn intuitive Wahrnehmung für Sie eher im Vordergrund steht, dann kann das für Ihr Verhalten in Gesprächen Folgendes bedeuten:

Senderperspektive	Empfängerperspektive
• Sie bereichern eine Diskussion mit ungewöhnlichen Ideen und sehen bei Problemen eine Fülle von Möglichkeiten, damit umzugehen. • Achten Sie darauf, andere nicht mit Konzepten und Theorien zu überfordern, vergewissern Sie sich, was ankommt.	• Hören Sie gut zu, wenn es um Realisierung und Machbarkeit geht. • Lernen Sie die Detailgenauigkeit anderer schätzen, sie bewahrt Sie vor Fehlern.

Thinking – Feeling: analytisches oder gefühlsmäßiges Entscheiden

Analytisch urteilende Menschen halten sich an Regeln – oder entscheiden, dass diese für Sie keine Gültigkeit haben. Menschen, für die subjektive Werte im Vordergrund stehen, fragen sich eher, bevor sie handeln, wie das in den Augen ihrer Umwelt aussieht. Weil analytisch urteilende Menschen ganz der Wahrheit verpflichtet sind (richtig oder falsch), sind sie in ihrem Urteil unabhängig und häufig von großer Standfestigkeit im Umgang mit anderen Meinungen, auch wenn diese heftig vorgetragen oder von einer Mehrheit vertreten werden. Da ihnen ihre Prinzipien wichtiger sind als die Empfindlichkeiten anderer Leute, auf die sie weniger Rücksicht nehmen, kommt es vor, dass sie mit ihrer direkten, unumwundenen Ausdrucksweise anecken oder andere unbeabsichtigt kränken.

Im Gegensatz dazu haben Menschen, die aufgrund subjektiver Werte urteilen, eher das Wohl der anderen, die Gemeinsamkeiten und eine harmonische Beziehung im Blick. Weil sie selbst schnell wissen, zu wem oder zu was sie Nähe und Übereinstimmung verspüren, bemerken sie das auch bei anderen. Es fällt ihnen schwer, Dinge auszusprechen, die andere eventuell kränken könnten. Um zu zeigen, was sie wirklich können, sind sie auf das grundsätzliche Wohlwollen ihrer Umgebung in viel größerem Maße angewiesen als die unabhängigeren analytischen Entscheider.

Analytisch

Wenn Sie eher analytisch beurteilen und entscheiden, kann das für Ihr Verhalten in Gesprächen Folgendes bedeuten:

Senderperspektive	Empfängerperspektive
• Sie sehen schnell, an welcher Stelle eine Sache schief gehen kann und sagen das auch. • Da Sie Fehler sofort erkennen, können Sie sehr kritisch bis hin zu einschüchternd wirken. Denken Sie daran, dass es das gemeinsame Vorhaben fördert, wenn Sie auch Gelungenes ausdrücklich würdigen.	• Turbulente Situationen setzen Sie nicht unter Druck, Sie behalten den Überblick. Widersprüche nehmen Sie schnell wahr. • Beziehen Sie gefühlsmäßige Wirkungen von Entscheidungen in Ihre Analyse mit ein. Auch Gefühle sind Fakten.

Subjektive und soziale Werte

Wenn Sie eher aufgrund subjektiver und sozialer Werte beurteilen und entscheiden, kann das für Ihr Verhalten in Gesprächen Folgendes bedeuten:

Senderperspektive	Empfängerperspektive
• Wenn Sie in Konflikten Lösungen suchen, sorgen Sie wahrscheinlich dafür, dass möglichst alle Beteiligten etwas gewinnen. • Achten Sie darauf, dass Sie Ihre eigenen berechtigten Forderungen an Kollegen oder Mitarbeiter sehr klar und unmissverständlich formulieren.	• Sie können meistens die Beweggründe anderer Personen gut verstehen und eine Vielzahl von unterschiedlichen Ansichten gelten lassen. • Achten Sie dabei aber auf Ihre Eigenständigkeit und denken Sie daran: Sie können es nicht allen recht machen.

Andere Menschen kommunizieren anders

Sich miteinander zu verständigen ist erforderlich, weil nicht nur Erlebnisse, Ideen und Begriffe von verschiedenen Gesprächspartnern mit unterschiedlicher Bedeutung versehen werden, sondern Menschen ihre innere und äußere Welt auch unterschiedlich verarbeiten. In dieser Hinsicht machen die Kategorien der Jungschen Psychologie verständlich, warum Menschen in unterschiedlichen Welten leben.

Jeder Mensch nutzt jeweils beide Ausprägungen der Gegenpole, jedoch mit unterschiedlicher Häufigkeit und Sicherheit. In Gesprächen verständigen Sie sich über Gemeinsamkeiten Ihrer eigenen Welt mit der Ihrer Gesprächspartner. Das gelingt in der Regel leichter mit Menschen, die Informationen auf ähnliche Weise verarbeiten, wahrnehmen und beurteilen, wie Sie selbst. Wer über ähnliche Zugangswege verfügt, kann sich schneller verständigen.

Gespräche zwischen Menschen von konträrem Wahrnehmungs- und Beurteilungstypus sind für beide Seiten aufwendiger. Sie erweisen sich allerdings oft als besonders reizvoll und ergänzen und komplettieren den eigenen Blickwinkel.

Das grundsätzliche Würdigen der einzigartigen Besonderheiten eines jeden Menschen gelingt leichter, wenn Sie die grundlegenden Unterschiede und möglichen Gegensätzlichkeiten verstehen. Diese Unterschiede erleben Sie am ehesten, wenn sie sich im Gegensatz zu Ihren eigenen Präferenzen und Motiven Ihres Handelns zeigen. Denn schon bevor Sie diese psychologischen Gegensatzpaare kannten, haben Sie Unterschiede festgestellt und bemerkt, wo andere ganz „anders gestrickt sind" als Sie selbst. Aber erst ein genaues Kennen und Akzeptieren der eigenen Verhaltenstendenzen ist die Basis für eine tiefgehende, nicht nur oberflächliche Akzeptanz anderer Menschen in ihrer Individualität.

Tipp: Was Sie beachten sollten

Wenn Sie den hier beschriebenen Denkansatz nutzen wollen, um sich den Umgang mit anderen Menschen zu erleichtern, bedenken Sie bitte, dass die verschiedenen Handlungsrichtungen grundsätzlich allen Menschen als Möglichkeiten des Verhaltens zur Verfügung stehen. Die viel-

---

fältigen Aufgaben des Lebens fordern eben sämtliche Modalitäten des Wahrnehmens und Entscheidens – und Menschen sind lernfähig. Deswegen werden Sie besondere Neigungen bei sich selbst und anderen nicht immer auf den ersten Blick erkennen.

Tipp: Präferenzen vorteilhaft einsetzen

Die meisten Menschen führen Aufgaben, die ihren Präferenzen entsprechen, schneller, bequemer und leichter aus als solche, die ihnen weniger entsprechen. Wenn Sie sich Ihrer Präferenzen zunehmend bewusst werden, können Sie sich auf Ihre Stärken besser verlassen. Sie können dann die Aufgaben erkennen, für die Ihr bevorzugtes Handeln besonders angemessen ist.

Im Kapitel „Arbeitsgespräche in Teams und Gruppen" erfahren Sie, wie Sie die hier beschriebenen Unterschiede im Team nutzen können (siehe Seite 128 ff.).

So stärken Sie Ihre Selbstsicherheit

Die eigene Person gut zu kennen und von sich selbst zu wissen, wie man üblicherweise reagiert, ist eine entscheidende Stärkung für das Selbstbewusstsein. Aus der eigenen Sicherheit heraus können Sie die Stärken anderer gelassener schätzen – ohne sie abwerten zu müssen oder sehnsüchtig zu denken, dass Sie auch lieber solche Stärken hätten. Damit Sie Ihre Stärken so gut wie möglich kennen lernen, ist es nützlich, wenn Sie nicht nur über zeitstabile Grundmuster Ihrer eigenen Person Bescheid wissen, wie oben beschrieben, sondern bei Bedarf auch an konkrete Erfahrungen Ihrer Wirksamkeit und gute Erfolge anknüpfen und aus dieser Quelle schöpfen können.

Langfristig fördert ein pfleglicher Umgang mit sich selbst eine gesunde Selbstsicherheit und Authentizität, die Ihnen beispielsweise auch in schwierigen beruflichen Gesprächen einen Rückhalt bieten. Die folgenden Selbstbeobachtungsaufgaben und Übungen verhelfen Ihnen dazu.

Training 15:
Bringen Sie sich in einen ressourcenvollen Zustand

Erinnern Sie sich an ein Gespräch, bei dem Sie mit sich zufrieden waren. Unerheblich ist, welcher Art es war, ob es im Berufsleben oder privat stattfand. Unabhängig von Inhalt und Ergebnis dieses Gesprächs: Womit haben Sie zum Gelingen beigetragen? Notieren Sie dazu etwa drei Stichworte.

Lösung 15: Bringen Sie sich in einen ressourcenvollen Zustand

Möglicherweise beziehen sich Ihre Stichworte auf folgende Grundbedingungen:

- Ihnen war deutlich bewusst, was Sie wollten.
- Sie haben durch Ihre wertschätzende Haltung eine gute Atmosphäre gefördert.
- Sie haben genau zugehört und sich vergewissert, ob Sie Ihr Gegenüber richtig verstanden haben.
- Sie haben sich klar ausgedrückt.
- Sie konnten gut wahrnehmen, was dem Gesprächsergebnis förderlich war, und Sie konnten flexibel reagieren.

Ressourcenvolle Haltung

Eine ressourcenvolle Haltung bedeutet, dass Sie die Verbindung zu allen Fähigkeiten hergestellt haben, die nötig sind, um die vor Ihnen liegende Aufgabe zu bewältigen. Wenn Sie sich Ihres Werts und Ihrer Kompetenz bewusst sind, befähigt Sie das zum Handeln, und Sie haben Zugriff auf Ihre Fähigkeiten. Sie sind innerlich frei, Anforderungen und Bedürfnisse anderer Menschen wahrzunehmen und darauf so zu reagieren, dass Sie auch Ihre eigenen berechtigten Bedürfnisse einbeziehen. Diesen Zustand können Sie durch Üben fördern.

Bei der Übung „Sich in einen guten Zustand versetzen" erinnern Sie sich an gut gelungene Gespräche und knüpfen mental und körperlich an das Bewusstsein von Können und Kraft an.

Sich in einen guten Zustand versetzen

Selbstbewusstsein heißt, sich seiner selbst und der eigenen Kompetenzen bewusst zu sein. Hilfreich ist es, sich körperlich zu entspannen und sich geistig wieder an die eigenen Fähigkeiten erinnern und sie zu erleben. Dafür reichen 10 Minuten Zeit und ein Raum mit geschlossener Tür. Sie fördern Ihre Gelassenheit, wenn Sie sich selbst als ganze Person gut wahrnehmen. Sich des eigenen Körpers bewusst zu sein hilft, das stärkende innere Wissen zu aktivieren.

Lockern macht frei für das was kommt

- Bewegen Sie sich ein paar Schritte durch den Raum.
- Lockern Sie sich, wenn Sie den Impuls dazu verspüren, probieren Sie aus, mit den Armen zu schlenkern, die Schultern zu rollen, den Rumpf zu strecken oder zu beugen oder sich zu räkeln, zu gähnen.
- Wenn Sie sich auf Ihre Art gelockert haben, stellen oder setzten Sie sich aufrecht hin, Beine etwa hüftbreit nebeneinander, Knie nicht durchgedrückt sondern locker.
- Spüren Sie, wenn Sie stehen, wie fest Ihre Füße auf dem Boden stehen, oder wie sicher Sie auf dem Stuhl sitzen.
- Atmen Sie vollständig aus.
- Warten Sie den unwillkürlichen Impuls zum Einatmen ab und lassen sich dann wieder mit frischer Luft füllen. – Nun können Sie in Ruhe und genüsslich Ihr Gesicht entspannen.

Ein entspanntes Gesicht stärkt Ihre Stimme und Ihre Ausstrahlung

- Pusten Sie die verbrauchte Luft durch den Mund aus, sodass die entspannten Lippen vibrieren und flattern. Das Geräusch, das dabei entsteht, hört sich an wie das leise Schnauben eines Pferdes. (Sie erinnern sich vielleicht, dass Sie das als Kind getan haben.)
- Tun Sie dies etwa zwei-, dreimal, und wenn Sie dabei lachen müssen umso besser.

Mit diesen beiden entspannenden Übungen haben Sie gute Voraussetzungen für gelassenes und selbstbewusstes Verhalten geschaffen. Ihre Stimme wird voller klingen und Klarheit signalisieren. Wenn Sie unruhig, ängstlich oder sehr skeptisch sind, werden die Muskeln um Ihren Mund herum fest. Durch das Wegpusten von Spannungen ändert sich Ihr Gesichtsausdruck.

Mit der Erinnerung an das, was Sie können, so wie es in der nächsten Übung beschrieben ist, ändert sich Ihre Körperhaltung so, dass Sie Selbstsicherheit ausstrahlen. Mit der nächsten Übung können Sie sich noch besser vorbereiten und sich mental in einen guten Zustand versetzen.

Selbstsicherheit zulassen

Erinnern Sie sich an eine Situation – beruflich oder privat – die nicht einfach war und die Sie gut gemeistert haben. Vielleicht ein Gespräch,

- in dem Ihnen deutlich bewusst war, was Sie wollten,
- in dem Sie das Anliegen Ihres Gegenübers verstehen konnten,
- in dem Sie sich klar ausdrücken konnten,
- in dem Sie die Erfordernisse der Situation gut wahrnehmen und
- in dem Sie flexibel reagieren konnten.

Lassen Sie mit dieser Situation vor Ihrem inneren Auge das Bewusstsein Ihrer sozialen & kommunikativen Kompetenz zu. Tauchen Sie in diese Situation ein, als ob sie gegenwärtig wäre. Erleben Sie die gesamte Szene noch einmal: hören Sie, was gesagt wird, sehen Sie den Raum und die anwesenden Personen, spüren Sie, wie es Ihnen dabei geht, was Sie währenddessen fühlen.

Blicken Sie nun auf die gesamte fachliche und persönliche Erfahrung, die Sie in Ihrem Leben bereits gesammelt haben. Halten Sie sich vor Augen, wie viele Dinge, die Ihnen wichtig sind, Sie erreicht haben. Das alles sind Ressourcen, die Sie ständig mit sich tragen und auf die Sie jederzeit zurückgreifen können. Spüren Sie das Bewusstsein von Können und Kraft.

Immer dann, wenn Sie stark auftreten und andere von sich und Ihrem Können überzeugen wollen, können diese drei Übungen nützlich sein – Lockern, Gesicht entspannen und Selbstsicherheit zulassen. Die drei Bestandteile Lockern, Gesicht entspannen und Selbstsicherheit zulassen sind auch einzeln sehr wirksam. Durch das Wegpusten von Spannungen und die Erinnerung an das, was Sie können, ändern sich Ihr Gesichtsausdruck und Ihre Körperhaltung so, dass Sie Selbstsicherheit ausstrahlen.

In Ihrem Büro oder auf der Toilette können Sie sich lockern, im Aufzug oder auf der Treppe Ihr Gesicht entspannen, und während Sie warten und aus dem Fenster schauen, können Sie sich an Ihre Ressourcen erinnern und den Zugang zu Ihrem Können wieder herstellen.

Diese Übung sollten Sie immer dann machen, wenn Sie stark auftreten und andere von sich und Ihrem Können überzeugen wollen (siehe auch Seite 159 und 163 ff.).

Senderperspektive	Empfängerperspektive
• Im Gespräch mit anderen strahlen Sie die Kompetenz und Erfahrung aus, die Ihnen präsent ist. • Stärken Sie Ihre Selbstsicherheit, indem Sie sich bewusst machen, was Sie wissen und können.	• Sobald Sie sich Ihrer selbst sicher sind, sind Sie frei, die Anforderungen und Bedürfnisse Ihrer Umwelt wahrzunehmen. • Ihr Denken und Handeln wird dadurch flexibler.

> **Tipp: Worum es bei mentalen Übungen nicht geht**
>
> Die oben beschriebene Art mentaler Übung ist nicht das, was Sie vielleicht unter „positivem Denken" kennen. Es geht nicht darum, eventuell auftauchende schwierige Gefühle wegzureden oder zu übergehen.

Seien Sie fürsorglich zu sich selbst

Unübersichtliche Gesprächssituationen kommen immer wieder vor, entweder weil Sie selbst sich Druck machen oder weil Sie das Handeln anderer als drängend erleben. Indem Sie Ihre Erfahrungen auswerten und sich klar machen, auf welche Art Sie den Ihnen nötigen Abstand am leichtesten herstellen können, wappnen Sie sich für solche Fälle. Zunächst, bevor Sie eine solche Strategie benutzen können, müssen Sie jedoch überhaupt wahrnehmen, dass Sie sich in einer Drucksituation befinden. Diese Wahrnehmung ist die Voraussetzung, um umzuschalten und die gebotene Distanz herzustellen, damit Sie handlungsfähig bleiben.

Training 16
Umgang mit äußerem und innerem Druck

Erinnern Sie sich an ein Gespräch, in dem Sie unter Druck und Anspannung gerieten, vielleicht weil es Ihnen nicht so gut wie erwartet gelungen ist. Sie haben es aber trotzdem noch ordentlich zu Ende gebracht.

Überlegen Sie, auf welche Art Sie es geschafft haben, den Überblick zu behalten und das Gespräch in Ihrem Sinn weiter zu steuern, und was Sie dazu getan haben – innerlich oder äußerlich – und schreiben Sie das bitte auf.

Lösung 16: Umgang mit äußerem und innerem Druck

Wahrscheinlich haben Sie auf die eine oder andere Art für Abstand gesorgt, denn dieser ist vor allem nötig, um unter Druck handlungsfähig zu bleiben. Hier finden Sie Möglichkeiten, in Gesprächssituationen förderliche Distanz herzustellen. Prüfen Sie, mit welcher Sie Ihr Repertoire erweitern möchten.

Körperlichen Abstand herstellen

- einen Schritt zurücktreten oder sich im Stuhl zurücklehnen
- aufstehen, um z. B. ans Fenster zu gehen
- eine Pause machen
- auf die Toilette gehen
- das Gespräch unterbrechen und vertagen

Thematisch Abstand herstellen

- den Stand der Dinge zusammenfassen
- an das Ziel des Gesprächs erinnern
- den Bezug zur Realität herstellen (z. B. „Es ist jetzt 21 Uhr und wir müssen heute keine Entscheidung fällen.")
- vorschlagen, zu einem anderen Thema überzugehen und das schwierige später noch einmal aufzugreifen

Mentalen Abstand herstellen und innerlich einen kleinen Schritt zurücktreten

- die Situation wie von außen, von oben oder aus einer anderen Perspektive betrachten („Was würde ich über das, was ich jetzt erlebe, in einem Jahr denken?")
- vorschlagen, das Thema zu wechseln
- den Auftrag und die Zuständigkeiten innerlich klären: In welcher Rolle habe ich hier was zu tun und was nicht?
- innerlich kurzzeitig aus der Situation heraustreten und zu einem anderen Thema wechseln, ein angenehmes inneres Bild betrachten und dadurch entlastende Gefühle wecken
- inneren Raum schaffen durch Rückfragen (wenn Sie sich von anderen direkt bedrängt fühlen)
- zu sich selbst zurückkehren, ausatmen, den eigenen Körper bewusst spüren, Arme, Füße, Sitzfläche

Und als „Krisenintervention", die immer effektiv ist: Ausatmen!

Doch was können Sie tun, wenn nicht die äußeren Bedingungen Sie unter Druck setzen, sondern schwierige Gefühle Ihnen das rationale Handeln erschweren? In einer Gesprächssituation helfen zunächst unmittelbar die oben genannten Distanzierungstechniken. Wollen Sie sich in einen guten Zustand für ein wichtiges Gespräch versetzen und Gefühle erschweren Ihnen die Einstimmung, können Sie folgende Erste-Hilfe-Techniken ausprobieren.

Erste Hilfe bei schwierigen Gefühlen

Wenn Sie ein bedrängendes oder schmerzliches Gefühl spüren, machen Sie sich bewusst, was es ist. Oft handelt es sich um Ärger, Traurigkeit oder Verletztsein. Würdigen Sie dieses Gefühl, es ist ein Faktum. Und wenn Sie es übersehen, wird es Probleme machen wie ein Kind, um das man sich nicht kümmert. Folgendes können Sie tun:

- Schreiben Sie kurz auf, was Ihnen dazu in den Sinn kommt, Stichworte oder Sätze, das entlastet Ihren Kopf.
- Finden Sie eine Möglichkeit, den damit verbundenen körperlichen Impulsen knapp und intensiv Ausdruck zu geben: Laufen Sie schnell die Treppen hinauf, ballen Sie die Fäuste und wenn Sie allein sind, können Sie auch fest auf den Boden stampfen, kurz schreien oder laut jammern.

Emotionale Entlastung schaffen

Mit diesen kurzen Aktionen entlasten Sie sich emotional und können sich in einer schwierigen Situation wieder arbeitsfähig machen. Bestimmen Sie aber einen Termin, zu dem Sie sich diesem unangenehmen Gefühl uneingeschränkt widmen, indem Sie, je nachdem was Ihnen hilft, es gründlich durchdenken oder mit anderen besprechen.

Wird ein Gefühl, das Sie beeinträchtigt, auf diese Weise gewürdigt, können Sie es eine Zeit lang zurückstellen und sich Ihrem Tagesgeschäft widmen. Übersehen und negieren Sie es aber, wird es unterschwellig sehr viel Energie binden. Schlimmstenfalls bläht es sich auf und bricht unkontrolliert hervor – dann, wenn Sie es am wenigsten brauchen können.

Senderperspektive	Empfängerperspektive
• Wenn Sie unter innerem Druck stehen, teilen Sie diesen auch Ihren Gesprächspartnern mit. Das kann einen negativen Einfluss auf die Atmosphäre des Gesprächs haben. • Wenn ein wichtiges Gespräch bevorsteht: Versetzen Sie sich vorab in einen aufnahmebereiten Zustand. • Wenn Sie während eines Gesprächs in Bedrängnis geraten, stellen Sie innerlich Distanz her.	• Wenn Sie unter innerem Druck stehen, können Sie nur eingeschränkt zuhören und wahrnehmen, weil Sie damit beschäftigt sind, Ihre Gefühle zu kontrollieren. • Wenn ein wichtiges Gespräch bevorsteht: Versetzen Sie sich vorab in einen aufnahmebereiten Zustand. • Wenn Sie während eines Gesprächs in Bedrängnis geraten, stellen Sie innerlich Distanz her.

Tipp: Beschimpfen Sie sich nicht selbst

Sie können sich eine Menge unnötigen Druck ersparen, den Sie selbst herstellen: Verzichten Sie ganz und gar darauf, sich selbst zu beschimpfen. Falls Ihnen dies bisher öffentlich unterlaufen sein sollte: Ihre Zuhörer könnten das als Selbsterniedrigung auffassen oder daraus schließen, dass Sie tendenziell mit anderen genauso sprechen wie mit sich selbst. Schimpfen kann zwar in vertrauter Umgebung mit der entsprechenden Selbstironie ein Ventil sein, ist aber ein aus der Kindheit übernommenes Relikt, von oben nach unten durch herabsetzendes Zurechtweisen Druck auszuüben. Mit diesem Verhalten schaden Sie sich selbst.

Wenn Sie klar wahrnehmen und frei reagieren wollen, ist ein pfleglicher und respektvoller Umgang mit sich selbst unverzichtbar. Dazu gehört auch ein fürsorglicher Kommunikationsstil mit dem eigenen Ich (siehe auch Seite 105).

To Do: Protokollieren Sie Ihre Selbstgespräche

Beobachten Sie einen halben Tag lang Ihre inneren Selbstgespräche und protokollieren Sie sie. Lassen Sie Ihre Notizen dann zwei Tage liegen und lesen Sie dieses Protokoll danach durch: Wie charakterisieren Sie den Gesprächsstil der beteiligten Ich-Anteile untereinander? Würden Sie von anderen Menschen gern so behandelt werden, wie Sie mit sich selbst umgehen?

Wahren Sie Ihre Grenzen

Nicht alle Menschen sind fair und freundlich, nicht alle Gesprächspartner sind vorrangig an vernünftiger Zusammenarbeit und guten Arbeitsergebnissen interessiert. Manche heucheln, provozieren, geben an und wollen ihre eigenen Interessen auf Ihre Kosten durchsetzen, manche versuchen, Ihnen zu schaden. Dazu werden in manipulativer Absicht Gesprächstechniken eingesetzt, die Sie einschüchtern oder verwirren sollen. Wie Sie damit umgehen, erfahren Sie auf den nächsten Seiten.

Training 17
So bleiben Sie sicher bei Manipulationsversuchen

Bitte lesen Sie zuerst alle unten aufgeführten Beispiele und stellen Sie sich dann für jedes Beispiel eine Situation aus Ihrem Berufsleben vor, in der Sie etwas vorgeschlagen und als Entgegnung solch eine Formulierung in einem sehr eindringlichen, nicht unterstützenden Tonfall erhalten haben.

Beispiele für manipulative Formulierungen:
- „Sie wollen doch nicht etwa behaupten, dass ...“
- „Wie können Sie nur ...?“
- „Wir wollen doch alle ...“
- „Wir wissen doch alle, dass ...“
- „In Wirklichkeit haben wir es doch mit ... zu tun.“
- „Das zeigt doch der gesunde Menschenverstand ...“
- „Es ist doch klar, dass ...“
- „Die professionellen Standards erfordern doch, dass ...“
- „Schon Prof. Peters hat gesagt, ...“
- „Wissenschaftliche Untersuchungen belegen, ...“

Formulieren Sie dann eine Ihnen passend erscheinende, selbstsichere Antwort und schreiben Sie diese in wörtlicher Rede auf.

Lösung 17: So bleiben Sie sicher bei Manipulationsversuchen

Eine genau richtige Antwort, die für alle Situationen passt, gibt es bei unfairen Techniken nicht. Unten finden Sie einige Möglichkeiten zu reagieren, ohne sich von der eigenen Ansicht abbringen zu lassen. Lassen Sie sich davon anregen, der Situation angemessene und Ihnen entsprechende Antworten zu finden:

1 Polemische Suggestivfragen

„Sie wollen doch nicht etwa behaupten, dass ...?"

„Wie können Sie nur ...?"

Polemische Suggestiv-Fragen, bauen eine Front auf: Sie unterstellen, die aufgestellte Behauptung sei ungewöhnlich, anstößig, falsch, auf jeden Fall nicht erwünscht.

Mögliche Antworten auf die Frage: „Sie wollen doch nicht etwa behaupten, dass ...?"
* „Doch, das tue ich."
* „Das scheint Sie zu überraschen."
* „Doch, das behaupte ich, und zwar aus folgendem Grund ..."

Mögliche Antworten auf die Frage: „Wie können Sie nur ...?"
* „Sie scheinen das verwunderlich zu finden."
* „Das kann ich Ihnen erklären."

2 Angebliche Gemeinsamkeiten

„Wir wollen doch alle ..."

„Wir wissen doch alle, dass ..."

Hier werden gemeinsame Interessen, Meinungen oder Werte unterstellt und die Gesprächspartner in eine angebliche Gemeinsamkeit einbezogen.

Mögliche Antwort:
* „Nein."

3 Behauptete Tatsachen

„In Wirklichkeit haben wir es doch mit ... zu tun."

„Das zeigt doch der gesunde Menschenverstand ..."

„Es ist doch klar, dass ..."

Hier werden Meinungen oder Allgemeinplätze angeführt und als Tatsachen ausgegeben. Widersprechen Sie oder fragen Sie nach den Argumenten und Belegen.

Mögliche Antworten auf die Aussage: „In Wirklichkeit haben wir es doch mit ... zu tun."
* „Können Sie das belegen?"
* „Nein."

Mögliche Antworten auf die Aussage: „Das zeigt doch der gesunde Menschenverstand ..."
* „Bitte nennen Sie Argumente."

Mögliche Antworten auf die Aussage: „Es ist doch klar, dass ..."
* „Was genau ist klar und warum?"
* „Nennen Sie Ihre eigenen Argumente, bitte."

4 Imponiergehabe

„Die professionellen Standards erfordern doch, dass ..."
„Schon Prof. Peters hat gesagt, ..."
„Wissenschaftliche Untersuchungen belegen, ..."

Hier wird Kennerschaft reklamiert und versucht zu imponieren oder einzuschüchtern. Ein Mangel an Argumenten wird kaschiert durch vage Hinweise auf unterstellte gemeinsame Maßstäbe, Vorbilder oder Autoritäten.

Mögliche Antworten auf die Aussage: „Die professionellen Standards erfordern, dass ..."
* „Bitte sagen Sie präzise, worauf Sie sich beziehen."

Mögliche Antworten auf die Aussage: „Schon Prof. Peters hat gesagt, ..."
* „Und was sind Ihre Argumente?"

Mögliche Antworten auf die Aussage: „Wissenschaftliche Untersuchungen belegen, ..."
* „Und was genau sind die Begründungen?"
* „Wie lauten die Argumente?"
* „Was genau ist wie belegt?"

Manipulation durch Emotionalisierung

Wohlgemerkt: Der Wortlaut allein macht diese Äußerungen nicht unfair, sie könnten so auch in einem konstruktiven Streit um die besseren Argumente geäußert werden. Hier ist jedoch von Taktiken die Rede, die in manipulativer Absicht eingesetzt werden. Sie sollen dazu gebracht werden, der Sicht Ihres Gegenübers wider besseres Wissen zuzustimmen.

Gemeinsam ist diesen Taktiken, dass sie benutzt werden, um zu verunsichern. Die Absicht dahinter ist, dass Sie sich abschrecken und Ihr Argument fallen lassen, weil Sie etwas Ähnliches denken wie: „Oh je, hier stehe ich wohl allein mit meiner Sicht, die überhaupt nicht geschätzt wird." Die Taktiken sind unfair, insofern die Haltung, aus der heraus sie geäußert werden, an Argumenten gar nicht interessiert ist. Es werden Gefühle geweckt, wie die Angst, nicht dazuzugehören, oder das Verlangen, als zugehörig anerkannt zu werden.

Abwertender Ton

In solchen Sätzen klingt ein Ton der Abwertung mit: „Wie kann man so etwas nur sagen?" Sie funktionieren als Appell, auf der richtigen Seite zu stehen, indem die Position der Gegenseite als moralisch unzulässig abgetan wird. Sie setzen auf unfaire Art Gruppendruck ein, sie operieren mit einem unterstellten „wir" und sie erreichen ihr

Ziel, wenn Sie die Energie und Überwindung nicht aufbringen, aus dieser unterstellten Gemeinschaft herauszutreten und ausdrücklich zu widersprechen.

Senderperspektive	Empfängerperspektive
	1. Unterscheiden Sie zwischen Meinung und Argument: Wenn jemand Sie mit Meinungen abspeisen will, anstatt zu argumentieren, oder Sie argumentativ vereinnahmen will, ist es am wichtigsten, diese Taktik zu bemerken.
	2. Entscheiden Sie, wie Sie reagieren wollen.
3. Prüfen Sie, ob es ausreicht, die manipulative Äußerung zu ignorieren, falls nicht: - schaffen Sie sich Zeit zum Nachdenken, indem Sie nachfragen, oder - fordern Sie sachliche Argumente von Ihren Gesprächspartnern.	<=

Verbale Manipulation arbeitet mit dem Überraschungseffekt, deshalb ist die wichtigste Gegenmaßnahme, sich nicht verblüffen zu lassen. Das bedeutet, dass Sie den wesentlichen Schritt geschafft haben, wenn Sie den Angriff bemerken. Sie können dann innerlich Distanz herstellen und den Dialog verlangsamen, anstatt automatisch zu reagieren (mehr dazu erfahren Sie ab Seite 160 bzw. 170). Manchmal reicht es aus, die unlautere Absicht zu erkennen und dann – sehr wirksam – überhaupt erst gar nicht zu antworten.

> **Tipp: Vermeiden Sie manipulative Formulierungen**
>
> Möglicherweise verwenden Sie selbst ähnliche manipulative Formulierungen, wenn Sie unter Stress stehen und deshalb genervt, ironisch, ärgerlich oder verletzt reagieren. Damit verschärfen Sie eine angespannte Situation jedoch.
>
> Nehmen Sie Ihre unfaire Äußerung als Symptom dafür, dass Sie Abstand brauchen (siehe Seite 105 ff.), und kehren Sie zu einem fairen Diskussionsstil zurück.

Wo liegen Ihre Stärken?

Wenn Sie zu denjenigen Menschen gehören, die schnell Widersprüche entdecken, können Sie mit Versuchen, Sie argumentativ zu bedrängen, gelassen umgehen. Sie sollten sich aber hin und wieder fragen, ob Sie selbst manche Gesprächspartner, besonders solche, die noch nicht selbstsicher genug sind, durch Ironie oder Äußerungen, die abschätzig klingen, gelegentlich in Bedrängnis bringen.

Wenn Argumentation noch nicht Ihre starke Seite ist, dann verlassen Sie sich auf Ihr Gespür für Unstimmigkeiten und nehmen Sie jedes Signal Ihres intuitiven Wissens ernst, das Sie auf unlautere Absichten anderer hinweist. Allein dies bewusst wahrzunehmen stärkt Ihre Selbstsicherheit (siehe Seiten 89, 101und 160 ff.).

Machen Sie sich die Macht Ihrer Worte bewusst: integres Sprechen

To Do: Reden über andere

Bitte lesen Sie die nachfolgenden Beispielsätze und beobachten Sie, wie sie auf Sie wirken. Notieren Sie sich Ihre Reaktionen und überlegen Sie, welche Folgen solche Äußerungen haben können, für Sie selbst und für eine Zusammenarbeit mit den Personen, von denen die Rede ist. Welche Begriffe kennzeichnen diese Art von Kommunikation? Wie denken Sie darüber?

- „Frau Dr. Mainzer hat schon wieder einen neuen Wagen."
- „Weißt du, wen ich neulich erst zusammen am Flughafen gesehen habe? Den Leiter der Controlling-Abteilung und die Vorstandsassistentin."
- „Man sollte etwas dagegen unternehmen."
- „Wenn man hört, was da so vor sich geht, will man mit denen gar nichts mehr zu tun haben."
- „Man muss sich schon fragen, ob das alles seine Richtigkeit hat."
- „Wenn man bedenkt, wie kurz die erst hier ist. Und schon befördert. Na ja, gemeinsame Dienstreisen mit dem Chef ..."
- „Herr U. ist schon wieder krank. Hat er nicht begonnen, ein Wochenendhaus zu bauen?"

Indirekte Kommunikation

Die oben stehenden Sätze sind Beispiele für spezielle Arten indirekter Kommunikation, in aufsteigender Schädlichkeit:

- Flurfunk, Klatsch und Tratsch
- Unpersönliche Man-Sätze
- Insinuation oder Unterstellung

Flurfunk, Klatsch und Tratsch

Zu dieser Kategorie gehören die beiden ersten Beispielsätze. Flurfunk, Klatsch und Tratsch gedeihen in allen Organisationen. Klatsch hat eine soziale Funktion, er wirkt als Ventil bei Unzufriedenheit und als verbindendes Thema. Menschen, die tratschen, sind neugierig, zeigen also eine Form emotionaler Anteilnahme an einem Geschehen, das auf irgendeine Art wichtig für sie ist. Über andere zu klatschen kann entlastende Wirkung haben, wie sie im Wort „ablästern" anklingt.

Beobachten Sie sich und entscheiden Sie, ob Ihnen diese Art von Gesprächen hilft. Achten Sie gegebenenfalls aber darauf, niemandem zu schaden. Gravierende Unzufriedenheiten und Kritik klären Sie besser in einem direkten Gespräch.

Unpersönliche Man-Aussagen

- „Man sollte etwas dagegen unternehmen."
- „Wenn man hört, was da so vor sich geht, will man mit denen gar nichts mehr zu tun haben."
- „Man muss sich schon fragen, ob das alles seine Richtigkeit hat."

Diese Sätze sind Beispiele für eine verbreitete Art indirekten und unpersönlichen Redens, das häufig einer vermeintlichen Sachlichkeit verpflichtet ist und gebraucht wird, um im Smalltalk nicht zu offensiv zu wirken. Solche Aussagen haben jedoch entscheidende Nachteile:

- Sie lassen im Unklaren, wer mit „man" gemeint ist.
- Sie vernebeln Verbindlichkeit und Verantwortlichkeiten, indem sie offen lassen, ob eine und wenn ja, welche Art von Aktivität daraus folgen wird oder sollte.
- In der Form einer allgemeinen Aussage über die Welt lassen sie die Zuhörer im Ungewissen, wie der Sprecher dazu selbst steht, ob er an eine Norm erinnert oder sie teilt.
- Sie eignen sich dazu, Missverständnisse zu produzieren, wenn Menschen diese indirekte Formulierung als Appell an sich verstehen.

Mehrdeutige Aussagen

Diese Mehrdeutigkeiten werden nicht immer vorsätzlich erzeugt, in manchen Milieus gehören sie zum Umgangsstil und werden im Prozess der Anpassung an die Organisationskultur übernommen. Ungünstig wirkt bei einem solchen Stil, dass offen bleibt, ob eine Meinung angedeutet oder eine Aufforderung sanft vermittelt werden soll. Eine Äußerung wie: „Man müsste da etwas ändern" ist in hohem Grad unverbindlich. Indem Sie die gemeinte Personen direkt ansprechen, schaffen Sie Verbindlichkeit:

- „Ich würde da gern etwas ändern, weiß aber noch nicht wie." Oder: „Ich würde da gern etwas ändern, kann das jetzt aber nicht."
- „Können wir gemeinsam überlegen, was wir daran ändern sollten?" Oder: „Was können wir daran ändern?"
- „Würden Sie das bitte ändern?"

Training 18
Formulieren Sie direkt und verbindlich

Wie könnten sich folgende unpersönliche Aussagen als direkte Aussagen anhören? Denken Sie sich jeweils einen Kontext aus und experimentieren Sie mit den Bedeutungsunterschieden.

- „Man sollte nicht rauchen."
- „Man muss Selbstdisziplin üben."
- „Was soll man davon halten?"
- „Man hat da ja einiges gehört."
- „Man fragt sich, ob das falsch war."
- „Man muss das nicht mitmachen."
- „Man ist sich nicht sicher, was er meint."

Lösung 18: Formulieren Sie direkt und verbindlich

Statt „Man sollte nicht rauchen.":
- „Ich sollte besser nicht rauchen."
- „Ich habe mir vorgenommen, nicht mehr zu rauchen, aber leider schaffe ich es jetzt noch nicht."
- „Du solltest nicht rauchen. Ich mache mir Sorgen um deine Gesundheit."

115

Statt „Man muss Selbstdisziplin üben.":
- „Ich werde es nur schaffen, wenn ich Selbstdisziplin übe."
- „Für Sie wäre es wichtig, mehr Selbstdisziplin zu üben."

Statt „Was soll man davon halten?":
- „Ich weiß nicht, wie ich das einordnen soll."
- „Sagen Sie mir, was Sie davon halten."

Hier wird eine rhetorische Frage als konventionelle Floskel benutzt, um auszudrücken, dass man unverbindlich bleiben will.

Statt „Man hat da ja einiges gehört.":
- „Mir gefällt nicht, was ich da gehört habe."
- „Ich habe gehört, dass ... Ist das richtig?"

Statt „Man fragt sich, ob das falsch war":
- „Ich frage mich, ob ich da richtig oder falsch entschieden habe."
- „Was halten Sie von dieser Entscheidung?"

Statt: „Man muss das nicht mitmachen.":
- „Ich mache da lieber nicht mit."
- „Ich würde Ihnen raten, gut zu überlegen, ob Sie dabei mitmachen."

(Als Hinweis auf ein generelles Recht, selbst zu entscheiden, kann die unpersönliche Formulierung passend sein.)

Statt: „Man ist sich nicht sicher, was er meint.":
- „Ich weiß nicht, was er meint."
- „Er lässt seine Zuhörer im Unklaren, sehen Sie das auch so?"

Unterstellung
- „Man muss sich schon fragen, ob das seine Richtigkeit hat."
- „Wenn man hört, wie es da zugeht, will man mit denen gar nichts mehr zu tun haben."
- „Wenn man bedenkt, wie kurz die erst hier ist. Und schon befördert. Na ja, gemeinsame Dienstreisen mit dem Chef ..."
- „Herr U. ist auch schon wieder krank. Hat er nicht begonnen, ein Wochenendhaus zu bauen?"

Unterstellungen wirken destruktiv

Wer anderen ungünstiges Verhalten unterstellt, verhält sich destruktiv. Eine Unterstellung vermeidet klare Behauptungen, auf die man festgelegt werden könnte, wie z. B. „Das und das liegt im Argen. Hier ist etwas nicht in Ordnung."

Eine besonders heimtückische Art, etwas zu unterstellen, verbindet zwei Tatsachenfeststellungen und überlässt es dann den Hörern, einen Schluss daraus zu ziehen. Dies ist schlimmer als üble Nachrede, weil sie indirekt bleibt. Niemand hat gesagt, dass Herr U. während seiner krankheitsbedingten Abwesenheit sein Ferienhaus baut. Doch genau diesen Zusammenhang herzustellen, wird den Hörern nahe gelegt, indem beide Sätze in unmittelbare Nachbarschaft gebracht werden. So etwas ist arglistig und gemein. Erkennen Sie, wenn das geschieht. Seien Sie vorsichtig im Umgang mit Menschen, die so reden.

Vermeiden Sie es, über andere schlecht zu reden

Sie könnten anderen aus unterschiedlichen Gründen mit Worten schaden: aus Unachtsamkeit, aus Lust am Tratsch, um selbst besser dazustehen („Ich habe mich ja so bemüht, aber Herr Han hat ...") oder durch gezielte Aggressivität.

Worte erzeugen Wirkungen, das ist ihre Funktion – unabhängig davon, ob sie gedankenlos oder in feindseliger Absicht geäußert wurden. Wenn Sie jemanden über andere schlecht reden hören, müssen Sie befürchten, dass dieser Mensch auch über Sie schlecht redet. Ein Klatschkarussell trägt ebenso wenig zu einem guten Arbeitsklima bei („Weißt du, was die über dich gesagt hat?"). Auf diese Art wird Vertrauen abgebaut. Wenn Sie auf effektive und angenehme Zusammenarbeit Wert legen, dann vermeiden Sie es, anderen mit Worten zu schaden; Sie schaden sich dadurch selbst. Suchen Sie stattdessen das direkte Gespräch, wenn Sie Unstimmigkeiten oder Konflikte in der Zusammenarbeit bemerken (siehe hierzu auch Seite 187 f.).

Auch wenn Sie sich bemühen, nicht aus Gedankenlosigkeit über andere herzuziehen, können Sie Verletzungen durch Ihre Worte nicht immer verhindern. Wenn Sie sich aber sicher sein können, dass Sie dabei keine herabsetzenden Absichten hatten, fällt eine Entschuldigung leichter und ist wirksamer.

Vermeiden Sie es, über sich selbst schlecht zu reden

Worte erzeugen Wirkungen – auch wenn Sie mit sich oder über sich selbst sprechen. Indem Sie sich schlecht machen, setzen Sie sich nicht nur in den Augen Ihrer Gesprächspartner herab, Sie verletzen sich auch selbst. Selbstbeschimpfungen wie „Ich bin aber auch ein ungeschicktes Etwas" oder „Das kann aber auch nur mir passieren" signalisieren Unterwürfigkeit. Auch wenn Sie es selbstironisch meinen, unterminieren Sie dadurch in den meisten Fällen Ihre Kraft. Setzen Sie einen beschwichtigenden inneren Satz an die Stelle, der Ihnen hilft, den Überblick zu behalten, wie „Das kann schon mal passieren" oder „Fehler kommen vor – beim nächsten Mal mache ich es besser". Damit akzeptieren Sie, dass etwas nicht nach Ihren Vorstellungen gelaufen ist, und stärken sich dafür, das zu tun, was zu tun ist. Wenn Sie lernen, mit sich selbst gnädig und fürsorglich umzugehen (siehe Seite 105), fällt es Ihnen leichter, Selbstherabsetzungen zu stoppen. Das umfasst auch das Bewusstsein, erkannte Mängel nicht per Beschluss abstellen zu können. In Momenten, in denen Sie sich Ihrer Kraft und Ihres Könnens weniger bewusst sind, wird Ihnen Verständigung nicht immer gelingen.

To Do: Leitlinien für direkte Kommunikation

- Sagen Sie nur, was Sie wirklich meinen.
- Sprechen Sie persönlich.
- Falls Sie über andere sprechen: Sagen Sie nichts, was Sie nicht auch in deren Gegenwart sagen würden.
- Sprechen Sie nie schlecht über sich selbst.

Senderperspektive	Empfängerperspektive
• Sprechen Sie persönlich und lassen Sie erkennen, was Sie meinen und wozu Sie stehen. • Reden Sie nicht schlecht über diejenigen, mit denen Sie zusammenarbeiten. Sie setzen damit Ihre eigene und die Achtung anderer aufs Spiel, vergiften die Atmosphäre, tragen zu einem Klima von Misstrauen bei und disqualifizieren sich selbst. • Reden Sie ebensowenig schlecht über sich selbst.	• Wenn Sie bei wichtigen Themen überschwemmt werden von unpersönlichen Äußerungen wie: „Man sollte ...", „Man müsste ...", „Man sieht doch ...", fragen Sie nach der Position des Senders in dieser Sache. • Lehnen Sie es ab, zuzuhören, wenn Ihnen negative Vermutungen und Unterstellungen über andere zugetragen werden. • Wenn Ihnen zugemutet wird, Gerüchte anzuhören, sagen Sie, dass Sie das nicht wollen, notfalls verlassen Sie den Raum.

Tipp: Ich-Botschaften – aber nicht exzessiv

Wenn Sie anderen ermöglichen wollen, Sie einzuschätzen und Sie zu verstehen, sollten Sie sich nicht hinter allgemeinen Aussagen wie „man müsste", „man könnte", „man sollte", „man tut" verstecken, es sei denn, Sie haben einen guten Grund dafür. Verfallen Sie aber auch nicht in das andere Extrem, indem Sie ausschließlich per Ich-Botschaften sprechen, sogar andere dazu erziehen wollen und Ihrer Umgebung durch das ständige Mitteilen Ihrer Meinung, Ihrer Betroffenheit und Befindlichkeit auf die Nerven gehen.

In der Regel erleichtert direkte Kommunikation das Verstehen. Jedoch wird keine Regel Sie davon entheben, selbst einschätzen zu müssen, was jeweils in einer Situation am besten passt.

To Do: Beobachten Sie sich einen Tag lang:

• Wann sprechen Sie über andere?
• Aus welchen Motiven?

Was Sie gewinnen, wenn Sie wirklich zuhören

Das Bild vom Eisberg, von dem nur die Spitze über der Wasseroberfläche sichtbar ist und dessen größter Teil sich unter dem Meeresspiegel ausbreitet, wird auch auf Kommunikationsprozesse angewandt. Das sichtbare obere Achtel des Eisbergs steht für die öffentlich verhandelten Themen, die Sach-Logik des Gesprächs. Die anderen sieben Achtel unter Wasser bilden ab, was an Motiven und Gefühlen in ein Gespräch einfließt, jedoch nicht ausgesprochen wird, latent bleibt; dieser Aspekt wird auch Psycho-Logik genannt.

Training 19
Hören Sie, was unter der Oberfläche bleibt

Bitte erinnern Sie sich an Gespräche, bei denen Ihnen die latenten Anteile bewusst waren. Latent vorhanden heißt nicht, dass ein Thema nicht auch angesprochen werden könnte, es wird jedoch aktuell nicht benannt.

Sortieren Sie in der Eisbergskizze die öffentlich verhandelten Themen und die Themen unter der Oberfläche.

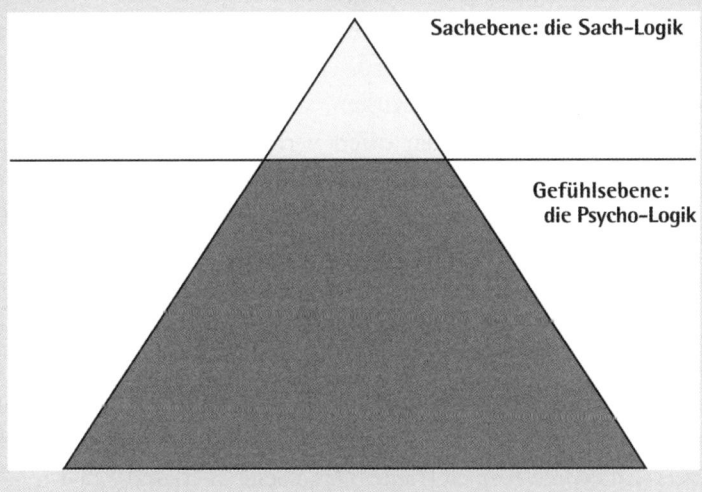

Sachebene: die Sach-Logik

Gefühlsebene:
die Psycho-Logik

Lösung 19: Hören Sie, was unter der Oberfläche bleibt

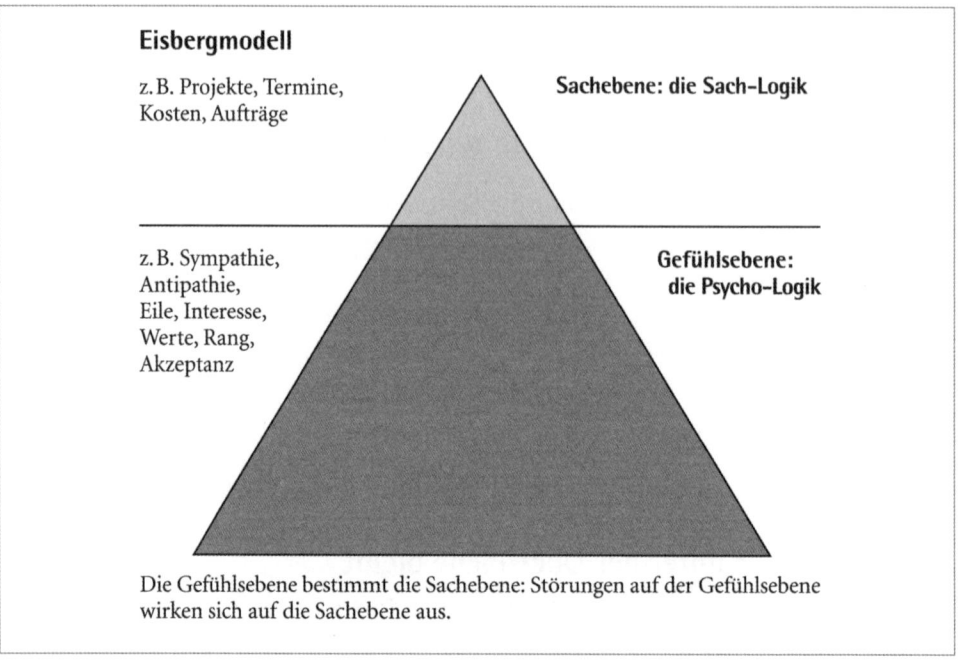

Eisbergmodell

z.B. Projekte, Termine, Kosten, Aufträge

Sachebene: die Sach-Logik

z.B. Sympathie, Antipathie, Eile, Interesse, Werte, Rang, Akzeptanz

Gefühlsebene: die Psycho-Logik

Die Gefühlsebene bestimmt die Sachebene: Störungen auf der Gefühlsebene wirken sich auf die Sachebene aus.

Meistens sind uns latente Gesprächsanteile nur mittelbar bewusst. Sie zeigen sich z. B. durch Spannung, Freude oder Unruhe, die scheinbar mit dem Gesprächsthema an sich nichts zu tun haben. Solche Empfindungen können Sie als Indikatoren dafür werten, dass latente Themen vorhanden sind. Machen Sie sich dann bewusst, was unter der Oberfläche verhandelt wird.

Gefühle sind Fakten, die (störend) wirken, wenn Sie sie unberücksichtigt lassen. Mitschwingende Gefühle geben den offen verhandelten Fakten eine persönliche Wertung. So wird ein neu anberaumter Termin vielleicht nicht als neutral wahrgenommen, wenn er auf den Geburtstag des Kindes oder das Endspiel der Champions League fällt. Nehmen Sie diesbezügliche körpersprachliche Hinweise Ihrer Gesprächspartner auf. Und wenn Sie selbst ein „komisches" Gefühl beschleicht – möglicherweise Beklommenheit, Zweifel oder Unwillen –, sehen Sie es als wichtigen Hinweis, die Gesprächsinhalte zu prüfen.

Wenn Sie Ihre Wahrnehmungsfähigkeit ausschöpfen und auch auf Nichtausgesprochenes achten, lernen Sie, differenzierter zuzuhören, und erhalten ein vollständigeres Bild dessen, was sich gerade abspielt (siehe hierzu Seite 51 ff. und 123 ff.).

Zuhören als geistige Haltung

Zuhören steht hier für eine geistige Haltung der Aufmerksamkeit und Achtsamkeit. Ein Bild dafür ist das chinesische Schriftzeichen für Zuhören, das sich zusammensetzt aus den Einzelzeichen für Augen, Ohren, ungeteilte Aufmerksamkeit und Herz. Wenn Sie wirklich daran interessiert sind, was Ihr Gegenüber sagt, werden Sie diese Einstellung auch ausstrahlen.

Senderperspektive	Empfängerperspektive
• Allein dadurch, dass Sie aufmerksam sind und zuhören, ohne zu unterbrechen, zeigen Sie Respekt und lassen die Unterschiedlichkeit anderer gelten. Damit schaffen Sie eine Basis für Verhandlungen auf Augenhöhe.	• Überprüfen Sie im Gespräch Ihre vorbereitende Einschätzung zu den Motiven Ihrer Gesprächspartner. • Nehmen Sie wahr, was Ihrem Gegenüber besonders wichtig ist. • Achten Sie dabei auf das, was sich unter der Oberfläche der Sachbotschaften abspielt. • Entscheiden Sie, ob es das Gesprächsergebnis fördert, ein latentes Thema anzusprechen.

4 Arbeitsgespräche in Teams und Gruppen

Gesprächssituationen in Gruppen stehen im Fokus dieses Kapitels. Sie trainieren hier, Aufgaben unmissverständlich zu besprechen, Ergebnisse klar zu präsentieren und Besprechungen zügig zu leiten. Der wichtigste Faktor einer Zusammenarbeit im Team ist allerdings, die Andersartigkeit anderer zu respektieren und ihre Fähigkeiten als Ergänzung der eigenen Stärken schätzen zu lernen. Hiermit beginnt dieses Kapitel, denn wenn Sie fähig sind, die typischen Verhaltensweisen und Stärken Ihrer Teammitglieder einzuschätzen, können Sie Ihr Handwerkszeug gezielter einsetzen. Zunächst jedoch machen Sie sich klar, warum Gespräche in Gruppen anders zu bewerten sind als Gespräche zwischen zwei Personen.

Was ist an Gruppensituationen so besonders?

Wahrscheinlich verbringen Sie einen großen Teil Ihrer Arbeitszeit zusammen mit anderen Menschen. Und vielleicht haben Sie schon einmal beobachtet, dass Menschen in Gruppen sich anders verhalten, als wenn Sie sie allein treffen.

Training 20
Was passiert in einer Gruppe?

Erinnern Sie sich an die allerersten Stunden, die Sie in einer Ihnen neuen Gruppe verbracht haben, z. B. in einem neuen Arbeitsteam, bei einer neuen Stelle, auf einer Messe oder auch zu Beginn eines Trainings, eines Seminars oder beim ersten Treffen einer Sportgruppe. Wie haben Sie sich dabei gefühlt, neu zu sein und von den anderen Anwesenden (kaum) jemanden zu kennen? Was haben Sie gedacht? Welche Fragen haben Sie sich innerlich gestellt? Welche haben Sie denen gestellt, die schon vor Ihnen da waren?

Lösung 20: Was passiert in einer Gruppe?

Derartige Situationen sind meist mit ein wenig Nervosität und Unsicherheit verbunden. Zu den Fragen, die Ihnen dann vielleicht durch den Kopf gehen, könnten gehören:

- Wer tut was, hat welche Aufgaben und Funktionen?
- Was an Arbeitsabläufen, Themen kenne ich?
- Wer ist besonders wichtig? Wessen Meinung zählt?
- Wie verhält man sich hier? Was muss ich tun oder darf ich nicht tun, um akzeptiert zu werden?

Das Bedürfnis nach Sicherheit

Menschen haben ein tief sitzendes, unauslöschliches Bedürfnis nach Sicherheit. Das bedeutet, dass Sie sich dort wohl und unbeschwert fühlen, wo Sie sich auskennen und sich vor unliebsamen Überraschungen sicher wähnen, wenn Sie einschätzen können, was Sie erwartet, und wenn Sie wissen, dass die Anforderungen Ihren Fähigkeiten entsprechen.

Unbekanntes weckt Neugier, wenn es gut dosiert und Sie in guter Verfassung findet – andernfalls verunsichert es. Das ist eine Verhaltensweise, die Menschen und Tiere teilen. Und so verhält es sich auch, wenn Sie auf unbekannte Menschen treffen. Höflichkeit ist zivilisatorisch erworbenes Verhalten und dient vor allem der gegenseitigen Vergewisserung: Wir haben keine feindlichen Absichten. Erst wenn Sie sicher sein können, dass die anderen Ihnen nichts Böses wollen, können Sie sich entspannen, sich wohl fühlen und andere Menschen als interessant, anregend, unterstützend und hilfreich erleben.

Tipp: Die Funktion von Begrüßungsritualen

Gesellschaftliche Begrüßungsrituale beruhen deshalb auf der gegenseitigen Versicherung guter Absichten: Ihr Gegenüber guckt, lächelt (zeigt die Zähne), neigt den Kopf (macht sich kleiner) und wendet seine Augen wieder ab. Sie tun das Gleiche. Die Botschaft heißt: „Ich nehme dich wahr und will dich nicht angreifen. Mit mir Kontakt aufzunehmen ist ungefährlich."

Wie ist nun die Situation, wenn Sie in eine Gruppe kommen, die Sie nicht kennen? Ich will einige der kleinen Regungen und Empfindungen unter die Lupe nehmen, die dabei normalerweise ablaufen, ohne dass Sie besonders darauf achten.

Ihre Wahrnehmungen

Sie beobachten und nehmen wahr,
* wie die anderen miteinander umgehen,
* welcher Umgangston herrscht,
* welche Kleiderordnung zu erkennen ist,
* wie mit Rangunterschieden umgegangen wird,
* welche Atmosphäre zu spüren ist.

Ihre Interpretationen

Sie interpretieren, wie man mit Ihnen umgeht:
* Wie ist hier der Umgangsstil?
* Gibt man sich eher förmlich oder locker, kumpelhaft, taxierend, kühl oder herzlich?
* Wie ist der Unterschied zwischen den „Alteingesessenen" und Ihnen?
* Müssen Sie das, was Sie erfahren, als abwertend oder ausgrenzend einstufen?

Ähnlichkeiten verbinden

Sie vergleichen mit dem, was Sie kennen, stellen Unterschiede fest, machen sich Ihren Reim darauf. Und sooft Ihnen etwas Bekanntes begegnet – wie die Leute gekleidet sind, eine bestimmte Fachsprache, ein Tonfall –, fühlen Sie sich gleich wohler. Ähnlichkeiten verbinden und bieten Anschlussmöglichkeiten. Diese wiederum erhöhen die Chance, aufgenommen zu werden und dazuzugehören. Sie erschließen sich die in der neuen Gruppe geltenden Regeln und Normen:

* Was ist von hohem Wert, gilt als erstrebenswert, als gut, als professionell?
* Was wird als zweifelhaft oder schlecht, als zu vermeiden angesehen?
* Was sind die Themen? Wovon sollten Sie etwas verstehen, worüber dürfen Sie reden, ohne auf Ablehnung oder Skepsis zu stoßen? Welche Themen vermeiden Sie tunlichst?

Auch wenn Sie dies alles nicht bewusst und ausdrücklich bemerken, werden Sie dennoch entsprechend reagieren, z. B. dadurch, dass Sie sorgfältiger oder lässiger sprechen, dass Sie sich eher anspannen und kontrollieren oder Ihre Gesichts- und Schultermuskeln entspannen und beginnen, sich wohler zu fühlen. Und Sie bewerten selbst, was Ihnen begegnet, nach Ihren eigenen Maßstäben, z. B. so – „Na ja, von praktischer Arbeit vor Ort scheinen die ja nicht viel zu kennen" oder „Die sind

125

von der Umsetzung der neuesten Forschungserkenntnisse aber noch weit entfernt" –, je nachdem, welche Erfahrungen oder Vorurteile Ihnen gerade behilflich sind, Ihre Eindrücke zu sortieren.

Das Bedürfnis nach Anerkennung

Sobald Sie sich einigermaßen orientiert haben, in welchem sozialen Gefüge Sie sich gerade befinden, kommt ein weiteres Bedürfnis ins Spiel: Meistens wollen Menschen einen guten Eindruck machen. Dieses Bestreben ist nicht so überlebensnotwendig wie das Sicherheitsbedürfnis, doch in unserer Gesellschaft recht stark ausgeprägt. Die anderen sollen Sie wahrnehmen, für wichtig, nützlich und gut halten. Wie stark ist dieses Bedürfnis bei Ihnen ausgeprägt? Wollen Sie auch, dass die anderen Sie bemerken, mit Wohlwollen und Sympathie auf Sie reagieren und sich glücklich schätzen, dass eine so wichtige, erfahrene, kluge und angenehme Person anwesend ist?

Übertrieben? Nur ein wenig. Insgeheim schätzen es alle, anerkannt zu werden. Sie bemerken meistens genau, ob Ihr Gegenüber Sie ernst nimmt, Ihnen zuhört, im Gespräch konzentriert ist oder es sogar genießt. Sie interpretieren Mimik und Gestik mit großer Sicherheit, auch ohne explizit zu wissen, was hochgezogene Mundwinkel und Blitzen in den Augen bedeuten. Aus diesem elementaren Anerkennungsbedürfnis heraus tun Menschen viel, um durch Auftreten und Erscheinung, durch Sprache und Verhalten deutlich zu machen: „Hier bin ich! Eine ernst zu nehmende Person."

Dieses hier skizzierte Verhalten ist – wenn wohl dosiert – völlig normal. Es findet auch in Gruppen statt, in denen sich die Gruppenmitglieder bereits kennen, und zwar besonders dann, wenn wichtige Personen anwesend sind. In einem Roman über die Arbeit einer Londoner Fonds-Managerin wird das so karikiert: „Und hier, im Herzen des Großstadtdschungels, sehen wir Charlie Baines, einen jungen Affen vom US Desk, wie er sich Rod Task, dem mit Narben übersäten Oberhaupt der Gruppe, nähert. Beobachten Sie Charlies Körperhaltung, die Art, wie er seine Unterwürfigkeit zeigt, während er verzweifelt nach Bestätigung durch das ältere Männchen heischt ..." (aus Allison Pearson: „Working Mum", Seite 117 f.)

Zwei Stücke laufen gleichzeitig ab

Wenn Menschen gemeinsam eine Aufgabe erledigen, finden neben dem Geschehen im Vordergrund immer Nebenhandlungen statt. Die Gruppe ist gleichsam eine Bühne, auf der alle Beteiligten Mitspieler und Zuschauer gleichzeitig sind und gleichzeitig zwei Stücke spielen. Der Inhalt des Bühnenstücks hinter dem öffentlichen Thema ist das gegenseitige Einschätzen, Bewerten, Zuweisen von Rängen und das Einnehmen des eigenen Rangs. Dieses Nebenstück läuft ständig, ohne dass der Text ausgesprochen würde. Für außenstehende Beobachter ist vordergründig nur das Hauptstück zu sehen: „Wir erledigen unsere Arbeit!" Beides ist Realität (siehe Seite 119 ff.).

In Gruppen existieren Normen

Eine weitere Besonderheit in Gruppen haben Sie vielleicht bemerkt, wenn Sie einmal eine zur Gruppenmehrheit gegensätzliche Meinung vertreten haben. Dann haben Sie womöglich die Wirkkraft von Gruppennormen erfahren, eventuell auch von Gruppendruck. Je nachdem, wie weit eine Gruppe Unterschiede toleriert und wie unabhängig Sie von der Zustimmung Ihrer Umgebung sind, kann das ziemlich unangenehm sein. Möglicherweise kann es Sie dazu veranlassen, von Ihrem Standpunkt abzugehen und (zumindest nach außen) der allgemeinen Auffassung zuzustimmen.

Allein einer Gruppe gegenüberzustehen, deren Mitglieder sich in ihrer Mehrheitsmeinung gegenseitig stützen, verlangt ein starkes Rückgrat. Deshalb ist es verständlich, dass viele es sorgsam vermeiden, sich in den Augen der anderen „unmöglich" zu machen und Meinungen zu vertreten, die nicht opportun sind. Auf der anderen Seite ist es für Ihr Selbstwertgefühl wichtig, deutlich zu machen, dass Sie einzigartig sind. Und das bedeutet, dass Sie sich von den anderen unterscheiden und gerade Ihre Fähigkeiten für das Arbeitsergebnis wichtig sind.

Reife und Arbeitsfähigkeit durch Auseinandersetzung

Die andere Perspektive ist ebenfalls interessant: Auch Gruppen entwickeln sich und ihre Normen weiter. Je weniger eine Gruppe Unbekanntes ausgrenzen muss, je größer also ihre Integrationskraft ist, die Fähigkeit Unterschiede zu tolerieren, desto reifer und arbeitsfähiger wird eine Gruppe.

Tipp: Die Balance zwischen Anpassung und Unabhängigkeit

Verhalten in Gruppen ist immer das Ergebnis eines Balanceakts zwischen Anpassung an die Gruppennormen und dem Verdeutlichen der eigenen Unabhängigkeit. Eine gute Selbstsicherheit macht Sie dabei unabhängiger und eine Haltung von Interesse und Neugier schärft Ihre Wahrnehmung.

Senderperspektive	Empfängerperspektive
• Bringen Sie sich in einen guten Zustand! • Auf Basis Ihrer selbstsicheren Gelassenheit können Sie Gemeinsames aufgreifen und Ihre Besonderheiten deutlich machen.	• Bringen Sie sich in einen guten Zustand! • Im Bewusstsein Ihrer Stärken können Sie für die genaue Wahrnehmung Ihrer Umgebung offen sein.

To Do: Kennen Sie die Normen Ihres Teams?

Überlegen Sie, welche Gruppennormen in Ihrer Arbeitsgruppe, Ihrem Team eine Rolle spielen. Schreiben Sie auf, was Ihnen jetzt dazu einfällt, und sammeln Sie im Lauf der Zeit weiter. Vielleicht ist es bei Gelegenheit nützlich, diese meist unausgesprochenen Selbstverständlichkeiten ausdrücklich zur Sprache zu bringen.

Was ist Ihre Stärke?

Wie entspannt Sie sich in Gruppensituationen bewegen, hängt davon ab, ob Sie den Umgang mit unbekannten Menschen und neuen Gruppen gewöhnt sind und wie sehr Sie solche sozialen Herausforderungen mögen. Darin unterscheiden sich Menschen nämlich erheblich.

Wenn Sie neue Menschen und neue Gruppen genießen, können Sie das Arbeitsergebnis fördern, indem Sie Gruppenmitglieder einbeziehen, denen der Umgang mit vielen und unbekannten Menschen nicht so leicht fällt.

Wenn Sie lieber allein arbeiten und sich nur notgedrungen in Gruppen begeben, sorgen Sie selbst dafür, sich damit nicht zu überfordern, sodass Sie zwischendurch für sich allein sein können. Wenn Sie damit von der Gruppennorm abweichen, erklären Sie den anderen, dass dies eine für Sie notwendige Arbeitsbedingung ist. Mehr zu diesem Thema erfahren Sie im nächsten Abschnitt und ab Seite 142.

Jeder Mensch ist anders – manche Menschen sind sich in manchem ähnlich

Das Arbeitsergebnis in einer Gruppe oder einem Team wird außer von der beschriebenen Gruppendynamik durch die Unterschiedlichkeit der Beteiligten beeinflusst. Im besten Fall ergänzen sich die Unterschiede in einer Gruppe und indem Sie diese wahrnehmen, können Sie sie nutzen und das Gruppenergebnis fördern. In der folgenden Aufgabe geht es um eine differenzierte Haltung zu solchen Unterschieden.

Training 21
Unterschiede im Team nutzen

Finden Sie fünf Verhaltensweisen anderer Menschen, die Ihnen fremd sind oder auf die Nerven gehen. Überlegen Sie dann, wie diese Verhaltensweisen wohl von den Handelnden selbst beschrieben würden.

Lösung 21: Unterschiede im Team nutzen

Verhaltenseigenschaften sind nicht objektiv und statisch, je nach Situation kann eine Stärke, die zu stark ausgeprägt ist, eine Schwäche sein und was Sie selbst schätzen, kann auf andere übertrieben oder unangenehm wirken.

Sie selbst schätzen sich vielleicht so ein	Jemand anderes sieht das womöglich so
besonnen	zögerlich
vorsichtig	misstrauisch
präzise	penibel
sachorientiert	kalt
fordernd	aggressiv
entschlossen	beherrschend
umgänglich	zu weich
offen	indiskret
begeisternd	hysterisch
aktiv	voreilig
entspannt	lahm
anpassungsfähig	indifferent
verständnisvoll	ohne Rückgrat
breit interessiert	oberflächlich

Zu viel des Guten

Wenn sich andere in Ihren Augen merkwürdig verhalten, zeigen sie häufig ihre Stärken auf übertriebene Art – als Zuviel des Guten. Aber auch Ihre eigene Bewertung spielt eine Rolle: Ihnen ist das Verhalten zu viel, zu wenig, zu unpassend. Da Menschen dazu neigen, das, was nicht ihren eigenen Stärken entspricht, abzuwerten, wird dann aus Genauigkeit Erbsenzählerei, aus Großzügigkeit Laxheit, aus Sachlichkeit Kälte. Sie können die Stärken anderer besser erkennen, wenn Sie die Tugend hinter dem Zuviel sehen und würdigen. In einem Team zu arbeiten hat den Vorteil, dass die eigenen Stärken durch „Schwestertugenden" (Paul Helwig) der anderen flankiert werden: Die Anpassungsfähigkeit derjenigen, denen es gelingt, fünf gerade sein zu lassen, wird ausgewogen durch die Strukturiertheit der anderen, die wissen, wo es auf Präzision ankommt. Die Auswirkungen von Übertreibung können so gebremst werden.

Für die Verständigung in einem Team heißt das, bei anderen nicht die Messlatte der eigenen Tugenden zu benutzen, sondern in Betracht zu ziehen, dass das, was Sie an anderen vielleicht stört, eine Ergänzung Ihrer eigenen Vorzüge ist. Sie können dann berücksichtigen, welche Stärken jede Person ins Team einbringt und z. B. die Aufgaben den Stärken entsprechend verteilen. Diese Einschätzung erleichtern Sie sich, wenn Sie hinter individuellen Stärken typische Muster erkennen können.

Machen Sie sich gerade im Teamzusammenhang die grundlegenden Unterschiede klar, mit denen Menschen die Welt sehen. Dann müssen Sie solche Unterschiede nicht als störend empfinden, sondern können sie als Hinweis dafür nutzen, dass Menschen unterschiedliche Bedingungen brauchen, um motiviert zu sein und gute Arbeitsergebnisse zu erzielen. Für Menschen, die Unterschiede schätzen können, ist es leichter, sich gegenseitig zu ergänzen.

Wichtige Unterschiede im Team

Um Ihren Blick für Unterschiede und Stärken-Profile zu schärfen, wiederholen Sie den Abschnitt zu typischen Verhaltensweisen im Kapitel „Der Kern der Gesprächskompetenz: Ihre innere Einstellung" ab Seite 87. Erinnern Sie sich an Ihre Selbsteinschätzung und die dort erläuterten Polaritäten. Die folgenden Beispiele veranschaulichen besonders wichtige Unterschiede für Kommunikation im Team, wiederum im Rückgriff auf die Typologie C. G. Jungs, die auf Seite 95 beschrieben ist.

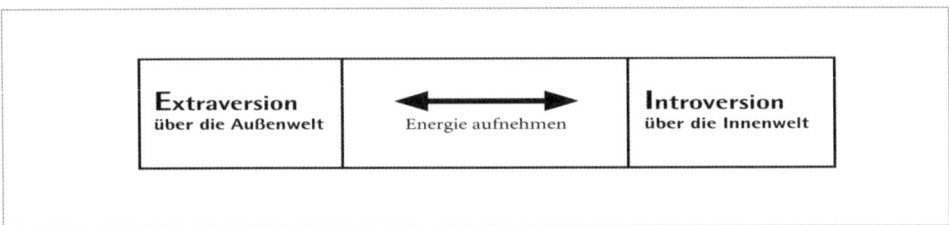

Denken oder debattieren?

Manche Menschen denken gern laut. Sie entwickeln ihre Gedanken am liebsten, indem sie sie anderen erklären, sie gemeinsam mit anderen weiterspinnen. Das bedeutet, dass auch Sätze ausgesprochen werden, die noch weit entfernt von endgültigen Ansichten oder Entscheidungen sind; die umgangssprachliche Wendung „in die Tüte gedacht" veranschaulicht das. Es ist, als ob die Gedanken ausgesprochen werden müssten, damit sie sich sortieren lassen – Reden ist Vergnügen. Solche Menschen nutzen die Welt tendenziell auf extravertierte Art.

Bei anderen Menschen laufen Denkprozesse überwiegend im Inneren ab. Ihr Abwägen des Für und Wider findet vorzugsweise unter Ausschluss der Öffentlichkeit statt. Was sie schließlich äußern, ist so gut wie fertig, wohl überlegt und begründet; die anderen müssen es „nur noch" verstehen. Es hat somit häufig ein anderes Gewicht als das, was nach außen orientierte Menschen sagen. Menschen mit introvertierter Tendenz sind damit unabhängiger von anderen. Während das stille Denken ihnen gefällt, ist ihnen das Debattieren meistens eher lästig.

Beispiel: Laut gedacht

Edda arbeitet in einer kleinen Eventagentur, die Ingo leitet. Sie hat gerade die Mails gelesen und überlegt, was daraus für die Aufgaben des Tages folgt: „Absage. Mist. Wir müssen also doch noch eine neue Band für den Kongress im Juni finden. Welche könnte in Frage kommen? ‚Five Tulips' sprengen das Budget, leider. ‚Steine & Gras' passen nicht zum erwarteten Publikum. Also bleibt ‚Q-ENT'. Die Band ist vielleicht ein bisschen schrill, aber wohl doch am besten geeignet."

Bevor Edda sich entschlossen hat, das auszusprechen, sagt Ingo, der Agenturleiter, zu ihr: „Du, Eva, die ‚Rock'n Mount' haben abgesagt. Jetzt müssen wir uns was Neues überlegen. Was hältst du davon, ‚Steine & Gras' zu fragen? ‚Five Tulips' wäre natürlich Klasse. Na, ich denke, wir sollten bei ‚Q-ENT' mal fragen, ob die zu unserem Termin spielen können."

Am nächsten Tag sieht Ingo den Vertragsentwurf, den Edda mit ‚Q-ENT' vorbereitet hat: „Wieso den ‚Q-ENT'? Wie kommst du darauf? Ich finde ‚Five Tulips' passt viel besser!" Edda: „Aber du hast doch gestern gesagt, wir sollen ‚Q-ENT' verpflichten." Ingo: „Nein, hab' ich nicht. Ich hab' zwar davon geredet, aber doch nur als *eine* Möglichkeit unter anderen. Entschieden war das nicht."

Stand der Gedanken

Kommt Ihnen die Struktur dieses Dialogs bekannt vor? Dann haben Sie jetzt einen Anhaltspunkt, wie solche Missverständnisse entstehen. Den Komplementärfall können Sie sich leicht ausmalen: Was Edda sagt, wird von Ingo weniger ernst genommen als angebracht, weil er unterstellt, es wäre erst ein Zwischenergebnis, so wie es bei ihm meistens der Fall ist.

Denken oder debattieren? Beides ist nötig, hat seine Vorzüge und Gefahren. Was können Sie dazu tun, um derartige Verständnisfallen zu umgehen?

- Schätzen Sie ein, welches Sprech- (oder Denk-)Verhalten Sie selbst und Ihre Kollegen charakterisiert,
- achten Sie auf Vorannahmen, die Sie als selbstverständlich unterstellen, und fragen Sie im Zweifelsfall nach, was wie gemeint ist.

Folgerungen für die Verständigung im Team:

Senderperspektive	Empfängerperspektive
Wenn Sie mit Menschen zusammenarbeiten, deren Ausdrucksverhalten sich von Ihrem deutlich unterscheidet, sollten Sie den Reifegrad Ihrer Äußerung kennzeichnen: • „Ich überlege noch, ob ..." • „Ich will mal die verschiedenen Möglichkeiten aufzählen ..." • „Ich denke jetzt mal laut ..." Oder • „Ich habe Verschiedenes durchdacht und meine ..." • „Das habe ich jetzt beschlossen."	Wenn es um wichtige Entscheidungen geht, müssen Sie einschätzen, ob das, was Sie hören, eventuell erst ein Zwischenergebnis ist. Fragen Sie gegebenenfalls nach. Wenn Sie mit Menschen zusammenarbeiten, die erst gründlich denken, bevor sie sprechen: • Respektieren Sie deren Bedürfnis nach Ruhe. • Ermuntern Sie sie, Ihnen ihre Gedanken mitzuteilen. • Rechnen Sie damit, dass das nicht immer gelingt.

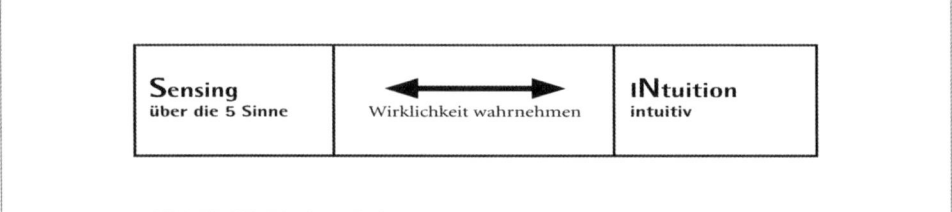

Anpacken oder Pläne schmieden?

Wenn Sie Projektarbeit in ihren verschiedenen Stadien kennen, haben Sie vielleicht schon erfahren, wie sich die unterschiedlichen Stärken der Mitglieder des Projektteams zeigen. Einige sind besonders stark in der Planung, wenn etwas entwickelt, entworfen, begonnen wird. Sie entwerfen Visionen, schwelgen in Möglichkeiten und stecken die anderen mit ihrer Begeisterung an. Andere stoppen solche Höhenflüge, bei denen ihnen leicht unbehaglich wird: Sie verweisen auf das begrenzte Budget, die knappe Zeit, eventuelle rechtlichen Probleme.

Im Hinblick auf das angestrebte Projektergebnis wird deutlich, dass beide Zugangswege nützlich sind und gebraucht werden. Erinnern Sie sich an die Gegensatzpaare aus dem Kapitel „Der Kern der Gesprächskompetenz: Ihre innere Einstellung": In der dort erläuterten Terminologie werden hier die sinnliche und die intuitive Wahrnehmungsart beschrieben. Beide ergänzen sich, sobald es um komplexe Aufgaben geht. Menschen, die eine Vorliebe für Fakten haben, sich Details gut merken können, mit Lust und Gewinn Routinen abarbeiten, immer wissen, was genau als Nächstes zu tun ist, und es auch tun, sind stark und verlässlich in der Umsetzung. Die Ideen und Pläne, die Konzepte und Vorgaben kommen häufig von anderen, die schon dabei sind, neue Projekte zu kreieren. Ohne diese Visionäre gäbe es weniger plastische Zielbilder, doch ohne die Bodenhaftung der Pragmatiker würden sie ihre Ideen nur unzureichend in die Welt bringen. Skeptiker sind in einem Team genauso nötig wie Visionäre, die sich sicher sind, eine Möglichkeit zur Realisierung ihrer Ideen zu finden.

Senderperspektive	Empfängerperspektive
Wenn Sie mit intuitiven Kollegen zusammenarbeiten, müssen Sie damit rechnen, dass sie bei vielen Details ungeduldig reagieren. Arbeiten Sie mit sinnlich wahrnehmenden Kollegen zusammen, dann • vermeiden Sie assoziatives Hin- und Herspringen, • erläutern Sie Denk- oder Arbeitsschritte schrittweise, • seien Sie genau.	Wenn Sie mit intuitiven Kollegen zusammenarbeiten, erlauben Sie sich auch einmal die Perspektive des „Was-wäre-wenn?" einzunehmen. Wenn Sie mit sinnlich wahrnehmenden Kollegen zusammenarbeiten, sollten Sie geduldig sein; die Fokussierung auf Details und Fakten, die Ihnen unwichtig erscheinen mag, hilft Fehler zu vermeiden.

Sachlich oder mitfühlend?

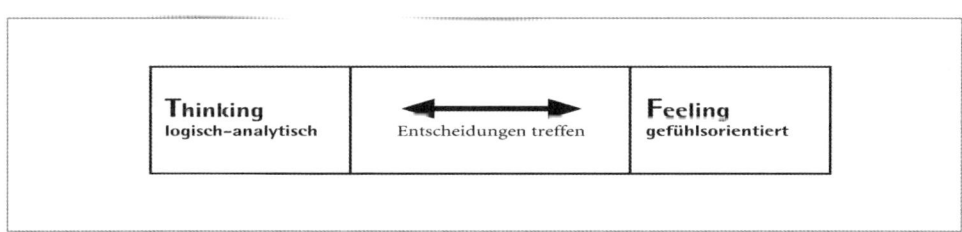

Beispiel: Defizite sehen *und* Stärken betonen

Herr Kurz und Frau Liebig haben beide einen Projektplan zur Beurteilung erhalten, über den sie jetzt sprechen. Herr Kurz: „Da fehlt noch die genaue Mitarbeiterplanung, ich kann den Projektplan so nicht beurteilen." Frau Liebig: „Die Detailplanung der Aufgaben erscheint mir vollständig. Die Kosten sind genau im Rahmen des Budgets. Bei der Mitarbeiterplanung ist noch offen, ob Herr Meier verfügbar sein wird. Ist das so, können wir uns Einarbeitungszeit sparen. Wenn stattdessen Herr Schulz das Projekt übernehmen muss, müssen wir zusätzliche Einarbeitungszeit berücksichtigen. Das hätte aber den Vorteil, dass wir für das Thema HTML-Programmierung eine weitere Ressource gewinnen."

Unterschiede ergänzen

Jemand, der offensiv auf Defizite hinweist wie Herr Kurz, könnte destruktiv wirken. Hier wird er ergänzt durch jemanden, der die Vorzüge und Stärken des bereits Geleisteten betont.

Senderperspektive	Empfängerperspektive
• Überwiegt die analytische Tendenz, erkennen Sie wahrscheinlich rasch Fehler und können sie ansprechen: Kommunizieren Sie in schwierigen Stuationen langsamer, benennen Sie auch positive Aspekte. • Wenn bei Ihnen die Tendenz zum Fühlen überwiegt, fällt es Ihnen leicht, Einzelne zu unterstützen und das Team zu verbinden: Betonen Sie die sachlichen Aspekte der Kommunikation.	• Wenn bei Ihnen die analytische Tendenz überwiegt, erkennen Sie wahrscheinlich die sachlichen Aspekte sehr schnell: Achten Sie auf die Gefühle Ihrer Gesprächspartner. • Wenn bei Ihnen die Tendenz zum Fühlen überwiegt, erkennen Sie eher die Gestimmtheit Ihrer Gesprächspartner rasch: Nehmen Sie Fehleranalysen nicht persönlich.

To Do: Stärken erkennen und einsetzen

Überlegen Sie anhand der nachfolgenden Liste:

• Was sind meine eigenen Stärken im Team?
• Welches sind die Stärken der anderen Teammitglieder?

Stärken und Funktionen im Team	
Klar sehen, was gerade zu tun ist	
Sich an Zahlen, Daten, Fakten gut erinnern	
Präzise und gründlich arbeiten	
Auf Termintreue achten	
Umsetzen, was andere geplant haben	
Routineaufgaben verlässlich erledigen	
Qualitätsstandards kontrollieren	
Ideen finden	
Konzepte entwickeln	
An zukünftige Möglichkeiten denken	
Erfolgversprechende Entwicklungen aufgreifen	
Improvisieren	
Alte und neue Ideen verknüpfen	
Ahnen, was kommt und ankommt	
Für eine gute Atmosphäre sorgen	
Andere anerkennen, ermuntern, ermutigen	
Neuen den Anschluss ermöglichen	
Sich einfühlen, unterstützen	
Mit Rat und Tat zur Seite stehen	
Aufgaben klar sehen	
Den kritischen Punkt sehen	
Gefahrenpunkte im Voraus erkennen	
Warnen	
An Absicherung denken	
Worst-Case-Szenarien erstellen	
Für den schlimmsten Fall vorsorgen	

Unsere größten Stärken bemerken wir manchmal dann, wenn wir uns mit Menschen vergleichen, die in einem Punkt ganz anders sind als wir. Denken Sie an einen Menschen, dessen Verhaltensweisen Ihnen sehr fremd sind. Vielleicht sind Sie besonders aufgeschlossen und kontaktfreudig und können nur schwer die Zurückgezogenheit und Wortkargheit eines Kollegen verstehen. Oder umgekehrt: Sie sind nachdenklich und reserviert und können sich nur schwer in die Kollegin hineinversetzen, die mit allen, denen sie begegnet, freundliche Worte wechselt und der das Vergnügen zu bereiten scheint. Wenn Sie Ihr Unverständnis als einen Hinweis nehmen, können Sie möglicherweise entdecken, was Ihnen so selbstverständlich erscheint, dass Sie es bisher noch nicht ausreichend geschätzt haben (siehe Seite 92 ff.).

Aufgaben und Ziele besprechen

Jeder Mensch hat spezielle Begabungen. Die besten Ergebnisse werden erzielt, wenn Aufgaben und Neigungen zusammenpassen. Ein Mensch, der ständig neue Ideen hat und an zukünftigen Möglichkeiten bastelt, wird einige Energie aufwenden müssen, um regelmäßige Kontrollaufgaben zu übernehmen.

Im Team kommen Sie weiter, wenn Sie solche Unterschiede sehen und schätzen lernen und sich klar machen, dass jede Organisation nur mit einer Vielfalt unterschiedlicher Begabungen überleben und sich weiterentwickeln kann. Wenn Sie mit dieser inneren Haltung an Ihre Arbeit herangehen, können Sie die nachfolgend behandelten Techniken genauer Ihren Bedürfnissen anpassen (siehe auch Seite 45).

Training 22
Aufgaben zielorientiert übertragen

Stellen Sie sich folgende Situation vor: Sie leiten eine Projektgruppe, die aus drei gleichgestellten Kollegen, Ihnen selbst und einem Assistenten, der Ihnen zugeordnet ist, besteht. In drei Wochen ist die Hälfte der Projektlaufzeit um und Ihre Gruppe wird die bisherigen Ergebnisse vorstellen. Deshalb haben Sie eine Besprechung anberaumt, in der Sie die Aufgaben, die dafür noch zu erledigen sind, verteilen werden.

Bitte schreiben Sie auf, wie Sie sich auf die Sitzung vorbereiten.

Lösung 22: Aufgaben zielorientiert übertragen

Ihre Vorbereitung sollte folgende Punkte berücksichtigen:

- Welche Aufgaben wurden bis jetzt erledigt?
- Wie sind die Ergebnisse dieser Aufgaben?
- Welche Aufgaben müssen bis zum bevorstehenden Termin noch erledigt werden?
- Welche Aufgaben konnten bis jetzt nicht erledigt werden?
- Was sind die Gründe, warum diese Aufgaben nicht erledigt werden konnten?

- Was sind meine genauen Zielvorstellungen dazu?
- Wer könnte was am besten machen?
- Wie ist die Einstellung der anderen Beteiligten dazu?
- Was ist zur Umsetzung nötig?

- Ist nach dem jetzigen Stand der Zieltermin für das Gesamtprojekt noch realistisch?
- Stimmen Kosten und Qualität?
- Gibt es noch Aufgaben/Probleme, die ich nicht gesehen habe?

Handeln ermöglichen

Sie möchten anderen Aufgaben übertragen, ein Ziel besprechen. Wie führen Sie Gespräche mit Mitarbeitern und auch mit Kollegen so, dass Sie schließlich bekommen, was Sie wollen? Letztlich soll jedes Gespräch Handeln ermöglichen, in Tun umgesetzt werden, gerade dann, wenn es sich um Aufgaben handelt, die Sie übertragen oder verteilen wollen.

Wenn Sie Aufgaben delegieren, ist es unerlässlich, dass Sie selbst wissen, wie das Ergebnis aussehen soll. Nur so haben andere Personen eine Chance zu erkennen, ob das, was sie tun, auch das ist, was Sie wollen. Bekanntlich haben Menschen unterschiedliche Vorstellungen, Standards und Erfahrungen, die irgendwo in ihren Gedanken aufbewahrt sind. Wenn etwas so geschehen soll, dass das Ergebnis dem gleicht, was Sie sich vorgestellt haben, müssen Sie Ihre Vorstellungen davon formulieren, und zwar so genau, dass andere sich ein Bild davon machen können. Dies mag trivial klingen, ist jedoch in allen Arbeitsbereichen eine der größten Hürden bei der Verständigung.

Beispiel: Unzureichend formulierte Aufträge

Kathie Suter beauftragt den Praktikanten Jan damit, Unterlagen für eine Sitzung vorzubereiten. Sie gibt Jan die Originale und bittet ihn, diese zu kopieren und zu lochen. Außerdem möge er die zweiseitige Agenda ausdrucken und heften. Sie ist der Ansicht, mit der Aufzählung dieser Arbeitsschritte sei der junge Mann für seine Aufgabe ausreichend ausgestattet. Vor ihrem inneren Auge sieht sie den pompösen Sitzungstisch, auf dem sechs elegante Mappen liegen, welche die farbigen Ausdrucke und Fotos der Präsentation enthalten, darauf die Tagesordnung.

Jan ist seit vier Tagen in dieser Firma, er hat bislang an zwei Besprechungen des Projektteams teilgenommen. Er denkt an eine solche Sitzung, fragt nicht weiter nach und macht sich eifrig an die Arbeit. Das Ergebnis sind Kopien auf grauem Papier.

Wer hat was im Sinn?

Jan hatte Sparsamkeit und Umweltschutz im Sinn. Dass die Fotos etwas schief auf den Seiten hängen, hat er nicht für wichtig gehalten, schließlich „kann man doch alles gut erkennen". An den Repräsentationsaspekt hat er gar nicht gedacht. Auch hier bestehen die Schwierigkeiten darin, sich der nicht geteilten Selbstverständlichkeiten bewusst zu werden.

Wie hätte Kathie Suter idealerweise diesen Auftrag erteilen sollen? Vielleicht so:

Beispiel: Genaue Anweisungen

Kathie: „Jan, bereiten Sie bitte diese Unterlagen für die Präsentation am Montag im Leitungskreis vor. Wir benötigen insgesamt sechs Mappen. Besorgen Sie sich im Sekretariat die Mappen für externe Präsentationen.

Es ist sehr wichtig, dass die Mappen besonders ansprechend gestaltet sind. Das bedeutet, wir benötigen farbige Ausdrucke.

Kontrollieren Sie bitte jede Mappe auf Vollständigkeit und erstklassiges Aussehen. Die Agenda sollte lose – nicht eingeheftet – auf der Präsentation liegen.

Zeigen Sie mir die erste Mappe, die Sie erstellt haben, dann können wir gemeinsam schauen, ob alle wichtigen Aspekte berücksichtigt sind.

Haben Sie noch Fragen? Womit werden Sie beginnen? Melden Sie sich, wenn Sie Probleme haben."

1. Sachliche Vorbereitung

Berücksichtigen Sie bei Ihrer Vorbereitung auf jedes Gespräch zwei Blickwinkel, indem Sie sich selbst fragen, wie das Ergebnis aussehen soll, damit Sie zufrieden sind, und indem Sie aus der Perspektive Ihres Gesprächspartners überlegen, was genau dazu nötig ist.

To Do: Drei wichtige Fragen

Stellen Sie sich vor einem Gespräch, in dem es darum geht, Aufgaben zu übertragen, mindestens diese drei Fragen:
- Was will ich mit dem Gespräch erreichen?
- Ist das realistisch?
- Wie kann ich fördern oder sicherstellen, dass die besprochenen Handlungsschritte umgesetzt werden?

Im Einzelnen können Sie das Gespräch anhand der folgenden Checkliste vorbereiten:

Checkliste: Aufträge übertragen – Vorbereitung	
Wem übertragen Sie die Aufgaben?	
Wer ist für die Erledigung einer bestimmten Aufgabe besonders geeignet (Fähigkeiten, Erfahrungen, Zeit)?	
Überlegen und beschreiben Sie, welches Ergebnis Sie vom jeweiligen Bearbeiter erwarten.	
Beschreiben Sie für den jeweiligen Bearbeiter, welche Schritte bei der Bearbeitung zu beachten sind.	
Bestimmen Sie, zu welchem Termin die gewünschten Arbeitsergebnisse geliefert werden müssen.	
Formulieren Sie die Arbeitsaufgaben möglichst schriftlich, am besten in einer Form, in der Sie sie weitergeben können.	

2. Aufträge und Ziele besprechen

Bei einfachen Aufträgen kommen Sie mit einem Zettel aus. Einfach bedeutet, dass Sie wissen (und nicht nur vermuten), dass der Adressat weiß, was gemeint ist. Meistens handelt es sich dann um Dinge, die weitgehend genormt sind, z. B. Kaffee und Milch für die Espresso-Maschine zu besorgen.
Diese Anweisung setzt aber voraus, dass dem Auftragsbearbeiter bekannt ist, welche Anforderungen die Maschine und ihre Benutzer stellen, dass er also weiß,

- welcher Kaffee gewünscht ist (ungemahlen oder gemahlen, Tabs oder Kapseln, Sorte) und
- welche Milch gemeint ist (H-Milch, Tetra-Pack).

Sind die Aufträge etwas komplexer oder können Sie noch nicht abschätzen, auf welches geteilte Wissen Sie zurückgreifen können, ist ein Gespräch angebracht. Im direkten Kontakt können Sie gewichten, abstimmen, klären und weiterentwickeln, was getan werden soll.

Checkliste: Aufträge übertragen – sich abstimmen	
Machen Sie klar, was Ihnen wichtig und was Ihnen weniger wichtig ist.	
Vergewissern Sie sich durch Fragen, dass der Auftragnehmer die Aufgabenstellung in Ihrem Sinn verstanden hat.	
Wenn die Bearbeiter gut befähigt sind, fragen Sie sie nach Vorschlägen für einen noch besseren Weg zum Ergebnis.	
Besprechen Sie, ob besondere Mittel oder Gegebenheiten für die Aufgabe benötigt werden.	
Besprechen Sie den Termin, bis zu dem die Arbeitsergebnisse geliefert werden müssen.	
Tragen Sie die vereinbarten Zeitpunkte in Ihren Kalender ein.	

Berücksichtigen Sie die Unsicherheit, die auftreten kann, wenn Sie neue Mitarbeiter einarbeiten: Hierarchisch unterstellte, unerfahrene oder sehr junge Personen scheuen sich unter Umständen, in erforderlichem Ausmaß nachzufragen. Darum sind in derartigen Situationen meistens mehrere Vergewisserungsschleifen erforderlich.

To Do: Überprüfen Sie die wichtigsten Aspekte eines Auftrags

- Termin: Wann soll die Aufgabe erledigt sein?
- Kosten: Welcher Aufwand darf betrieben werden? (Wie viel Zeit darf ein Mitarbeiter dafür aufwenden? Welche Ressourcen stehen zur Verfügung?)
- Qualität: Welche messbaren Qualitätsmerkmale müssen erfüllt werden?

3. Nachverfolgen

Sie wissen, dass besprochene Absichten noch nicht umgesetzt sind, und wenn Sie erst seit kurzer Zeit mit jemandem arbeiten, können Sie noch nicht abschätzen, welche Qualität das Ergebnis haben wird. Wenn Sie die Umsetzung in Ihrem Sinn fördern wollen, dann seien Sie in der Nachverfolgung von Auftragsübergaben so lange diszipliniert, bis Sie sich vergewissert haben, dass das Ergebnis Ihren Erwartungen entspricht.

Tipp: Stärken und Schwächen berücksichtigen

Manche Menschen sind für manche Aufgaben nicht geeignet. Ziehen Sie daraus Ihre Konsequenzen! Suchen Sie sich einen anderen Auftragnehmer oder erledigen Sie die Aufgabe selbst.

Checkliste: Aufträge übertragen – Kontrolle	
Planen Sie Meilensteine, an denen Sie die Zielerreichung überprüfen können.	
Kontrollieren Sie zu den geplanten Meilensteinen die Zwischenergebnisse.	
Wenn alles in Ihrem Sinn verläuft, haben Sie mit Ihrer Kontrolle sich selbst und dem Bearbeiter Sicherheit gegeben.	
Wenn nicht alles in Ihrem Sinn verlaufen ist, überlegen Sie gemeinsam mit dem Auftragnehmer, welche Lösungsmöglichkeiten Ihnen beiden einfallen.	

Wichtige Aspekte für Vereinbarungen

In der folgenden Tabelle sind noch einmal die wichtigsten Aspekte zusammengefasst, die Sie bei der Vereinbarung von Aufgaben und Zielen beachten sollten:

Senderperspektive	Empfängerperspektive
Wenn Sie mit Mitarbeitern oder Kollegen Aufgaben und Ziele besprechen, sollten Sie deutlich machen, • welche Zwecke Sie verfolgen, • was Ihnen wichtig und was weniger wichtig ist. Vergewissern Sie sich, was Ihre Gesprächspartner verstanden haben.	Wenn Sie mit Mitarbeitern oder Kollegen Aufgaben und Ziele besprechen, • hören Sie gut zu und • nehmen Sie Einwände ernst, um genau herauszufinden, welche Stolpersteine die anderen sehen und gemeinsam zu besprechen, wie Sie diese aus dem Weg räumen oder umgehen können. Wenn Sie mit Vorgesetzten oder Kollegen Aufgaben besprechen: • Fragen Sie sich, ob Sie die Motive und Absichten des Auftraggebers genau verstehen. • Erinnern Sie sich an das, was Sie können. • Machen Sie erst sich selbst klar, was Sie (noch) nicht können. <=
Wenn Sie mit Vorgesetzten oder Kollegen Aufgaben besprechen: • Machen Sie Ihren Gesprächspartnern klar, was Sie (noch) nicht können. • Beschreiben Sie, was Sie benötigen.	

Öffentlich sicher auftreten

Nachdem Sie nun wissen, was Situationen kennzeichnet, in denen mehrere Personen miteinander sprechen, wie sich deren Unterschiedlichkeit ausdrücken kann und was zu berücksichtigen ist, um Aufträge klar zu vermitteln, geht es jetzt um Gespräche, in denen Sie eine spezielle Aufgabe übernommen haben und in dieser Rolle öffentlich auftreten: Sie trainieren, vor einer Gruppe Ergebnisse zu präsentieren und eine Besprechung zu leiten. Dabei geht es beim Thema Präsentation eher um Ihre innere Einstellung, beim Thema Besprechungsleitung eher um Handwerkszeug zu Analyse und Vorbereitung.

Lampenfieber ist normal

Vor öffentlichen Auftritten Lampenfieber zu haben ist normal. Gestehen Sie sich diese Art von Angst ruhig zu. Sie ist da, Sie müssen hindurch und Sie werden lernen, sie zu regulieren, indem Sie sich an Gelegenheiten erinnern, in denen Ihnen ähnlich Schwieriges bereits gelungen ist. Ihre realen Auftritte werden Sie, gerüstet durch das mentale Training in diesem Kapitel, leichter bestehen, und je mehr Gelegenheiten zu üben Sie ergreifen, desto rascher werden Ihnen öffentliche Auftritte geläufig werden – und schließlich vielleicht sogar Spaß machen.

Training 23
Ergebnisse präsentieren

Bitte erinnern Sie sich an Situationen öffentlicher Rede, die Sie erlebt haben, z. B. bei kleineren oder größeren Veranstaltungen, in Seminaren oder Fortbildungen, bei Festen.

- In welchen Situationen haben Sie besonders gern, konzentriert und aufmerksam zugehört? Notieren Sie die Umstände, an die Sie sich erinnern.

- Wenn Sie nun an andere Situationen denken, in denen Sie nicht gern oder nur mit Mühe zugehört haben, was hat dazu beigetragen? Notieren Sie die Bedingungen oder Verhaltensweisen des Redners oder der Rednerin.

Lösung 23: Ergebnisse präsentieren

Neben persönlichen Vorlieben und Abneigungen, die Ihnen das Zuhören erleichtern oder erschweren können, treffen die folgenden Bedingungen, was Zuhören erleichtert und was es erschwert, für viele Menschen zu:

Was gutes Zuhören fördert	Was gutes Zuhören behindert
• Ein eigenes Interesse am Thema oder am Ergebnis • Ein aufmerksamer, entspannter Zustand, der die eigene Konzentration ermöglicht • Eine angenehme und die Aufmerksamkeit unterstützende Atmosphäre • Passende visuelle Unterstützung des gerade Gehörten • Wohlwollen oder Sympathie für die Redenden	• Innere Ablenkung (Beschäftigtsein mit eigenen Themen) • Innerer Druck (Termindruck, Sorgen) • Körperliche Bedürfnisse (Müdigkeit, Hunger, Durst, Harndrang) • Latente Spannungen zwischen den Anwesenden • Äußere Einflüsse (Ablenkung, Unterbrechungen, Zugluft, Krach) • Verhaltensweisen des Vortragenden, die vom Inhalt ablenken (z. B. undeutliches, leises Sprechen, mangelnder Kontakt zum Publikum, unzureichende Visualisierung)

Übertragen Sie die Auswertung Ihrer Erfahrungen auf eine Präsentation: Die Bedingungen dafür, dass andere Menschen Ihnen gut zuhören, können Sie zu einem großen Teil steuern. Sie haben Möglichkeiten, die Rahmenbedingungen zu gestalten, den Inhalt Ihrer Präsentation und Ihr Auftreten.

Nicht alles ist steuerbar

Es ist jedoch auch entlastend, wenn Sie sich klar machen, dass Sie nicht das komplette Geschehen steuern können: Die inneren Zustände anderer Menschen sind, glücklicherweise, nur begrenzt beeinflussbar. Diese Erkenntnis schützt vor Frustration, falls Sie andere mit Ihren Bemühungen nicht erreichen – es muss nicht an Ihrem Auftritt liegen. Wenn ein Zuhörer Sie gerade grimmig anschaut, plagen ihn vielleicht Zahnschmerzen oder er macht sich Gedanke über ein unangenehmes Gespräch, das ihm bevorsteht.

Tipp: Leitlinien für die Präsentationsvorbereitung

Stellen Sie sich bei der Vorbereitung die Frage: Was kann ich tun,
- um gehört,
- verstanden und
- als überzeugend wahrgenommen zu werden?

Überlegen Sie außerdem:
- Wovon bin ich selbst überzeugt?
- Was strahle ich aus?
- Womit begeistere ich andere?

Die beste Übung ist natürlich eine Präsentation, die Ihnen bevorsteht. Falls das momentan noch nicht zu Ihren Aufgaben zählt, wählen Sie als Übungsbeispiel eine fiktive Situation, in der Sie anderen das Ergebnis Ihrer Arbeit präsentieren.

Nützlich ist es, wenn Sie sich diese Situation deutlich vorstellen können, z. B. vor einer internen Arbeitsgruppe eine Recherche präsentieren, Ihre Einschätzung der Marktsituation, eine Mitbewerberanalyse, den Vorschlag für ein neues Marketing-Konzept, die Ergebnisse einer Kundenbefragung, den bisherigen Verlauf eines Modellprojekts. Sie können sich auch an einen Vortrag oder ein Referat erinnern, das Sie in der Schule, im Studium oder im Rahmen einer ehrenamtlichen Tätigkeit gehalten haben.

To Do: Bekanntes übertragen

Welche Faktoren der Gesprächsführung, die Sie in den vorangegangenen Kapiteln trainiert haben, können Sie auf Ihren (konkreten oder vorgestellten) Präsentationsauftrag übertragen?

Eine Präsentation ist eine spezielle Art von Gespräch, ein Monolog, der einen Dialog vorbereiten soll. Hier spielen also alle Faktoren eine Rolle, die dazu beitragen, dass Ihre Botschaft die Empfänger erreicht. Besonders wichtig ist, dass Sie dabei gehört und verstanden werden (siehe hierzu auch die Seiten 28 ff. und 30 ff.). Des Weiteren können Sie die Wirkung Ihrer Präsentation sichern oder verstärken durch

- eine gründliche Vorbereitung,
- das Überprüfen Ihrer Einstellung und
- das Stärken Ihrer Selbstsicherheit

To Do: Geeignete Verhaltensweisen für Präsentationen

Erinnern Sie sich jetzt nochmals an Ihre Erfahrungen, wenn Sie anderen zugehört haben: Was hat Ihnen bei den Redenden gefallen? Welche Verhaltenweisen fanden Sie besonders überzeugend, beeindruckend, erstrebenswert oder stimmig?

Wahrscheinlich rufen Sie gute Resonanz bei anderen hervor, wenn Sie natürlich, glaubwürdig, kompetent und seriös wirken. Dazu gehört die Stimmigkeit Ihres Auftretens. Nicht gut kommen Verhaltensweisen an, die angelernt, aufgesetzt, unecht und gekünstelt wirken. Deshalb ist das, was Sie ausstrahlen (Ihre innere Einstellung), wichtiger als rhetorische Tricks.

Ihre fachliche Kompetenz und Ihr Engagement sind letztlich ausschlaggebend für Ihre Wirkung. Wenn Sie dies mitbringen, können Sie zusätzlich an einigen Verhaltensweisen feilen, um sich die Sache leichter zu machen. Einen guten Auftritt können Sie auch als eine Dienstleistung ansehen, damit Ihre Gesprächspartner Ihrem Monolog leichter zuhören können.

Tipp: So erreichen Sie Ihre Zuhörer

Es gibt zwei unverzichtbare Voraussetzungen dafür, Ihre Zuhörer wirksam zu erreichen:
- Sie wissen, wovon Sie reden.
- Sie sind an Ihrem Publikum wirklich interessiert.

Sicher auftreten – frei sprechen

Ängste vor Auftritten sind normal. Schließlich stehen Sie eine geraume Zeit im Rampenlicht. Es geht also darum, trotz und mit Lampenfieber einen guten Eindruck zu machen.

Überprüfen Sie die Art Ihrer Visualisierung

Zu einer gelungenen Präsentation gehört eine gute Visualisierung: Was die Zuhörer sehen und erleben ist eindringlicher, als das, was sie nur hören. Die dazu erforderlichen Techniken sind in vielen Büchern beschrieben. Doch sind Visualisierungen kein Selbstzweck, sondern Hilfsmittel. Wenn das überzeugte, fachlich kompetente persönliche Auftreten fehlt, kann keine noch so ausgeklügelt animierte Computer-Präsentation diesen Mangel kompensieren.

Wenn Sie die Art der visuellen Unterstützung für Ihre Präsentation auswählen, richten Sie sich danach, was Ihnen liegt und was zu Ihnen passt. Dann wirken Sie sicher und souverän.

To Do: Angemessen visualisieren

Stellen Sie sich folgende Fragen:

- Welche Art von Visualisierung ist in Ihrem Berufsfeld gängig, was gilt als professionell?
- Welche Medien liegen Ihnen selbst am meisten und fördern Ihre Kreativität?
- Können Sie mit einem Überraschungseffekt arbeiten? Entsprechen Power-Point-Präsentationen dem Üblichen, wirken sie nicht anregend, sondern langweilig.
- Welche Techniken Sie auch verwenden: Welche Übung brauchen Sie, um sie gut zu beherrschen?

Vorbereitung in dem Maß, das Ihnen gut tut

Prüfen Sie, wie viel Vorbereitung Ihnen förderlich ist. Außer den Dingen, die an Ort und Stelle in guter Qualität vorhanden sein müssen (z. B. Unterlagen, Plakate, Folien), gibt es da viel zu variieren. Manche Menschen beruhigt es, einen Probevortrag vor wohlwollendem Publikum, vielleicht sogar mehrmals, zu halten und eine schriftliche Fassung ausformuliert in der Tasche zu haben. Nehmen Sie das in Ihre Vorbereitung auf, wenn Sie sich dann sicher fühlen und gewappnet wissen. Andere Menschen verlieren durch zu genaue Vorbereitung ihre Spontaneität, sie brauchen es, flexibel auf die Situation eingehen zu können, auch in ihren Formulierungen. Gehören Sie zu diesen, genügt Ihnen wahrscheinlich eine Karte mit den wichtigen Stichworten oder Sie orientieren sich ohnehin nur an der Abfolge der Folien.

Mentale Vorbereitung

To Do: Analysieren Sie frühere Präsentationen

Gehen Sie gedanklich Ihre früheren Präsentations- oder andere Auftrittsituationen durch und prüfen Sie, welche Art von Vorbereitung sich günstig auf das Ergebnis ausgewirkt hat. Schreiben Sie Ihre Erkenntnisse auf und ergänzen Sie sie nach Ihrer nächsten Präsentation.

Stellen Sie sich darauf ein, frei zu sprechen. Man kann viel besser einem Text folgen, der im Sprechen formuliert wird, als einem abgelesenen Text (probieren Sie es aus). Sie brauchen keine Angst vor Pausen zu haben: Die Zeit, die Sie benötigen, um den nächsten Satz zu formulieren, brauchen Ihre Zuhörer, um dem, was sie gehört haben, nach-zu-denken. Die Zuhörer müssen das Gehörte verarbeiten, ihnen ist es neu und sie sind beschäftigt, während Sie den folgenden Text formulieren. (Sie sind die einzige Person, die weiß, was als Nächstes kommt!) Sie optimieren also das Tempo für Ihre Zuhörer, wenn Sie sich erlauben, innerlich in Ruhe den nächsten Satz vorzubereiten. Diese Fähigkeit wird Sprechdenken genannt – Sie beherrschen sie, seitdem Sie sprechen lernten, und nutzen sie täglich.

Praktische Vorbereitung

1. Entwerfen Sie für Ihre bevorstehende Präsentation oder für Ihr Übungsbeispiel einen Abschnitt Ihrer Argumentation. Schreiben Sie dafür jedoch nur Stichworte auf. Bitten Sie einen Kollegen oder Bekannten zuzuhören und formulieren Sie dieses Argument frei, nur mit Blick auf Ihren Stichwortzettel. Besprechen Sie danach die Wirkung.
2. Legen Sie die ersten und letzten Sätze fest. Von der Empfehlung, frei zu sprechen, gibt es zwei Ausnahmen: den Anfang und den Schluss. Ihre ersten Sätze sollten Sie ausformulieren und auswendig lernen, damit Sie einen sicheren Einstieg haben, lächelnd ins Publikum blicken können und so die erste Hürde nehmen und eine gute Anfangswirkung erzielen. Am Schluss gilt es unbedingt, Floskeln zu vermeiden, also sagen Sie nicht „Das war's", „So, jetzt bin ich am Ende" oder „Dankeschön", sondern liefern Sie eine kompakte Zusammenfassung. Wiederholen Sie die entscheidenden Punkte und richten Sie einen Appell an Ihre Zuhörer, der dann zum Dialog überleitet. Etwa: „Jetzt bin ich auf Ihre Fragen gespannt." Oder: „Nun würde ich gern hören, was Sie dazu sagen." Und danach unbedingt aufhören! Still sein und wirken lassen, jedes Nachklappern verwässert die Wirkung.
3. Regulieren Sie Ihre Körperspannung durch bewusstes Atmen: Führen Sie die folgende Übung vor der Präsentation durch, mit ihr können Sie sich in jeder Situation positiv regulieren.

To Do: Bewusst und kräftig ausatmen

Nehmen Sie Ihre Umgebung wahr, wie sie jetzt im Moment ist. Nehmen Sie wahr, wie Sie auf dem Boden stehen.

Spüren Sie Ihre Fußsohlen.

Atmen Sie durch die nicht ganz geschlossenen Lippen aus, so viel Sie können: pffffff........

Verbrauchte Luft in Ihren Lungen nützt Ihnen nicht beim Denken und nicht beim Sprechen. Erst wenn alle verbrauchte Luft ausgeatmet ist, haben Sie Platz für neuen Sauerstoff.

Warten Sie den Impuls zum Einatmen ab. Denken Sie, während Sie sich passiv mit frischer Luft füllen lassen, an Ihren Nabel. Sie brauchen die berühmte Bauchatmung nicht zu machen. Sie geschieht von selbst, wenn Sie genügend ausatmen.

Wenn Ihnen diese Übung nicht gleich gelingt, tun Sie zuerst etwas anderes, um Ihren Körper wieder gut zu spüren. Gehen Sie ein paar Schritte und öffnen Sie das Fenster, trinken Sie etwas Erfrischendes, strecken Sie sich.

4. Versetzen Sie sich in einen guten Zustand: Indem Sie sich Erfahrungen aus gelungenen Präsentationen oder anderen Auftritten vergegenwärtigen, schaffen Sie die mentalen Voraussetzungen für weiteres Gelingen. Unterstützen können Sie dies noch, indem Sie Ihre Selbstgespräche an positiven Bildern orientieren. Damit geben Sie Ihrem Unterbewusstsein bildhafte Aufträge. Es macht einen Unterschied, wie Sie Ihr Wünschen und Hoffen formulieren. Anstatt „Hoffentlich komme ich nicht wieder so ins Stocken" sagen Sie also besser „Hoffentlich spreche ich heute flüssig".

Tipp: Erinnern Sie sich an einen gelungenen Auftritt

Erinnern Sie sich an Situationen, in denen Sie selbst öffentlich gesprochen haben, und überlegen Sie, was dazu beigetragen hat, dass Sie solch eine Situation gut meistern konnten. Übertragen Sie diese Erkenntnisse auf Ihre nun bevorstehende Präsentation.

Während der Präsentation

Halten Sie Kontakt zu Ihren Zuhörern

Kontakt zum Publikum herzustellen und zu halten ist einer der wichtigsten Faktoren des Gelingens. Er steht Ihnen zur Verfügung, wenn Sie die Einstellung gewonnen haben: „Ich bin an meinem Publikum interessiert, ich möchte sein Interesse wecken und es gut bedienen." Erlauben Sie sich, bevor Sie zu sprechen beginnen, ruhig in die Runde zu blicken und alle Anwesenden wahrzunehmen. Diese kurze Pause bündelt auch die Aufmerksamkeit Ihres Publikums.

To Do: Trainieren Sie für die Präsentation

Wenn Sie das nächste Mal einen Raum betreten, in dem sich andere Menschen aufhalten, gehen Sie so vor:

- Halten Sie beim Eintreten kurz inne und nehmen Sie bewusst wahr, was Sie sehen, hören und riechen.
- Spüren Sie kurz, in welche Atmosphäre Sie gerade eintreten.
- Erst dann richten Sie Ihre Aufmerksamkeit auf Ihr Gegenüber.

Falls Sie befürchten, dass andere ein solches Verhalten für seltsam halten – dieser Moment besonderer Aufmerksamkeit ist so kurz, dass er kaum bemerkt wird. Zumal die meisten Menschen mit ihren eigenen Themen beschäftigt sind und auch erst einmal umschalten müssen. Diese kleinen Momente des Innehaltens ermöglichen es, auch unsere Gesprächspartner mit konzentrierter Aufmerksamkeit wahrzunehmen.

Fassung bewahren, wenn etwas schief läuft

Pannen passieren: Sie verlieren den roten Faden, eine Zwischenbemerkung bringt Sie aus dem Konzept, Sie schütten sich das Wasser aus dem Glas über Ihr Jackett, Sie stolpern über das Kabel des Beamers oder Sie bemerken während der Präsentation, dass Sie von den Karten mit Ihren Stichworten die letzte verloren haben. Das ist vielleicht peinlich – aber nicht entscheidend. Sie können jederzeit auf die bereits erwähnte Krisenintervention zurückgreifen: ausatmen und das Einatmen von selbst kommen lassen. Die wichtigsten Überlebensfunktionen regeln sich von selbst. Es ist völlig unzweckmäßig, sich selbst zu beschimpfen, stattdessen können Sie wahrnehmen, was geschehen ist, und tun, was nötig ist.

To Do: Üben Sie das Umgehen mit Pannen

Überlegen Sie vorbereitend – vielleicht mit Hilfe von Kollegen – was schlimmstenfalls passieren könnte. Beginnen Sie mit realistischen Malheurs, die Ihnen schon passiert sind oder die Sie befürchten. Finden Sie nun für jede Situation einen passenden, freundlichen Satz, z. B. zu einer Zwischenbemerkung, die Sie aus dem Konzept bringt: „Das ist ein interessanter Gesichtspunkt, den wir gleich in der Diskussion behandeln sollten." Übertreiben Sie dann kräftig und denken Sie sich die unwahrscheinlichsten Szenarien aus. Sie werden sich wundern, welche kreativen Kräfte diese Phantasien wecken.

Ruhig reagieren

Es hilft, das, was geschehen ist, in Ruhe auszusprechen und in Ordnung zu bringen. Und zu lächeln. Während Sie sagen „Jetzt habe ich gerade den Faden verloren", arbeitet Ihr Gehirn schon weiter und findet den Anschluss wieder oder Sie erhalten Hilfe aus dem Publikum. Jedenfalls haben Sie sich damit eine Pause verschafft und können in Ruhe neu ansetzen. Perfektion macht nicht unbedingt sympathisch – mit Pannen charmant umzugehen wirkt hingegen immer gewinnend. Schließlich ist kein Mensch vor Pannen gefeit und wer vermeintliche Peinlichkeiten mit Anstand und Würde durchzustehen weiß, lächelnd und selbstbewusst, zeigt damit mehr soziale Kompetenz als mit einem brillanten Vortrag.

Senderperspektive	Empfängerperspektive
Es gibt zwei unverzichtbare Voraussetzungen dafür, Ihre Zuhörer wirksam zu erreichen: • Sie wissen, wovon Sie reden. • Sie sind an Ihrem Publikum wirklich interessiert.	Bleiben Sie mit einem Teil Ihrer Aufmerksamkeit bei Ihrem Publikum, halten Sie den Kontakt, um reagieren zu können.

Tipp: Das richtige Maß an Vorbereitung
Zu wenig Vorbereitung ist unter Umständen riskant, zu viel kann Sie jedoch auch lähmen. Wenn Sie herausgefunden haben, welche Art der Vorbereitung für Sie förderlich ist, begrenzen Sie Ihre Vorbereitungszeit und nutzen Sie diese konzentriert.

Was ist Ihre Stärke?

Wenn Sie viele Details eines Themas kennen und vermitteln möchten, dann denken Sie daran, für diejenigen Zuhörer, die zuerst einen Überblick brauchen, zunächst eine knappe Übersicht zu geben und zum Schluss die Inhalte noch einmal zusammenzufassen und zu gewichten.

Wenn Sie ein Mensch sind, der vor allem einen Gesamteindruck vermitteln möchte, dann halten Sie für diejenigen, die an Zahlen, Daten und Fakten besonders interessiert sind, solches Material bereit und suchen Sie anschauliche Beispiele aus.

Besprechungen zielorientiert leiten

Ein großer Teil der Zusammenarbeit in Organisationen findet in strukturierten Gesprächen statt, aber oft mit zweifelhaftem Ergebnis. Stöhnen Sie auch darüber und meinen, die vielen Sitzungen, Konferenzen, Meetings und Besprechungen seien für Ihre Arbeit wenig nützlich und für die Produktivität des Unternehmens eher schädlich? Die Kompetenz, Besprechungen zielorientiert zu leiten, ist ein wesentlicher Faktor für die Mitarbeiterproduktivität einer Organisation. Sie üben hier, immer wieder und penetrant die Frage nach dem Ziel von Besprechungen zu stellen und zu beantworten, gerade auch bei Routinebesprechungen. Darüber hinaus erhalten Sie das nötige Werkzeug, um komplexe Interessenlagen zu analysieren (siehe auch Seite 45 ff.).

Unverzichtbar: ein klar formuliertes Besprechungsziel

Wenn Sie eine Besprechung vorbereiten und leiten, orientieren Sie sich vor allem am Besprechungsziel. Sie werden Ihrer Rolle gerecht und können eine Sitzung steuern, wenn Sie dafür sorgen, dass allen Beteiligten das Ziel klar ist. Gute Besprechungen sind nicht deshalb gut, weil sie gängigen Regeln genügen. Sie sind kein Selbstzweck, sondern Mittel, um das Unternehmensziel zu erreichen. Machen Sie sich deshalb deren Funktion immer wieder klar. Nützlich ist dabei die Perspektive, was eine bestimmte Besprechung leisten soll und was sie zum Unternehmenszweck beiträgt. Daraus ergeben sich die Besprechungsziele. Der Hebelpunkt mit der größten Wirkkraft sind die Fragen „Warum sitzen wir hier zusammen?" und „Was soll nach der Besprechung anders sein als vorher?".

Beantworten Sie diese Fragen vor der Besprechung – am besten schriftlich: Das zwingt zur Genauigkeit und klärt Sie für Ihre Rolle der Besprechungsleitung.

Sie fördern die Orientierung aller Sitzungsteilnehmer am Besprechungsziel, indem Sie es visualisieren. Ein Plakat oder Flipchart mit Ziel, Beginn und Ende des Treffens erinnert beständig an die Rahmenbedingungen.

Training 24
Teambesprechungen zielgerichtet leiten

1. Schritt

Skizzieren Sie bitte zunächst Ihre Organisation in Form eines Organigramms oder einer Mindmap:

* Welchen Zweck verfolgt sie (Dienstleistung für ..., Produktion von ...)?
* Welche wesentlichen Gruppen von Beteiligten gibt es (Kunden, Vertriebspartner, Bewohner, Zulieferer, Patienten)?
* Wo sind Sie mit Ihren Aufgaben und Funktionen angesiedelt? Und an welchen wiederkehrenden Besprechungen nehmenSie teil?

2. Schritt

Erinnern Sie sich nun an die letzten Besprechungen (etwa die letzten vier), an denen Sie beteiligt waren:

- Was war der Zweck der Besprechungen?
- Was haben diese Besprechungen dazu beigetragen, den Zweck Ihrer Organisation zu erreichen?

Schätzen Sie den Nutzen dieser Besprechungen auf den folgenden Skalen von 1 bis 10. Auf der Skala steht 1 für „vernachlässigbar und schlechter": Wenn diese Besprechung ausgefallen wäre, hätte das keinen negativen Einfluss auf die Arbeitsergebnisse gehabt. 10 steht für „hervorragend, die Zwecke der Organisation unterstützend": Wenn diese Besprechung ausgefallen wäre, wären wichtige Ergebnisse nicht oder nur mit Fehlern und Aufwand erreicht worden.
Listen Sie jetzt bitte auf, was Ihrer Meinung nach die Eigenschaften einer für das Unternehmen guten und für Sie nützlichen Besprechung sind.

Zweck der Besprechung	Nutzen der Besprechung								
	1								10
	1								10
	1								10
	1								10

Lösung 24: Teambesprechungen zielgerichtet leiten

Kennzeichen einer nützlichen Besprechung:

- Allen Beteiligten ist das Ziel der Besprechung klar.
- Es sind nur Teilnehmer anwesend, die für das Erreichen dieses Ziels benötigt werden.
- Es gibt eine Tagesordnung, die allen gegenwärtig ist.
- Alle Beteiligten setzen sich dafür ein, das Ziel der Besprechung zu erreichen.
- Das Besprechungsklima ist konstruktiv und engagiert.
- Ergebnisse werden schriftlich festgehalten.
- Allen Anwesenden ist am Ende der Besprechung klar, welche Ergebnisse erzielt wurden und wie damit weiter verfahren wird.
- Die Besprechung ist fest terminiert, sie beginnt und endet pünktlich.

Auch als Teilnehmer können Sie viel zum Gelingen einer Besprechung beitragen: Stellen Sie sich und den anderen Beteiligten die Frage nach dem Besprechungsziel. Dies mag banal klingen, doch dieser Faktor geht im Trubel des Alltagsgeschäfts oft unter. Unvorbereitete Besprechungen verursachen hohe Kosten und verschwenden viel Zeit und Energie.

Eine passende Tagesordnung bündelt die Konzentration

Besprechungen verlaufen sehr verschieden, weil ihre Ziele so unterschiedlich sind. Gute Ergebnisse erreichen Sie neben der Orientierung am Besprechungsziel durch eine für Ihre Ansprüche passende Tagesordnung; beides gehört zusammen.
Aber warum verlaufen viele Besprechungen so unbefriedigend, trotz Tagesordnung, auch wenn sie rechtzeitig vorher bekannt gegeben wurde?
Oft ist den Beteiligten nicht klar, welche Rolle ihnen bei den einzelnen Themen zugedacht ist. Wenn Sie die Sitzung leiten, können Sie dem mit geringem Aufwand sehr wirkungsvoll mit Hilfe der folgenden Maßnahmen abhelfen:

Was eine gute Tagesordnung ausmacht

Kennzeichnen Sie bei jedem einzelnen Tagesordnungspunkt, ob es sich dabei um eine *Information* handelt, ob Sie eine *Besprechung zur Meinungsbildung* wollen oder ob der Tagesordnungspunkt mit einer *Entscheidung* abgeschlossen werden soll. Auf diese Weise

- orientieren Sie die Teilnehmer vorab,
- beugen Sie viel unnützem Reden vor und

- verschaffen sich die Möglichkeit, auf den Sinn (oder Nicht-Sinn) einer Debatte hinzuweisen und sie in einen passenden Rahmen zu stellen, z. B. so: „Frau Zarg hat uns eine Entscheidung der Geschäftsleitung mitgeteilt. Dies ist für unsere Projektgruppe eine neue Information. Bitte überprüfen Sie alle die Auswirkungen für Ihren Bereich. Ihre Überlegungen und Ansichten dazu tragen wir dann in der nächsten Sitzung zusammen.“

Bestmögliche Vorbereitung

So ermöglichen Sie den Teilnehmern, sich zielgerichtet vorzubereiten. Sie bieten damit eine Dienstleistung, um den Besprechungsaufwand zweckorientiert zu konzentrieren. Schließlich ist Besprechungszeit kostbar und das persönliche Austauschen und Abstimmen, das gemeinsame Entwickeln von Konzepten und Lösungen in vielen Fällen nicht ersetzbar. Auch der materielle Gegenwert ist beträchtlich.

Beispiel: Kosten von Sitzungen

Acht Abteilungsleiter besprechen eineinhalb Stunden lang den Stand ihrer Projekte. Ein Monatsgehalt von 4000 Euro brutto kostet das Unternehmen etwa zweieinhalbmal so viel (Sozialabgaben, Urlaubsgeld, Kosten für den Arbeitsplatz etc.). Bezogen auf durchschnittlich 160 monatliche Arbeitsstunden ergibt das Arbeitskosten pro Stunde von 62,50 Euro. Das bedeutet: 15 Minuten Sitzungszeit kosten 125 Euro.

Einerseits ist manche Diskussionsrunde unverzichtbar, um alle Beteiligten mit ihren Argumenten ins Boot zu holen und weil die Schnellen etwas übersehen könnten. Andererseits ist es sinnvoll, von Zeit zu Zeit abzuwägen, ob Sie bei einer Besprechung noch auf dem Weg zum Ziel sind.

Senderperspektive	Empfängerperspektive
Definieren Sie die Leitung einer Besprechung als Dienstleistung für das gemeinsame Arbeitsergebnis. Ihre Aufgabe besteht in der Hauptsache darin, dafür zu sorgen, dass sich alle Beteiligten am Besprechungsziel orientieren.	Als Teilnehmer einer Besprechung tragen Sie zu Ergebnissen bei, die den Aufwand lohnen, wenn Sie die Orientierung am Besprechungsziel unterstützen.

Tipp: Nicht immer ist Zielgerichtetheit angemessen

Es gibt Besprechungsphasen, in denen Zielgerichtetheit nicht angebracht ist:
- Besprechungen dienen nicht nur der Koordination oder Problemlösung, sondern darüber hinaus der Selbstdarstellung. Das bedeutet: Erst wenn alle Besprechungsteilnehmer mindestens einmal zu Wort gekommen sind und ihre Anwesenheit damit zu Gehör gebracht haben, ist die Bereitschaft da, anderen zuzuhören.

> • Wenn mit Hilfe eines Brainstormings neue Ideen entwickelt werden sollen, braucht es eine gewisse Zeit, um den Gedanken freien Lauf zu lassen.

Was ist Ihre Stärke?

Wenn Sie Ihre Arbeit überwiegend strukturiert angehen, wird Ihnen die Zielorientierung bei Besprechungen sicherlich leicht fallen. Falls Sie jedoch Wert auf Lösungen legen, die breit akzeptiert werden, ist es hilfreicher, wenn Sie die Menschen, die Ihrer Meinung widersprechende Ansichten vertreten, ausdrücklich darum bitten, diese darzulegen.

Wenn Sie gern eine Vielfalt von Gesichtspunkten berücksichtigen und unterschiedliche Ansichten gut würdigen können, könnte es nötig sein, dass Sie üben, das Besprechungsziel besser im Auge zu behalten.

Komplexe Besprechungen gründlich vorbereiten

Ein klares und veröffentlichtes Besprechungsziel ist die Grundlage, um ein Meeting strukturiert zu leiten. Für Routinebesprechungen reicht das in den meisten Fällen aus. Geht es jedoch um Gespräche, in denen unterschiedliche Interessen verhandelt werden müssen, sollten Sie bei Ihrer Vorbereitung sorgfältig die aktuelle Situation analysieren.

Beispiel: Wöchentliche Leistungsbesprechungen

Ort: Eine selbstständige Buchhandlung mit 14 Mitarbeiterinnen und Mitarbeitern, der Schwerpunkt liegt im Internetbuchhandel. Auch bei der Sitzung an diesem Montag soll die wöchentliche Aufgabenverteilung besprochen werden.

- Sören Siebel war in der vergangenen Woche bei einem auswärtigen Großkunden. Darüber will er berichten und Aufgaben, die er mitgebracht hat, verteilen.
- Natalie Weiß wird einen Vortrag auf der Veranstaltung einer kooperierenden Unternehmensberatung halten und braucht für die Vorbereitung Unterstützung.
- Thekla Sonnenborn hat vor, die Folgen der drohenden Aufhebung der Buchpreisbindung zu thematisieren, weil sie sieht, dass eine rechtzeitige Vorbereitung darauf für das Unternehmen überlebenswichtig ist.
- Felix Manuola ist für den Personalbereich zuständig und würde gern seine Erfahrungen mit dem neuen Konzept der Mitarbeiter-Feedback-Gespräche mit den anderen reflektieren und seine Kollegen klar auf dieses Konzept verpflichten.

Training 25
Komplexe Besprechungen gründlich vorbereiten

Stellen Sie sich vor, Sie gehören zu diesem Leitungskreis und hätten turnusgemäß die Aufgabe, diese Sitzung zu leiten. Ihre Vorbereitungszeit ist knapp. Wie bereiten Sie sich vor?

Lösung 25: Komplexe Besprechungen gründlich vorbereiten

Folgende Gesichtspunkte sind unerlässlich:

* Sie haben das Ziel der Sitzung klar vor Augen und schriftlich fixiert, z. B.: „Um 12 Uhr haben wir die Feinplanung der Woche beendet, und das bedeutet
    * die Prioritäten für die Aufgaben dieser Woche festgelegt,
    * die damit verbundenen Aufgaben verteilt und
    * die dafür nötigen Mitarbeiter mit geschätzten Zeitkontingenten zugeordnet."
* Sie haben sich selbst klar gemacht, was Ihr eigenes Besprechungsziel ist (da Sie ja gleichzeitig die Besprechung leiten und inhaltliche Interessen vertreten) und was genau Sie von Ihren Kollegen brauchen, um Ihren Job gut zu erledigen.
* Sie haben dafür gesorgt (durch eine eingespielte Routine oder durch Nachfragen), dass Sie schon am Freitag die Besprechungswünsche Ihrer Kollegen kennen und ordnen sie den verschiedenen Kategorien zu:
    * Sören Siebel geht es darum, dass alle seine *Informationen* zur Kenntnis nehmen, damit sie Bescheid wissen, wie es um den wichtigen Kunden derzeit bestellt ist. Davon abgesehen müssen Sie *entscheiden*, wie Sie das Personal einsetzen.
    * Natalie Weiß braucht *Ideen* für ihren Vortrag, es geht um *Meinungsbildung*, welche Geschichten aus Ihrer Firma beim Publikum imagewirksam ankommen werden.
    * Thekla Sonnenborns Thema soll eine spätere *Entscheidung* vorbereiten.

- Felix Manuola wünscht sich Reflexion, will aber auch auf die klare *Entscheidung* hinaus, dass das eingeführte Konzept von allen umgesetzt wird.

Möglicherweise haben Sie zusätzlich daran gedacht
- eine Tagesordnung zu erstellen,
- die Rahmenbedingungen (Raum und Zeit) zu überprüfen, soweit sie bei Routinebesprechungen nicht festliegen,
- zu Ihrem Thema Unterlagen oder Präsentationen vorzubereiten und
- die Beschlusskontrolle der vorigen Sitzung vorzunehmen.

So behalten Sie einen klaren Blick

Besprechungen können aus verschiedenen Gründen schwierig zu steuern sein, sei es, dass komplizierte Sachverhalte erläutert und verstanden werden müssen, sei es, dass Vertreter unterschiedlicher Interessen auf gemeinsames Handeln eingeschworen werden sollen. Wenn Sie sich solchen Herausforderungen häufig stellen müssen, kann es sich lohnen, einen Moderationskurs zu besuchen. Wenn Ihnen bewusst bleibt, dass über alle Techniken hinaus die Einstellung, mit der Sie Ihre Aufgabe erfüllen, entscheidend ist, kommen Sie mit den Basistechniken der Gesprächsführung, die Sie im Kapitel „Wie Sie gezielt trainieren, Gespräche zu steuern" geübt haben, sowie mit den Grundlagen der Besprechungsleitung (siehe Seite 150 ff.) aber schon sehr weit. Darüber hinaus stärken Sie sich für Ihre Aufgabe, indem Sie sich einen klaren Blick für die Erfordernisse der Situation verschaffen. Die Checkliste auf der folgenden Seite kann Sie dabei unterstützen.

Möglicherweise haben Sie bei der Vorbereitung der Beispielsitzung einen heiklen Punkt bemerkt: Thekla Sonnenborn will mit der Buchpreisbindung ein Thema besprechen, das von entscheidender Bedeutung für die zukünftige Geschäftspolitik der Firma ist. Deswegen muss sich der Leitungskreis damit befassen, sollte das aber nicht auf einer Routinesitzung tun. Themen, die strategische oder politische Entscheidungen erfordern, benötigen einen gesonderten Rahmen.

Tipp: Grundregel für zügige Besprechungen

Trennen Sie das Besprechen von Grundsatzfragen vom Tagesgeschäft, damit beides nicht zu kurz kommt.

Die Zeit, die Sie der regelmäßigen Reflexion grundsätzlicher Fragen einräumen, gewinnen Sie, weil Sie Alltagsfragen zügig abarbeiten können. Liegt dies nicht in Ihrem Verantwortungsbereich, können Sie in der Rolle der Besprechungsleitung

- ein Grundsatzthema wahrnehmen,
- es als solches benennen, darauf hinweisen, dass es den Rahmen der Sitzung sprengt, und
- vorschlagen, einen Termin zu finden, um es gesondert zu behandeln.

Tipp: Anhaltspunkte für Besprechungssequenzen

Steuerung laufender Aufgaben: einmal wöchentlich

Grundsatzfragen: einmal monatlich

Strategiethemen der Leitung: ein bis zwei Tage pro Jahr

Checkliste: Situationsanalyse bei Besprechungen	
Anlass der Besprechung	
Was soll besprochen werden?	
Was will ich erreichen (sachlich, emotional)?	
Mein Besprechungsziel in einem Satz	
Mein wichtigstes Teilziel? Was will ich auf jeden Fall erreichen?	
In welcher Rolle nehme ich an der Besprechung teil?	
Welche Interessen haben die Teilnehmer? • Wo sehe ich Anknüpfungspunkte? • Wo vermute ich Schwierigkeiten? • Wie will ich damit umgehen?	
Meine innere Haltung in der Besprechung in einem Satz	
Wie kann ich überprüfen, ob das Besprechungsziel erreicht ist?	

5 Schwierige Gespräche erfolgreich führen

Sie haben nun bereits Grundlagen der Gesprächsführung trainiert und diese Basisfertigkeiten auf alltägliche berufliche Umstände übertragen. Damit sind Sie gut gerüstet, schwierigere Themen zu erproben. Die Inhalte dieses Kapitels verbindet, dass sie Druck, Angst, Nervosität oder andere starke Gefühle auslösen können, und zwar sowohl bei Ihnen als auch bei Ihren Gesprächspartnern. Unter diesen Umständen besteht Ihre Sozialkompetenz darin, die Sach-Logik der betrieblichen Belange mit der Psycho-Logik der beteiligten Akteure zu verbinden. Sie finden hier Trainingsmöglichkeiten für Situationen, in denen Sie mit Kritik, Konflikten, Angriffen oder Reklamationen konfrontiert sind, Leitlinien für das Überbringen unangenehmer Nachrichten und grundlegende Aspekte für Gespräche, in denen Sie über Geld oder über Ihre nächsten Karriereschritte verhandeln wollen.

Abgrenzung und Vorbereitung

Sie können durch die Übungen in diesem Kapitel auch lernen, sich abzugrenzen und auf vorhersehbare Reaktionen vorzubereiten. Wenn Sie die Übungen aus dem Kapitel „Der Kern der Gesprächskompetenz: Ihre innere Einstellung" wiederholen, unterstützen Sie diesen Trainingsaspekt. Beginnen Sie auf jeden Fall mit der folgenden Einstiegsübung, damit Sie aus einer Position innerer Stärke heraus handeln können.

Übung: Den Kraftjoker wecken

Legen Sie eine leere Briefkarte oder ein halbiertes Blatt Papier (DIN A5) sowie einige farbige Stifte zurecht. Und jetzt:
Machen Sie es sich bequem! Höhere Anforderungen erfordern keineswegs größere Anstrengungen, sondern mehr Aufmerksamkeit darauf, was als Trainingsschritt für Sie jetzt genau passt, und vielleicht etwas mehr Mut. Trainieren Sie deshalb die Aufgaben und Übungen in diesem Kapitel besonders entspannt, auf der Basis dessen, was Sie schon können. Bleiben Sie aufmerksam für das, was Sie sichert und weiterbringt. Also: Machen Sie es sich bequem. Spüren Sie, wie Sie sitzen, wie die Füße auf dem Boden stehen, wo die Sitzfläche und Arme den Stuhl berühren oder der Rücken das Sofa. Lassen Sie die Schultern hängen. Atmen Sie aus – noch einmal, kräftig die verbrauchte Luft ausstoßen. Das Einatmen geschieht von allein. Beobachten Sie, wie Ihr Atem ganz von selbst fließt, ohne einzugreifen. Und schlie-

ßen Sie, wenn Sie mögen, zwischendurch die Augen, um Ihre Aufmerksamkeit zu konzentrieren. Nehmen Sie wahr, was Sie hier, jetzt, um sich herum hören, riechen usw.

An gute Gespräche mental anknüpfen

Erinnern Sie sich nun an einige der Gesprächssituationen, die Sie in Ihrem Leben schon gemeistert haben. Bei welchen haben Sie sich wohl gefühlt? Welche sind Ihnen gelungen? Erleben Sie erneut das Gefühl, das Sie damals hatten: Sie hatten für ein Gespräch ein Ziel – und Sie haben es erreicht. Was hat Ihnen dabei geholfen, welche Ihrer Fähigkeiten, Ihrer Eigenschaften, welche innere Haltung? Finden Sie dafür ein Symbol, für diesen inneren Joker, den Sie ausspielen können, wenn es ernst wird, oder den Sie sich vielleicht für das, was Sie zukünftig vorhaben, auswählen möchten: Bestimmen Sie Ihr spezielles Symbol, z. B. eine Pflanze, eine Farbe, einen Klang, einen Gegenstand. Und nehmen Sie dieses Symbol als Bild aus Ihrer inneren Welt mit, wenn Sie jetzt in die äußere Welt zurückkommen.

Ein Symbol für innere Kraft

Dann malen Sie dieses Symbol, so wie Sie es empfinden und ohne sich um irgendwelche inneren Zensoren zu kümmern, auf das Papier. Eine einfache Form in einer Farbe reicht völlig aus. Wenn Ihnen das nicht so leicht fällt, genügt auch ein Begriff, der Ihnen bei dieser Übung in den Sinn gekommen ist. Ihr kleines Bild muss überhaupt keiner vorgegebenen Lösung entsprechen; es ist nur für Sie da, als materieller Merk- und Unterstützungspunkt. Sie haben nun ein stellvertretendes Symbol für eine Ihrer zahlreichen inneren Kräfte, Sie können es in anforderungsreichen Gesprächssituationen einsetzen wie einen Joker im Kartenspiel. Wenn Sie Ihren Joker in der Nähe Ihres Arbeitsplatzes unterbringen, etwa in einer Schublade, sodass Sie ab und zu einen Blick auf ihn werfen können, ist er besonders wirksam. Immer wenn Sie ihn sehen, stellen Sie eine Verbindung zu Ihrem inneren Kraftjoker her. Damit machen Sie ihn sich bewusst und verfügbar. Ich empfehle Ihnen, sich so bei der Vorbereitung auf knifflige Gespräche zu stärken.

Konfrontationen sicher und klar begegnen

Im Kapitel „Der Kern der Gesprächskompetenz: Ihre innere Einstellung" haben Sie es gelesen und trainiert: Wer mit sich selbst pfleglich umgeht, hat es leichter, Feindseligkeiten klar abzuwehren, allein selbstsicheres Auftreten kann andere Menschen daran hindern, Sie verbal zu attackieren.

Doch das ist nicht immer so einfach und fällt manchen nicht leicht. Auch die beiden betroffenen Personen in den folgenden Beispielen würden ihre Situation gern ändern.

Beispiel: Verunsichert durch eine bissige Chefin

Andreas V. hat den Eindruck, dass seine Chefin Frau Dr. P. tendenziell bissig auf ihn reagiert, und fühlt sich deshalb angespannt, sobald er sie sieht. Er erlebt sich bisweilen als Zielscheibe unfreundlicher bis angriffiger Äußerungen. Heute in der Kantine haben die beiden kurz über Termine gesprochen, er erwähnte seine Teilnahme an der Besprechung einer anderen Abteilung, die ihn als Experten eingeladen hatte. Sie reagierte mit einer – wie er fand – spitzen Bemerkung, ob das denn nötig sei. Ihr Satz hängt ihm den ganzen weiteren Tag über nach und er kommt vom Grübeln nicht los, was denn dahinterstecken könnte.

Beispiel: Unfreundliche Kunden rauben Energie

Marion G. arbeitet mit großer Freude als Architektin in einem Möbelhaus. Engagiert setzt sie ihren Ehrgeiz darein, die Wünsche ihrer Kunden genau herauszufinden. Allerdings lässt sie sich von unfreundlichen Kunden noch zu viel Energie rauben. Wenn jemand knapp und in ärgerlichem Tonfall mit ihr spricht oder ihr sogar Vorwürfe zur Kollektion des Hauses oder der Machart der Möbel macht, verdirbt ihr das die gute Stimmung.

Damit solche verbalen Angriffe ihnen weniger zu schaffen machen, könnten Andreas V. und Marion G. üben,

* verbal angemessen darauf zu reagieren,
* in einer unterstützenden Art und Weise mit sich selbst zu sprechen,
* es nicht persönlich zu nehmen, wenn andere ihr sprachliches Gift verspritzen.

Nutzen Sie verbale Abwehrstrategien

Im Geschäftsleben wird Ihnen an langfristig erfreulichen Beziehungen zu Kunden, Kollegen, Vorgesetzten, Lieferanten und Mitarbeitern liegen. Falls sich Ihr Gegenüber in Ton und Wortwahl vergriffen hat, ist es angebracht, bald auf eine sachliche Gesprächsebene zu kommen. Das erreichen Sie, indem Sie kurz (!) die Befindlichkeit Ihres Gegenübers ansprechen und sehr sachlich spiegeln, was bei Ihnen ankommt.

Beispiel: Eine sachliche Gesprächsebene herstellen

Abteilungsleiterin Dr. P.: „Dass Sie aber auch schon wieder Ihre Zeit für Abteilung fünf einsetzen!"
Andreas V.: „Sie sehen meine Zeiteinteilung skeptisch." Oder: „Sie befürchten, mein Konzept für die Vorstandssitzung wird nicht rechtzeitig fertig." Oder: „Sie scheinen nicht zufrieden damit zu sein."

Beispiel: Eine sachliche Gesprächsebene herstellen

> Kunde (laut und sehr ungehalten): „Auf nichts kann man sich mehr verlassen! Dass Sie auch ständig die Modelle wechseln müssen, ist einfach unverschämt."
> Marion G.: „Sie sind ziemlich ärgerlich." Oder: „Sie sind ziemlich ärgerlich, weil es ein gleiches Stück nicht mehr gibt." Oder: „Sie haben erwartet, dass Sie das gleiche Teil wieder finden."

Den Gesprächspartner ernst nehmen

Oft reicht das schon aus. Weil Ihr Gegenüber sich ernst genommen fühlt, muss die angriffige Emotion nicht noch einmal verdeutlicht und verstärkt werden. Hinter Angriffen ist oft ein Bedürfnis versteckt, und die Aufforderung, dies genauer zu erläutern, führt zu mehr Sachlichkeit. Reicht das Spiegeln der von Ihnen erlebten Emotion jedoch nicht aus, können Sie durch Nachfragen Ihr Gegenüber zu Präzision ermuntern, auch das dämpft Aufgeregtheit und führt eher zu Lösungen: „Was meinen Sie genau mit ‚schon wieder'?"

Vor verbalen Angriffen schützen

Doch manchmal reichen diese Formulierungshilfen nicht aus, wenn Sie sich darauf vorbereiten wollen, auf Angriffe etwas Passendes zu sagen. Wenn Sie häufig ähnlich reagieren wie diese beiden Personen in den Beispielen, wenn Sie bei heftigeren verbalen Angriffen Ihre innere Abwehr nicht schnell genug in Stellung bringen können und sich leicht verletzt, gekränkt, beleidigt fühlen, kann das bedeuten, dass Sie ungute Atmosphären aus Ihrer Umgebung ungeschützt ins Innere Ihrer Person eindringen lassen. Wenn Sie von sich den Eindruck haben,

- dass andere Ihnen häufig Vorwürfe machen,
- dass Sie sich von verbalen Angriffen leicht innerlich bedrängt fühlen und es Ihnen nicht leicht fällt, darauf kühl und geschäftsmäßig zu antworten,
- dass Sie gefühlsmäßig stark reagieren, wenn Sie sich angegriffen fühlen, und dies nicht so leicht abtun können,

dann finden Sie hier eine Anleitung, wie Sie sich davor besser schützen können. Angemessene Verhaltensweisen bei Angriffen gründen im mentalen Bereich. Folgende Strategien helfen Ihnen dabei,

- sich selbst hilfreich zur Seite zu stehen und
- sich in einen etwas distanzierteren, unpersönlichen Zustand zu versetzen.

Stehen Sie sich selbst hilfreich zur Seite

Sie kennen Ihr inneres Radio im Kopf: innere Stimmen, die alle Ihre Handlungen kommentieren. Es kann hilfreich sein, diese verschiedenen Aspekte Ihrer Person als Mitglieder eines inneren Teams zu betrachten, die sich jeweils mit speziellen Aufgaben zu Wort melden. Wenn Sie selbstsicheres, souveränes Verhalten lernen wollen in Situationen, in denen Sie sich angegriffen fühlen, sollten Sie diese inneren Kommentare zunächst aufmerksam wahrnehmen. Vielleicht bemerken Sie, dass Sie sich selbst beschimpfen: „Du solltest nicht so empfindlich reagieren!" Oder: „Immer lässt du dich einschüchtern." Wenn das so ist, haben Sie einen Einfluss von großer Wirksamkeit gefunden – doch es ist nicht die Wirkung, die Sie wollen. Solche inneren Stimmen verstärken den Druck der Außenwelt. Neue Verhaltensweisen lernen Sie dagegen, wenn Sie unterstützenden inneren Stimmen Raum geben.

Training 26
Angriffe und unfaire Kommunikation unwirksam machen

1. Erinnern Sie sich an eine Situation, in der Sie auf einen verbalen Angriff so reagiert haben, dass Sie damit zufrieden waren: gelassen, ohne selbst abwertend zu werden. Analysieren Sie, was Sie dabei getan (oder unterlassen) haben.
2. Formulieren Sie dazu einen Satz für einen inneren Kommentar, der Sie in solch einer Situation zukünftig unterstützen kann.
3. Überprüfen Sie die Wirkung Ihres Satzes, indem Sie sich gedanklich in die Situation hineinversetzen, die Umgebung wahrnehmen, die Stimmen hören, empfinden, wie Sie reagieren. Wenn Sie Ihre Vorstellung ganz gegenwärtig haben, sprechen Sie, laut oder leise, Ihren Satz – und achten auf körperliche Reaktionen; meistens werden Sie unterscheiden können zwischen stärkenden und schwächenden Auswirkungen. (Falls das nicht gleich gelingt, wiederholen Sie diese Übung in einem entspannteren Zustand.)
4. Verbessern Sie die Formulierung Ihres Satzes, bis Sie ein Gefühl von Stimmigkeit haben.
5. Schreiben Sie diesen Satz auf.

Lösung 26: Angriffe und unfaire Kommunikation unwirksam machen

Wenn Sie einen Satz gefunden und aufgeschrieben haben: Gratulation! Sie haben sich ein wirkungsvolles Werkzeug der Selbstregulation angeeignet, Ihren Power-Satz. Wenn Sie noch Anregungen für Formulierungen suchen:

- Was würden Sie Ihrem Kind sagen, um es in einer bedrängenden Situation zu unterstützen?
- Achten Sie auf Ihre Träume: In ihnen stecken oft wunderbar kräftigende Sätze.
- Sie können auch mit einer Auswahl aus den folgenden Formulierungen experimentieren:
  - „Ich stehe fest auf dem Boden."
  - „Ich bin ich."
  - „Nur nicht verblüffen lassen."
  - „Worte prallen ab."
  - „Ich sehe was, das du nicht siehst."

Innere Sätze sind individuell, Sie können sie sich maßschneidern, denn sie wirken besser, wenn Sie Ihre eigenen Bilder und Begriffe benutzen. Was für Sie stärkend und unterstützend wirkt, können nur Sie selbst herausfinden.

Entscheiden Sie sich, unpersönlich zu reagieren

Sie können selbst entscheiden, was Sie persönlich nehmen und was nicht. Auch wenn diese Aussage für Sie ungewohnt klingt: Wenn Sie lernen wollen, sich gegen Angriffe besser zu schützen, liegt die Vermutung nahe, dass Sie automatisch und überwiegend persönlich reagieren, auch wenn es Ihnen nicht gut tut. Sie gehören damit wahrscheinlich zu den Menschen, die anderen meist herzlich und offen entgegenkommen. Mit dieser Fähigkeit können Sie leicht Kontakt zu anderen herstellen und für ein angenehmes Arbeitsklima sorgen. Die Kehrseite ist, dass Äußerungen, die Sie als distanziert, schroff, abwertend, kritisch empfinden, ungeschützt Ihr Herz treffen. Diese empfindliche Seite können Sie schützen, indem Sie ganz undramatisch in einen unpersönlichen Zustand wechseln. Dazu lernen Sie zuerst, diese beiden inneren Zustände voneinander zu unterscheiden.

Übung: Schaffen Sie sich einen mentalen Schutzschild

Versetzen Sie sich in einen entspannten Zustand, allein, in dem Sie sich gut auf sich selbst konzentrieren können (siehe hierzu auch Seite 101 ff.).

Denken Sie kurz an eine Situation, in der Sie sich gern besser geschützt hätten. Erinnern Sie sich, wo in Ihrem Körper Sie sich getroffen gefühlt haben. Achten Sie gut auf dieses emotionale Zentrum – oft ist es in der Brustgegend zu spüren. Erlauben Sie sich, diesen Ort körperlich genau wahrzunehmen als die Quelle Ihrer warmen und positiven Gefühle. Geben Sie dieser Stelle einen Namen. Manche sagen dazu „mein Herz". Wenn Sie persönlich reagieren, lassen Sie andere Menschen daran teilhaben, was Sie hier fühlen. Aber Ihr Innenleben ist zu kostbar, um jederzeit offen zugänglich zu sein.

Nehmen Sie sich wahr

Stellen Sie sich hin. Spüren Sie genau, wie Ihre Fußsohlen den Boden berühren, wie der Boden Sie trägt. Stehen Sie aufrecht und locker, das heißt, die Knie sind nicht durchgedrückt und die Schultern hängen bequem, der Kopf ist frei beweglich. Spüren Sie sich selbst – aufgerichtet. Füße und Kopf sind stark und flexibel miteinander verbunden. Nehmen Sie sich wahr als die vollständige, ganze, reiche Person, die Sie sind. Sie *sind nicht* Ihre Gefühle, Sie sind viel mehr. Finden Sie für diese ganze Person, die Sie fühlen, einen Namen. Manche sagen dazu, „das ist mein Ich". Wenn Sie sich dessen bewusst sind, spüren Sie Ihre Stärke und Identität – und andere spüren sie auch.

Nun schaffen Sie sich einen mentalen Schutzschild: Stellen Sie sich einen Schild aus dickem Plexiglas vor, der Sie vor äußeren Angriffen schützt. An diesem Schutzschild prallen sie einfach ab. Sie stehen geschützt dahinter und können gut wahrnehmen und zuhören, Ihr Kopf ist klar.

Gehen Sie nun (in einem ruhigen Raum) ein paar Schritte hin und her, atmen Sie aus und warten Sie ab, bis der Impuls zum Einatmen kommt. Machen Sie ein paar dieser ruhigen Atemzüge und stellen Sie sich dann bewusst an einen Platz im Raum und imaginieren Sie folgendermaßen: mein Herz – mein Ich – mein Schutzschild.

Probieren Sie beide Zustände aus

Experimentieren Sie jetzt mit beiden Zuständen, gehen Sie vom persönlichen Zustand – mit offenem Herzen – bewusst in den unpersönlichen, geschützten Zustand. Dieser ist durch inneren Abstand, leichte Distanz und aufmerksame Neugier gekennzeichnet. Spüren Sie die Unterschiede zwischen diesen beiden Sichtweisen auf die Welt und üben Sie leicht und ohne Anstrengung hin und her zu wechseln.

Der Schild ist leicht und leicht zu bewegen. Sie entscheiden, wann Sie Ihren Schutzschild zwischen sich und andere stellen. Wenn andere Sie mit Worten angreifen oder unfair ansprechen, können Sie so Ihr verletzbares Herz schützen und sachlich bleiben. Es gibt keine Vorschrift, immer herzlich zu kommunizieren – Sie entscheiden.

To Do: Üben Sie in alltäglichen Situationen

Nachdem Sie für sich allein den Unterschied zwischen persönlichem und unpersönlichem Zustand erkundet haben, suchen Sie sich jetzt ein Übungsfeld. Alltägliche Situationen eignen sich gut dazu, etwa

- beim Einkaufen,
- beim Erfragen einer Auskunft,
- bei einer geringfügigen Reklamation, z. B. wenn
  - der Leinenblazer in der Reinigung nicht perfekt gebügelt wurde,
  - der Lebensmittelhändler ein Milchprodukt mit abgelaufenem Haltbarkeitsdatum eingepackt hat,
  - Sie auf dem Markt vergessen haben, etwas einzupacken, was Sie bezahlt haben,
  - die Schlagsahne auf Ihrem Tortenstück einen Stich hat.

Das richtige Maß finden

Probieren Sie solche Situationen mehrfach aus, womöglich lässt Sie mangelnde Übung nicht gleich den richtigen Ton treffen. Es geht weder darum, schroff zu sein noch Ablehnung auszudrücken, sondern vor die verletzbare Offenheit ein wenig sachliche Distanz zu setzen. Es geht darum zu trainieren, im sozialen Kontakt ohne Anstrengung vom persönlichen in den unpersönlichen Zustand zu gelangen, wann immer Sie das für angemessen halten. Wenn Sie ein Gefühl für den Unterschied gewonnen haben, können Sie Ihr Trainingsfeld erweitern und unbedeutende berufliche Situationen einbeziehen:

- Reklamieren Sie freundlich in der Cafeteria den lauwarmen Kaffee.
- Erinnern Sie daran, dass Papier im Kopierer nachgefüllt werden muss.
- Bitten Sie einen Kollegen oder eine Kollegin, Sie bei einer kleinen Aufgabe zu vertreten.

Flexibel auf Angriffe reagieren

Je häufiger Sie das Hin- und Herwechseln zwischen den Zuständen trainieren, desto flexibler können Sie auf unerwartete Angriffe reagieren. Mit den Selbstwahrnehmungs- und Zentrierungsübungen, die Sie bereits kennen gelernt haben, stellen Sie eine innere Distanz her, die es Ihnen erlaubt, nicht zwangsläufig emotional auf Angriffe zu reagieren; Sie erarbeiten sich, überlegt und sachlich zu bleiben – wenn Sie das wollen. Es geht um den winzigen Moment, in dem ganz allein Sie *entscheiden*, wie Sie reagieren.

Ein mentaler Schutzschild ist dabei so etwas wie das berühmte „dicke Fell", das Sie je nach Situation zur Verfügung haben. Dieses Hilfsmittel nützt Ihnen auch dann, wenn Sie sehr unfair angegangen werden, wenn Menschen Sie absichtlich ärgern, provozieren, in Verlegenheit bringen oder herabsetzen wollen. Das Wichtigste bei solchen Angriffen ist, die erwartete und provozierte Reaktion nicht zu zeigen. Damit nehmen Sie dem Angreifer den Erfolg. Wenn die beabsichtigte Reaktion ausbleibt und Sie nicht verlegen, laut, ärgerlich werden oder jammern – oder was immer erwartet wird –, haben Sie die Kraft des Angriffs erfolgreich abgelenkt.

Statt der erwarteten emotionalen Reaktion tun Sie gar nichts, atmen gut aus, stehen fest mit beiden Füßen auf dem Boden und gucken Ihr Gegenüber selbstsicher und interessiert an. So wappnen Sie sich gegen sprachliche Spitzen und Attacken Ihrer Mitmenschen.

Senderperspektive	Empfängerperspektive
	1. Stehen Sie sich selbst hilfreich zur Seite: mit ermutigenden Selbstgesprächen und einem wirkungsvollen Power-Satz.
	2. Entscheiden Sie sich, unpersönlich zu reagieren: Benutzen Sie Ihren mentalen Schutzschild und wechseln Sie in den unpersönlichen Zustand. <=
3. Nutzen Sie verbale Abwehrstrategien: ▪ Spiegeln Sie sachlich, was bei Ihnen ankommt, oder ▪ fragen Sie genau nach.	

Was ist Ihre Stärke?

Wenn Sie dazu neigen, sich stärker, als Ihnen zuträglich ist, davon beeinflussen zu lassen, wenn andere Sie verbal angreifen, kann das die Kehrseite eines sehr feinen Empfindens für die Gefühle und Absichten anderer Menschen sein. Das ermöglicht Ihnen, genau zu erschließen, was anderen wichtig ist. Lernen Sie diese Begabung ebenfalls schätzen (siehe hierzu auch Seite 101 ff.).

Kritik souverän anhören und äußern

Durch Kritik geraten viele Menschen in innere Bedrängnis, doch: Fehler kommen vor. Und die Ungelegenheiten, die durch Fehler und Missverständnisse verursacht werden, waren dann nicht vergeblich, wenn alle Beteiligten daraus lernen. Zu sozialkompetentem Verhalten im Beruf gehört, Kritik annehmen zu können, ohne beleidigt zu sein, und Kritik so zu äußern, dass sie die Zusammenarbeit vorwärts bringt.

Wie Sie zuhören und wie Sie mit Kritik umgehen, hängt miteinander zusammen. Zuhören kann unaufmerksam, gleichsam mechanisch erfolgen: während Sie z. B. ungeduldig abwarten, dass Sie selbst etwas sagen können, oder sich schon Ihre Antwort zurechtlegen oder daran denken, was Sie nach dem Gespräch tun wollen. Das ist normal und in entspannten Situationen ausreichend – nur Weise können unentwegt aufmerksam sein (siehe Seite 51 ff. und 119 ff.).

Steuern Sie Ihre Reaktionen

Besondere Aufmerksamkeit brauchen Sie jedoch in herausfordernden Situationen, die starke innere Reaktionen wie Kritik, Konflikte und Angst vor verbalen Angriffen und negative Gefühle hervorrufen. Sie lösen unwillkürliche Verteidigungsreaktionen aus. Gerade Kritik ist aber, besonders im beruflichen Umfeld, nur selten wirklich persönlich gemeint. Meist bezieht sie sich auf Ihr Verhalten oder Ihre Arbeitsergebnisse. Auch wenn Sie innerlich unwillkürlich mit Ärger, Schreck oder Gekränktsein reagieren, aktivieren Sie Ihre nüchterne Beurteilungskraft und schauen Sie auf das, was die Kritik erreichen soll. Wenn Sie in solchen Situationen auf innere Nebenschauplätze verzichten können, wenn Sie also innerlich bewusst auf „Zuhören" umschalten, trainieren Sie Ihre Fähigkeit, auch unter erschwerten Bedingungen Ihre Reaktionen zu steuern.

Training 27
Kritik annehmen können – selbstsicher bleiben und daraus lernen

Durch welche Verhaltensweisen können Sie, wenn Sie kritisiert werden, angemessen reagieren und eine gute Zusammenarbeit fördern?

Erinnern Sie sich an die Grundvoraussetzungen gelungener Kommunikation, die Sie bisher trainiert haben, und notieren Sie die Verhaltenweisen, die Sie für wichtig halten.

Lösung 27: Kritik annehmen können – selbstsicher bleiben und daraus lernen

Kritik zu hören ist eine alltägliche Gesprächssituation: Eine andere Person teilt Ihnen etwas mit, um ein bestimmtes Ergebnis oder Verhalten zu erreichen. Wer Kritik annehmen kann, zeigt Souveränität. Fehler kommen vor. Wenn Sie, anstatt z. B. abzuwiegeln, wahrnehmen, was ein anderer wahrgenommen hat, ist das der erste Schritt, um Fehler künftig zu vermeiden. Es geht also für Sie zunächst einmal um genaues Verstehen. Bei jeder Kritik ist es wichtig,

1. gut zuzuhören,
2. erst dann die eigene Antwort zu überlegen, wenn Ihr Gegenüber ausgeredet hat,
3. den Sachverhalt zu klären, indem Sie genau nachfragen und sich vergewissern, dass Sie richtig verstanden haben, was Ihr Kritiker genau meint und will,
4. gemeinsam eine geeignete Lösung zu verabreden.

> **To Do: Prüfen Sie Ihre Gefühle und Reaktionen bei Kritik**
>
> Erinnern Sie sich bitte an einen Anlass, bei dem Sie kritisiert wurden. Wer die Kritik ausgesprochen hat, ist unerheblich – ein Kollege, Ihre Chefin, Ihr Partner oder eine Nachbarin.
>
> Lassen Sie nun vor Ihrem inneren Auge die Szene ablaufen: Wo fand sie statt? Wer war dabei? Was war vorausgegangen? Schreiben Sie, was Ihnen einfällt, in Stichwörtern auf.
>
> Und nun richten Sie Ihre Aufmerksamkeit auf das in dieser Aufgabe Wichtigste: Wie ist es Ihnen innerlich dabei ergangen? Was haben Sie gedacht, was gefühlt, als Sie die kritischen Worte über sich hörten? Welche Impulse hatten Sie? Und wie haben Sie dann reagiert?
>
> Schreiben Sie etwa zehn Stichwörter zu Ihren inneren Reaktionen auf Kritik auf und notieren Sie, wie Sie sich diese Empfindungen erklären.

Wahrscheinlich haben Sie sich an unangenehme Gefühle und Gedanken erinnert, möglicherweise stehen einige dieser im Folgenden genannten Reaktionen auf Ihrer Liste:

- Unbehagen, Ärger, Ungeduld
- Erschrecken, Angst, Panik, schnelleres Atmen
- Blut, das in den Kopf steigt
- Der Impuls, das kritisierte Verhalten abstreiten zu wollen
- Weghören oder aus dem Raum gehen wollen
- Inneres Rechtfertigen
- Das Gefühl, etwas falsch gemacht zu haben
- Schuldbewusstsein

- Sich klein und mickrig vorkommen
- In sich zusammensinken
- Wut auf den anderen, der Impuls laut zu werden

Folge bei Bedrohung

Vielleicht sind Ihnen aber auch Sätze eingefallen wie: „Bloß das jetzt nicht!", „Das will ich gar nicht hören", „Na und! Das ist doch nicht schlimm." Solche und ähnliche Reaktionen teilen Sie mit vielen anderen Menschen. Sie entstehen, wenn jemand sich bedroht fühlt. Und häufig wird Kritik, auch wenn sie anders gemeint ist, persönlich genommen und automatisch, das heißt schneller, als wir denken können, mit Bedrohung gleichgesetzt. Menschen reagieren auf Bedrohung mit Angriff, Flucht oder Erstarren. Dieses evolutionär erworbene Programm ist eingeschränkt und setzt sehr rasch ein. Es schützt damit vor lebensbedrohlichen Situationen, engt jedoch Ihre Handlungsfähigkeit im sozialen Umgang erheblich ein.

Tipp: Automatische Reaktionen schränken Sie ein

Jegliche Bedrohung, auf die Sie reagieren – ob sie real ist oder befürchtet – engt Ihre Wahrnehmung ein. Beschränkte Wahrnehmung führt zu gedanklichen Kurzschlüssen.

Wer plötzlich auf der Straße befürchten muss, geschlagen zu werden, richtet seine gesamte Aufmerksamkeit auf den Angreifer und die eigene Verteidigung – mit gutem Grund. Eine ganz ähnliche innere Verteidigungsbereitschaft wird durch soziale Kontakte hervorgerufen, die Sie als bedrohlich erleben, auch wenn das alte biologische Programm dabei nicht nützlich ist. Wenn Sie sich nämlich bei (befürchteten) verbalen Attacken nur auf Ihre Verteidigung konzentrieren, können Sie nicht so aufmerksam zuhören, dass Sie verstehen, worum genau es dem Kritiker geht.

Sie können auch nicht so gut entscheiden, welche Informationen Sie vielleicht noch brauchen, um vernünftig reagieren zu können. Und schlimmer: Ihre verbale Verteidigung wird von Ihrem Kritiker rasch gleichfalls als Angriff empfunden und schon erzeugen Sie beide – unbeabsichtigt – eine sich emotional aufheizende Spirale von Angriff und Gegenangriff. Wahrscheinlich kennen Sie solche Situationen.

Steuern Sie Ihre Reaktionen auf Kritik

Sich bei Kritik angegriffen zu fühlen, ist also aus biologischen Gründen weit verbreitet – diese Reaktionen zu steuern ist eine zivilisatorische Leistung. Wenn Sie lernen, diese automatischen Reaktionen zu kontrollieren, erwerben Sie kommunikative Kompetenz. Sie können trainieren, das reflexartig auftretende Bedürfnis, sich auf der Stelle zu verteidigen, aufzuschieben.

To Do: Üben Sie ein neues Denkprogramm ein

1. Stellen Sie sich noch einmal ganz detailliert eine Situation vor, in der Sie kritisiert werden.
2. Wenn Sie Ihre üblichen inneren Reaktionen auf Kritik lebhaft spüren, verweilen Sie einen Moment dabei und nehmen Sie sie genau wahr.
3. Schalten Sie jetzt ein neues inneres Denkprogramm ein, zunächst nur eine Haltung innerer Neugier, die beispielsweise sagt: „Aha, so fühlt sich das also an."
4. Und nun stellen Sie sich vor, Sie schieben alle diese Gedanken sanft zur Seite, etwa mit dem inneren Satz: „Okay, das erschreckt mich jetzt. Aber ich will doch erst einmal wissen, um was genau es geht."

Gehen Sie diese vier Schritte mehrmals innerlich durch.

Jetzt, nachdem Sie Ihre inneren Abläufe bei Kritik genau erkundet haben, können Sie sich vielleicht vorstellen, dass das Regulieren dieses kleinen inneren Aufruhrs Sie so beschäftigt, dass Sie währenddessen nicht aufnehmen, was Ihr Kritiker gerade sagt. Das führt dann leicht zu Missverständnissen, die in emotional aufgeladenen Situationen – und Kritik ist immer mit Emotionen verbunden – verschärfend wirken können.

Angemessen reagieren durch Mental-Training

Sie können sich mental auf unvorhergesehene Kritiksituationen vorbereiten, wenn Sie diese, wie in der Aufgabe oben beschrieben, einige Male im Kopf durchspielen. Die Wirkung erfahren Sie, wenn Sie das nächste Mal überraschend kritisiert werden. Dann ist eine zusätzliche neue Reaktionsweise angebahnt, die Sie jedes Mal verstärken, wenn Sie sie nutzen: Sie erschrecken innerlich weniger stark. Sie haben Distanz gewonnen und können auf Wahrnehmen und Zuhören umschalten.
Diese Methode nennt man Mental-Training. Sie wird auch im Hochleistungssport angewandt, z. B. beim Skisport. Inzwischen ist wissenschaftlich gut belegt, dass mentales Training messbare positive Auswirkungen auf die Zielsituation hat. Es wirkt, wie jedes andere Training, durch die stetige Wiederholung.

To Do: Planen Sie Ihr Trainingsprogramm

- Mit welcher Art von Kritiksituation wollen Sie besser umgehen lernen?
- Wer kritisiert Sie in dieser Situation?
- Wie genau wollen Sie stehen oder sitzen, wie Ihr Gegenüber ansehen?
- Welche Fragen wollen Sie stellen, um genau zu erfahren, was Sie besser machen können?
- Mit welchen Worten wollen Sie sich für die Kritik bedanken?

Spielen Sie Reaktionen durch

Wenn Sie Ihre Wunschreaktionen entworfen haben, stellen Sie sich diese imaginäre Szene regelmäßig vor, z. B. jeden Morgen im Aufzug oder jeden Montagmorgen, wenn Sie Ihren Schreibtisch aufschließen und Ihr Jokerbild sehen (siehe Seite 159 ff.). Sie haben Ihr Lernziel erreicht, wenn Sie in den meisten Kritiksituationen einen klaren Kopf behalten, neugierig sind, konzentriert zuhören, Ihr Gegenüber ausreden lassen, bevor Sie sich eine Antwort überlegen, den Sachverhalt klären und gemeinsam mit dem anderen eine Lösung vereinbaren.

To Do: Kritik fruchtbar machen

Wer Kritik äußert, will einem Problem abhelfen. Ein Problem liegt vor, wenn sich der tatsächliche vom gewünschten Zustand unterscheidet. Und so sollten Sie vorgehen:
- Betrachten Sie zunächst die sachlichen Aspekte der Information, die Sie durch die Kritik erhalten!
- Versuchen Sie herauszufinden, was der Kritikgeber mit seiner Kritik bezweckt.
- Verabreden Sie ein gemeinsames Ergebnis.

Nutzen Sie alltägliche Anlässe als Training

Durch Aufmerksamkeit in gewöhnlichen Gesprächen unterstützen Sie Ihr Trainingsziel, in Kritiksituationen souverän zu reagieren. Die folgende Übung können Sie immer wieder in Ihrem Alltag unterbringen. Sie verlieren dadurch keine Zeit und gewinnen Intensität.

Entscheiden Sie sich, den nächsten Gesprächsanlass, der sich bietet, besonders konzentriert zu nutzen; es kann ein beliebiges Gespräch sein, das nicht zu viel Aufmerksamkeit von Ihnen fordert. Anstrengung ist hierbei nicht hilfreich, nehmen Sie diese Aufmerksamkeitsübung experimentell und neugierig. Ihre Aufgabe besteht darin, genau zuzuhören und parallel dazu Ihre innere Reaktion auf das Gehörte wahrzunehmen – und dann zu *entscheiden*, wie Sie reagieren wollen.

Schieben Sie also jede sich automatisch aufdrängende Reaktion einen winzigen Moment auf, bis Sie merken, was Sie tun. Dadurch verlangsamen Sie den Dialog. Indem Sie dies trainieren, gewinnen Sie mehr innere Handlungsfreiheit, aus der heraus die Selbstsicherheit entsteht, die Ihnen dabei hilft, mit Kritik angemessen umzugehen.

Beispiel: Bei Kritik zuhören und nachfragen

Restaurantleiter: „Herr Vogelauer, es gibt ein Problem; Sie haben die Bestellungen vergessen!"
Simon Vogelauer (innerlich zu sich selbst): „Oh Schreck, jetzt wird er mir den Kopf waschen. Doch Moment! Erst mal hören, was er genau will."

Simon Vogelauer (laut): „Mh, ja, was genau fehlt?"
Restaurantleiter: „Die Bestellungen für heute Mittag fehlen. Von 72 vorbestellten Mittagessen hat die Küche erst 34 Menüwünsche vorliegen. Von zwei Seminaren fehlen offenbar die Menüzettel ganz."
Simon Vogelauer: „Ja, dass ein Menüzettel fehlt, ist richtig. Den habe ich noch nicht abgeholt. Das andere Seminar bekommt heute Lunchpakete. Das weiß der Küchenchef. Den fehlenden Menüzettel hole ich gleich."
Restaurantleiter: „Sagen Sie erst in der Küche Bescheid."

Handlungsbedarf festlegen

In diesem Beispiel hat ein allgemeiner und unpräziser Kritiksatz („Sie haben die Bestellungen vergessen!") unklare Befürchtungen ausgelöst. Durch genaues Nachfragen und Zuhören konnte aber geklärt werden, welcher hausinterne Ablauf schief gelaufen ist (Informationsfluss in der Küche) und wo unmittelbarer Handlungsbedarf besteht (fehlende Information einholen).

Verschiedene Arten von Kritik

Nach den vorigen Übungen sind Sie nun gut gewappnet, um zu unterscheiden, was Ihnen in Kritiksituationen entgegengebracht wird und wie Sie darauf reagieren können:

Art der Kritik	Reaktionen
Zutreffende Kritik	Zutreffende Kritik ist eine nützliche Rückmeldung: • Hören Sie zu, rechtfertigen Sie sich nicht. • Überprüfen Sie, was genau an dieser Kritik zutrifft. • Fragen Sie genau nach, was anders sein soll. • Fragen Sie, wie sich der Kritikgeber eine Verbesserung vorstellt. Zutreffende Kritik sollten Sie annehmen und entscheiden, was Sie daraus lernen.
Unzutreffende Kritik	Ob eine Kritik unzutreffend ist, können Sie erst entscheiden, wenn Sie zugehört und verstanden haben, was der Kritikgeber meint: • Hören Sie sehr gut zu, ohne sich zu rechtfertigen. • Sortieren Sie gemeinsam, was unstrittig ist. • Überprüfen Sie, was Sie verstanden haben, fragen Sie interessiert und neugierig nach. • Weisen Sie ruhig und sachlich zurück, was aus Ihrer Sicht nicht stimmt, beziehen Sie sich dabei auf Fakten. Wenn Sie die Sachlage gemeinsam besprochen haben, aber ein unklares Gefühl bleibt, fragen Sie sich, ob hinter der Kritik ein ungenanntes Thema verborgen sein könnte (z. B. Arbeitsüberlastung, Frustrationen, unklare Lage der Organisation wie Umstrukturierungen).

So reagieren Sie wirksam auf unsachliche Kritik

Diese Art von Kritik erfordert eine besondere Vorgehensweise:

- Entscheiden Sie, ob Sie darauf überhaupt reagieren wollen. Oft ist eine solche Kritik es nicht wert.
- Wenn es um ein wichtiges Thema geht: Entscheiden Sie, ob die unsachlichen Bemerkungen Ihres Gegenübers dazu dienen „Dampf abzulassen". In diesem Fall warten Sie ab und hören den sachlichen Anteilen genau zu. Sie können sich überlegen, was diese Unsachlichkeit veranlasst haben könnte.
- Scheint Ihnen die unsachliche Kritik ein gezielter Angriff auf Ihre Person zu sein oder steigert sich Ihr Kritiker immer mehr in seine Emotionen hinein, dann schaffen Sie Distanz, indem Sie sagen, dass Sie das Gespräch auf diese Art nicht weiterführen werden. Wenn das nicht hilft, verlassen Sie den Raum und kündigen Sie an, dass Sie später über das Thema informiert werden möchten – dann, wenn sich Ihr Gesprächspartner beruhigt hat.

Mehr zu diesem Thema erfahren Sie im Abschnitt über Reklamationsgespräche ab Seite 216.

Beispiel: Bei unsachlicher Kritik: innere Distanz schaffen

„Warum sind denn schon wieder alle meine Unterlagen verschwunden? Frau Hellerau! Sie können aber auch gar keine Ordnung halten!"
Assistentin (denkt): „Zeitdruck, klar; in zehn Minuten kommt ihr Taxi und die Vorbereitung wollte sie während des Flugs machen."
Assistentin (laut): „Was suchen Sie denn? Ihre Mappe haben Sie schon in die Garderobe gelegt und Ihre Sitzungsunterlagen sind hier auf meinem Schreibtisch."

Senderperspektive	Empfängerperspektive
• Wenn Sie lernen, bei Kritik ruhig zuzuhören und auf Rechtfertigungen (erst einmal) zu verzichten, dann gewinnen Sie an Gesprächskompetenz. • Ihre Gesprächspartner werden es schätzen, dass Sie mit Kritik sachlich umgehen können.	• Verbale Rundumschläge wie „gar keine", „immer", „nie" weisen auf eine emotionale Unruhe des Sprechenden hin. • Stärken Sie den sachlichen Aspekt, indem Sie auf Präzision bestehen. Unter Zeitdruck, wie im Beispiel, lässt sich keine Diskussion über Büroorganisation oder Arbeitsstil sinnvoll führen.

Was ist Ihre Stärke?

Auch Kritiksituationen werden von verschiedenen Menschen ganz unterschiedlich erlebt.

Wenn Sie überwiegend sehr nüchtern urteilen, macht es Ihnen wahrscheinlich weniger aus, kritische Bemerkungen über sich zu hören. Dann nützt es daran zu denken, dass andere Menschen gerade auf Kritik ganz anders reagieren können; seinen Sie also besonders aufmerksam, wenn Sie in der Rolle des Kritikers sind: Was Sie als knappes, sachliches Feedback einordnen, löst bei Ihrem Gegenüber vielleicht heftige emotionale Reaktionen aus, die Sie nicht erwartet haben (siehe Seite 167 ff.).

Reagieren Sie eher emotional, manchmal auch leicht beleidigt auf Kritik, können Sie üben, angemessener damit umzugehen. Kritik ist nicht zwangsläufig als persönlicher Angriff gemeint. Lernen Sie, persönliche und sachliche Anteile einer Kritik zu unterscheiden, und konzentrieren Sie sich im beruflichen Umfeld auf den sachlichen Aspekt der Kritik. Der Satz „Warum ist kein Kopierpapier da?" ist (auch) eine nüchterne Frage, die eine sachliche Antwort verdient. Bevor Sie grübeln, ob die Frage als Vorwurf gemeint ist, könnten Sie es mit präziser Auskunft versuchen: „Die Lieferung ist vier Tage überfällig und für morgen angekündigt. Im Kopierer, der im Erdgeschoss steht, liegt noch genug Papier für heute."

Was wird gebraucht?

Wenn andere Sie kritisieren, heißt das nicht, dass sie Sie nicht mögen. Auch Menschen, die Sie als Person sehr schätzen, können Grund dazu haben, mit Ihren Arbeitsergebnissen oder einzelnen Verhaltensweisen unzufrieden zu sein, oder Verbesserungsmöglichkeiten sehen, die Ihnen und dem Betrieb nützen könnten. Glücklicherweise ist niemand perfekt. Wenn Sie dann zunächst mit Interesse anhören, was andere Ihnen mitteilen möchten, können Sie möglicherweise viel über Ihre Wirkung auf Ihre Mitmenschen erfahren. Klären Sie auf jeden Fall genau, was Ihre Chefin oder Ihr Chef, Ihr Kollege oder Ihre Kollegin von Ihnen braucht. Möglicherweise ist es weniger, als Sie zunächst meinen.

Tipp: Kritik als Informationsquelle

Jemand, der kritisiert, sagt damit immer auch etwas über sich selbst, das Ihnen zur Orientierung dienen kann. Ihr Kritiker ist nicht nur interessiert daran, dass sich etwas ändert (sonst würde er nichts sagen), Sie erfahren auch etwas über seine oder ihre Vorlieben, Abneigungen, Anforderungen und Standards.

Was die Kritik, die Sie hören, mit Ihnen zu tun hat und was mit der Welt derer, die Sie kritisieren, können Sie in Ruhe für sich prüfen. Ebenso, was Sie eventuell an Ihrem Verhalten ändern möchten, um die Wirkung zu erzielen, die Sie anstreben.

To Do: Innere Distanz wahren

Trainieren Sie in Alltagssituationen, bei Kritik eine Ihnen förderliche innere Distanz zu wahren.

Konstruktiv Kritik üben

Fehler kommen vor. Und wenn alle Beteiligten daraus lernen, waren die verursachten Ungelegenheiten nicht vergeblich. Sie investieren also gut, wenn Sie Ihre Energie nicht in den Ärger stecken: Angemessene Kritik ist Fehlervorsorge.

Allerdings ist Kritik aus verschiedenen Gründen heikel. Niemand wird gern kritisiert und Kritik zu äußern ist ebenfalls für die meisten Menschen etwas Unangenehmes. Deshalb wird sie oft vermieden, auch von Menschen, die sich ansonsten ganz selbstsicher durch die Welt bewegen. Zusätzlich trägt mangelnde Übung dazu bei, Kritik auszuweichen: Was man nicht regelmäßig tut, beherrscht man nicht.

Erinnern Sie sich an die Aufgabe für Training 27 „Kritik annehmen können" auf Seite 168 (oder bearbeiten Sie sie jetzt). Denken Sie daran, welche Reaktionen und Impulse durch Kritik bei Ihnen ausgelöst werden. Diese Perspektive hilft Ihnen dabei, Kritik so zu geben, dass sie angenommen werden kann, ohne dass die Kritisierten sich in die Enge getrieben fühlen. Dann können Sie damit erreichen, was Sie erreichen wollen.

Training 28
Kritik an anderen – zur Verbesserung der Zusammenarbeit
Bitte notieren Sie vier Aspekte dazu, was angemessene Kritik Ihrer Ansicht nach im Berufsleben bewirken soll.

Lösung 28: Kritik an anderen – zur Verbesserung der Zusammenarbeit

Kritik im Berufsleben dient dazu,

* Fehler und Fehlerquellen aufzudecken,
* Verbesserungsmöglichkeiten zu prüfen,
* Lösungen zu finden,
* zukünftigen Fehlern vorzubeugen.

Wenn Ihre Kritik diesen Zielen dient, ist sie wesentlicher Bestandteil eines wirksamen Qualitätsmanagements; sie hilft, gute Arbeitsergebnisse zu gewährleisten, und fördert ein Klima, das von respektvoller Zusammenarbeit geprägt ist.

Allerdings kann Kritik nicht das Verhalten von Menschen verändern. Das können sie nur selbst tun. Mit respektvoller Kritik können Sie jedoch dazu beitragen, ihnen gute Gründe für das Verhalten zu liefern, das Sie sich wünschen.

Wie sieht Ihr Kritikstil aus?

To Do: Prüfen Sie Ihren Kritikstil

Überprüfen Sie anhand Ihrer Erfahrungen, wie Sie sich verhalten, wenn Sie andere kritisieren. Bitte erinnern Sie sich an eine Situation in den letzten vier Wochen, in der Sie jemanden kritisiert haben, und beantworten Sie für sich folgende Fragen:

* Wie haben Sie kritisiert?
* Was haben Sie damit beabsichtigt?
* Wie, glauben Sie, hat Ihre Kritik auf Ihr Gegenüber gewirkt?
* Haben Sie Ihre Absicht erreicht?

Haben Sie schon einmal ein Feedback zu Ihrem Kritikstil bekommen? Wie schätzen Sie ihn selbst ein?

Unausgesprochene Kritik

Wenn Kritik nicht ausgesprochen wird, oft mit der Absicht begründet, ein harmonisches Klima zu erhalten, wird so manches nicht gesagt, was gemeinsame Arbeitsergebnisse verbessern könnte. Doch Ungesagtes brodelt unter der Oberfläche, bindet Energie und wirkt kontraproduktiv. Scheuen Sie sich deshalb nicht, klar und deutlich anzusprechen, was Sie an Verbesserungsbedarf sehen. Wenn Sie dazu neigen, alles, was als Kritik aufgefasst werden könnte, sehr vorsichtig zu äußern, dann sollten Sie nachfragen, wie Sie verstanden wurden.

Vergewissern Sie sich, ob Ihre Äußerung überhaupt als Kritik wahrgenommen wurde. Im Kapitel „So vermeiden Sie die sechs häufigsten Hürden in Gesprächen" (siehe Seite 26 ff.) ist beschrieben, wie Sie überprüfen können, was von Ihrer Kritik angekommen ist.

Außer dem oben beschriebenen Zuwenig gibt es auch ein Zuviel an Kritik. Manche Menschen kritisieren ausführlich, gerade weil sie an die Konsequenzen fehlerhafter Arbeit denken und sich Sorgen machen, es könne etwas schief gehen. Falls dies Ihr Stil ist, machen Sie sich vor einer kritischen Äußerung klar, was Sie erreichen wollen. Klar und unmissverständlich einen Verbesserungsbedarf anzusprechen ist nützlich. Doch hören Sie auf zu kritisieren, sobald der andere verstanden hat, was Sie wollen.

Tipp: Wertschätzende Kritik

Wie für Feedbacks gilt hier entsprechend: Wenn Sie Kritik äußern, transportieren Sie nicht nur den Sachinhalt. Ihre Einstellung wird mitgehört. In einem Klima gegenseitiger Achtung und Wertschätzung wird Kritik leichter angenommen, weil dem Betreffenden klar ist, dass sie der Verbesserung des gemeinsamen Arbeitsergebnisses dient.

Kritik als Feedback verstehen

Es ist dem Zusammenleben und Zusammenarbeiten zuträglich, Kritik nicht zu fürchten oder auszuklammern, sondern zu lernen, Kritik als eine spezielle Form des Feedbacks zu sehen: als Information, die willkommen ist, wenn sie respektvoll, freundlich und mit einer Haltung des Verbessern-Wollens geschieht. Dabei nützt es mehr, genau zu beschreiben, was Sie anstreben, als zu betonen, was alles nicht gelungen ist. Sie wollen ja niemanden demütigen, sondern für Verbesserungen die richtigen Bedingungen herstellen. Ebenfalls nützt es einem guten Ergebnis zu würdigen, was gelungen ist.

Richtet sich Ihre Kritik an jemanden, der sich durch Verbesserungsvorschläge persönlich gekränkt fühlt, weisen Sie ausdrücklich auf das Ziel der Kritik hin: Es geht um Verbesserung! Und überlegen Sie, wann Sie zuletzt Ihre Grundeinstellung ausgedrückt haben. Ein Mitarbeiter, der sich grundsätzlich geschätzt weiß, ist Kritik gegenüber offener.

Konstruktive Kritik in drei Schritten

Bedenken Sie mindestens die im Folgenden aufgeführten drei Schritte, wenn Sie Kritik konstruktiv äußern wollen:

Checkliste: Kritik äußern – in drei Schritten	
1. Schritt: Beschreiben Sie den *Sachverhalt*, um den es Ihnen geht, möglichst sofort oder sobald wie möglich.	
2. Schritt: Drücken Sie *danach* erst Ihre Erwartung, Ihre Reaktion, Ihr Bedürfnis aus und vermeiden Sie dabei Vorwürfe, Verallgemeinerungen, Vermutungen.	
3. Schritt: Präzisieren Sie, welches Verhalten Sie sich wünschen.	

Versetzen Sie sich in die Lage eines Mitarbeiters einer großen Firma. Sie erwarten Gäste zu einer Besprechung, die in 15 Minuten beginnt. Als Sie den Besprechungsraum betreten, sehen Sie, dass er nicht ordentlich vorbereitet ist. Ihre konstruktive Kritik an die zuständige Person sollten Sie an den beschriebenen drei Schritten orientieren. Idealerweise könnten Sie dabei so vorgehen:

1. Schritt: Sachverhalt beschreiben

„Eben war ich im Besprechungsraum 2 und habe gesehen, dass er noch nicht fertig hergerichtet ist."

2. Schritt: Erwartung klar ausdrücken

„Ich erwarte Gäste zur Sitzung um 14 Uhr und dieser Zustand entspricht nicht meinen Anforderungen."

3. Schritt: Präzisieren des erwünschten Verhaltens

„Bitte sorgen Sie dafür, dass der Tisch gereinigt und eingedeckt wird, kalte und warme Getränke für sechs Personen zur Verfügung stehen und ein Block Flipchart-Papier bereitliegt." Der Verzicht auf jeglichen Vorwurf macht es dem Adressaten leicht, darauf hinzuweisen, dass z. B. ein anderer als der vorgesehene Raum bereits fertig und ebenso geeignet ist.

Konstruktive Kritik – erweitert auf fünf Schritte

Wenn Sie die beschriebenen drei Schritte beherrschen, können Sie noch präziser dafür sorgen, dass Ihre Kritik auf fruchtbaren Boden fällt, indem Sie diese um zwei Schritte ergänzen:

* Überprüfen Sie vorher, inwieweit Sie an dem zu kritisierenden Sachverhalt beteiligt sind.
* Schließen Sie Ihre Kritik damit ab, dass Sie die Auswirkungen des zu kritisierenden Sachverhalts besprechen und gemeinsam mit der anderen Person Abhilfe vereinbaren.

Checkliste: Kritik äußern – in fünf Schritten	
1. Schritt: Überprüfen Sie für sich, ob das, was Sie kritisieren wollen, durch Ihr Verhalten mitbedingt ist.	
2. Schritt: Beschreiben Sie den Sachverhalt möglichst bald und beziehen Sie Ihre Kritik auf ein beobachtetes Verhalten oder auf eine geforderte Leistung.	
3. Schritt: Drücken Sie danach erst Ihre Erwartung oder Ihr Bedürfnis aus, ohne Vermutungen, Verallgemeinerungen oder Vorwürfe.	
4. Schritt: Präzisieren Sie, welches Verhalten Sie erwarten, und sagen Sie ganz konkret, welche Standards oder Vereinbarungen Ihr Gegenüber nicht erfüllt hat.	
5. Schritt: Besprechen Sie, wenn nötig, die Auswirkungen des kritisierten Verhaltens und erarbeiten Sie, möglichst gemeinsam, Lösungsmöglichkeiten.	

Bezogen auf das obige Beispiel könnten Sie die erweiterte Kritik folgendermaßen formulieren:

1. Schritt: Selbstüberprüfung

„Habe ich klar und deutlich gesagt, dass ich Besuch von außerhalb erwarte und dafür einen repräsentativen Besprechungsraum brauche?"

2. Schritt: Sachverhalt beschreiben

„Eben war ich im Besprechungsraum 2 und habe gesehen, dass er noch nicht fertig hergerichtet ist."

3. Schritt: Erwartung klar ausdrücken

„Ich erwarte Gäste zur Sitzung um 14 Uhr und dieser Zustand entspricht nicht meinen Anforderungen."

4. Schritt: Präzisieren des erwünschten Verhaltens

„Bitte sorgen Sie dafür, dass der Tisch gereinigt und eingedeckt wird, kalte und warme Getränke für sechs Personen zur Verfügung stehen und ein Block Flipchart-Papier bereitliegt."

5. Schritt: Lösungsmöglichkeit für die Zukunft und Bitte um Alternativvorschlag

„Ich bitte Sie darum, zukünftig besonders, wenn externe Gäste erwartet werden, dafür zu sorgen, dass der Raum eine Viertelstunde vor Beginn des Treffens fertig ist. Glauben Sie, dass das möglich ist, oder haben Sie einen anderen Vorschlag?"

Ursachenforschung zurückstellen

Kritiksituationen eignen sich weder für Ursachenforschung noch für Rechtfertigung, insbesondere nicht in einer Situation, in der die Zeit drängt, wie im Beispiel kurz vor Beginn einer Besprechung. Zu einem späteren Zeitpunkt wäre von den beiden Beteiligten gemeinsam zu klären, wie der geforderte Standard sichergestellt werden kann. In der kritischen Situation selbst geht es erst einmal darum, eine schnelle und pragmatische Lösung zu finden.

Auf Ihre innere Haltung kommt es an

Auch wenn Sie Kritik aussprechen, kommt es letztlich auf Ihre Haltung an. Wenn Sie als Vorgesetzte oder als Kollege so erlebt werden, dass es Ihnen auf das gute Arbeitsergebnis ankommt und nicht darauf, Fehler von Mitarbeitern anzuprangern und Recht zu haben, dann werden auch vereinzelte Vorwürfe verziehen, die im Entscheidungsgalopp schon hin und wieder passieren können.

Tipp: Kritik zeitlich begrenzen

Diskutieren Sie nicht, was nicht zu ändern ist. Und beschränken Sie die Dauer Ihrer Kritik auf maximal zwei Minuten, das fördert die Sachlichkeit. Hören Sie dann, was der andere zu sagen hat.

Wenn Sie den Eindruck haben, mit zwei Minuten Zeit für die Kritik nicht auszukommen, sollten Sie sich klar machen,

- dass bezogen auf einen einzelnen Anlass zu viel Kritik mehr schadet als nutzt, auch weil Sie dann eher in Vorwürfe abgleiten könnten,
- dass die Vergangenheit nicht änderbar und es unfair und unwirksam ist, alle Verfehlungen der letzten Jahre anlässlich eines einzelnen Vorfalls auf den Tisch zu bringen,
- dass Sie möglicherweise so sehr mit eigenen Emotionen beschäftig sind, dass Sie diese erst einmal für sich oder mit wohlwollenden Dritten klären sollten,
- dass ein Grundsatzgespräch notwendig sein könnte; ein solches sollten Sie jedoch vorher ankündigen, sodass allen Beteiligten Vorbereitung möglich ist; sorgen Sie in diesem Fall für passende Rahmenbedingungen.

Kritik von selbstkritischen Menschen

Kritik ist besonders dann wirkungsvoll, wenn sie von Menschen kommt, die zur Selbstkritik fähig sind. Wer bereit ist, das eigene Handeln überprüfen zu lassen, und wer am eigenen Verbesserungspotential arbeitet, kann mit personaler Autorität Kritik aussprechen. Kritik wertet. Werten und Beurteilen gehören zu den menschlichen Grundfähigkeiten und sind in Führungspositionen unerlässlich. Der Begriff „Kritik" bedeutet auch „Unterscheidungsvermögen". Wenn es Ihnen gelingt, das Nützliche, das es zu erhalten gilt, zu unterscheiden vom Verbesserungsbedarf, den Sie sehen, tragen Sie mit Ihrer Kritik zur Qualitätsentwicklung Ihres Unternehmens bei.

Tipp: Konstruktive Kritik verbessert die Arbeitsergebnisse

Wirksames Qualitätsmanagement lebt von einer Haltung, die zuerst feststellt und würdigt, was gut funktioniert, denn das ist es wert, beibehalten und gepflegt zu werden. Auf dieser Basis kann gekonnte Kritik wirken.

Unangenehme Nachrichten mitteilen

Manche Gespräche sind schwierig, nicht weil sie Kritik erfordern, sondern weil der Gesprächsgegenstand unerfreulich oder unangenehm ist. Wenn Sie disziplinarisch oder fachlich für Kollegen verantwortlich sind, werden Sie unvermeidlich mit Umständen konfrontiert, die es von Ihnen erfordern, schlechte Nachrichten zu überbringen oder Unangenehmes aussprechen zu müssen. Im Folgenden geht es um Situationen wie

- Kündigungen aussprechen,
- Anträge auf Urlaub, Fortbildung ablehnen,
- Wünsche nach Gehaltserhöhung oder anderem Aufgabenzuschnitt ablehnen,
- Änderungen bei Zuständigkeiten mitteilen,
- unbeliebte Aufgaben zuteilen,
- andere auf unangenehme Eigenschaften hinweisen.

Training 29
Unveränderbare Entscheidungen übermitteln

Bitte versetzen Sie sich nun in folgende Situation: Sie haben vor wenigen Wochen eine neue Stelle angetreten. Aus der Zeitung erfahren Sie, dass Ihr Unternehmen zehn Prozent der Mitarbeiter entlassen wird. Da Sie noch in der Probezeit sind, wissen Sie, dass Sie dazugehören werden.

Bitte notieren Sie in Stichworten, wie Sie über diese Tatsache informiert werden wollten.

Lösung 29: Unveränderbare Entscheidungen übermitteln

Wenn es darum geht, Nachrichten zu unveränderbaren Tatsachen zu übermitteln, die für den Empfänger von negativer Bedeutung sind, sollten Sie darauf achten,

* dass das so bald wie möglich geschieht,
* dass Sie die Nachricht, wenn irgend möglich, persönlich überbringen,
* dass Sie gewappnet sind, Emotionen, die solch eine Mitteilung auslöst, auszuhalten.

Mit dieser Aufgabe haben Sie die Perspektive gewechselt, um zu ermessen, was in solch einer Lage aus Empfängersicht wichtig ist. Diesen unentbehrlichen Aspekt Ihrer Kommunikationskompetenz haben Sie in den vorausgehenden Kapiteln schon häufig üben können. Ein Perspektivenwechsel hilft generell, sich auf das einzustellen, was auf einen zukommt. Die folgenden vier Schritte leiten Sie durch ein Gespräch, in dem Sie eine unangenehme Nachricht aussprechen müssen.

So bald wie möglich

Überbringen Sie die schlechte Botschaft so bald irgend möglich. Aufschub macht es für Sie nicht besser, für den Empfänger aber entscheidend schlechter.

Persönlich überbringen

Schlechte Botschaften per E-Mail oder Brief mitzuteilen wird als Respektlosigkeit übel genommen. Auch wenn die Tatsachen hart sind und Sie selbst mitentschieden haben, stehen Sie dazu – ohne Rechtfertigung, z. B.: „Ich weiß, dass Ihnen das nicht gefallen wird. Sie werden versetzt. Und ich habe diese Entscheidung mitgetragen."

In Entwicklungsprozessen von Organisationen müssen unumgängliche Änderungen bei Zuständigkeiten, Arbeitsabläufen und Arbeitsbedingungen realisiert werden, die für die Betroffenen meist unbequem und immer beängstigend sind. Solche Beschlüsse schriftlich mitzuteilen verschlechtert die Akzeptanz derjenigen, die das Geforderte umsetzen müssen, und gefährdet damit das Gelingen des Change-Prozesses.

Benennen Sie die Fakten klar und vergewissern Sie sich, ob die Nachricht angekommen ist. Wenn sie sehr gravierende negative Auswirkungen für den Empfänger mit sich bringt, äußern Sie ruhig Ihre eigenen Gefühle – kurz und ehrlich. Authentische Anteilnahme hilft, den Schock zu bewältigen.

Emotionen ertragen

Wenn Sie Ihre Nachricht überbracht haben, besteht Ihre Aufgabe darin zuzuhören. Sie können nicht vorhersehen, welche emotionale Reaktion die Nachricht auslösen wird, Unglauben, Verleugnen oder Wut, nur *dass* der Empfänger emotional reagieren wird, ist gewiss. Ihre Aufgabe ist es jetzt, Platz zu lassen für diese innere Bewegtheit. Auch dann, wenn sie sich gegen Sie als Boten der schlechten Nachricht wendet, sollten Sie die Existenz der Gefühle würdigen. Schon die Anerkennung, dass es berechtigt ist, mit Ärger, Feindseligkeit, Wut oder Trauer auf schlimme oder ungünstige Bescheide zu reagieren, deeskaliert die aktuelle Situation (siehe Seite 55).

Kleiner Schritt zur Realitätsbewältigung

Schließen Sie diese Situation mit einem ersten kleinen Schritt zur Realitätsbewältigung ab. Vergewissern Sie sich zunächst, dass Ihr Gegenüber die unangenehmen Tatsachen verstanden hat. Je gravierender die zukünftigen Folgen, desto wichtiger ist es, dass Sie sich dessen vergewissern. Dann sollten Sie Ihren Gesprächspartner bei der Frage danach unterstützen, wie es im unmittelbaren Alltagsgeschehen weitergeht. Folgende Formulierungen können sich dafür eignen:

- „Wissen Sie schon, wie Sie sich darauf einstellen werden?"
- „Was werden Sie als Nächstes tun?"
- „Wie soll es in der Abteilung bekannt gemacht werden? Soll ich das tun?"
- „Wie kann ich Ihnen in dieser Lage helfen?"

- „Wie kommen Sie nach Hause?"
- „Soll ich jemanden aus Ihrer Familie anrufen?"

Die vier Schritte nochmals im Überblick:

Senderperspektive	Empfängerperspektive
1. Schritt: Entschließen Sie sich, die schlechte Nachricht so bald wie möglich mitzuteilen. **2. Schritt:** Tun Sie das unbedingt persönlich: • Nennen Sie die Tatsachen ohne Umschweife beim Namen. • Stehen Sie zu Ihrem Anteil am Geschehen. • Äußern Sie kurz und ehrlich Ihr Gefühl. =>	
	3. Schritt: Hören Sie den Reaktionen auf die ungute Nachricht zu. Lassen Sie Platz für die emotionalen Äußerungen des Adressaten. Es ist an ihm, die schlechte Nachricht zu verarbeiten. Sie unterstützen, indem Sie seine Gefühle aushalten und Ihre eventuelle Bewegtheit zurückstellen. <=
4. Schritt: Vergewissern Sie sich, dass die Fakten angekommen sind. Der Adressat soll die Nachricht verstehen – er muss nicht zustimmen. Leiten Sie erste kleine Schritte ein, um die Situation zu bewältigen.	

Unangenehme Eigenheiten ansprechen

Zu viel Parfüm, zu viel Schweiß, zu viel Mundgeruch: Wenn Menschen, mit denen Sie zusammenarbeiten, unangenehm riechen, ist die Mitteilung dieses Umstands zwar nicht unbedingt von unmittelbarer, einschneidender Bedeutung für das Leben des Empfängers. Gleichwohl können solche Eigenheiten den Prozess und das Ergebnis der gemeinsamen Arbeit beeinträchtigen, etwa bei einem Bühnenensemble. Wenn Sie etwas, das Sie stört, zur Sprache bringen, tragen Sie aktiv dazu bei, den Umgang miteinander angenehmer zu gestalten. Als Führungskraft können Sie gebeten werden, ein solches Problem anzusprechen. Stellen Sie sich auch hier wieder die Frage: Wie ginge es mir in einem solchen Fall?

To Do: Wie wollen Sie selbst informiert werden?

Versetzen Sie sich in die Lage, dass Sie, ohne es zu wissen, an Mundgeruch litten. Wie wollten Sie darüber informiert werden?

Gegebenenfalls könnte Ihnen wichtig sein,

- dass Sie überhaupt informiert werden,
- dass die Einstellung desjenigen, der Ihnen die Mitteilung macht, besagt: „Das kommt vor, ist nichts Dramatisches",
- dass Sie solch eine Mitteilung lieber von einer vertrauten Person hören.

Die Mitteilung hilft dem Betreffenden

Womöglich empfinden Sie diese Themen als peinlich, weil menschliche Gerüche wie alle Ausscheidungen private Themen sind. Machen Sie sich jedoch klar, dass Ihre Mitteilung es dem Betroffenen ermöglicht, etwas zu ändern, was ihm unangenehm ist. Daher fällt es leichter, derartige Dinge anzusprechen, wenn man ein wenig miteinander vertraut ist. Finden Sie dabei unbedingt Ihre persönliche Formulierung. Die eigene Befangenheit überträgt sich weniger, wenn Sie sich vorab Ihre Einstellung klar machen: Es geht nicht um etwas Gravierendes, eher um einen – vielleicht sogar beiläufigen – Hinweis, für den der Adressat wahrscheinlich dankbar ist. Hier einige Anregungen:

- „Willst du ein Lakritz? Du riechst aus dem Mund."
- „Weiß du, dass du manchmal stark nach Schweiß riechst? Jetzt zum Beispiel."
- „Ihr Schweiß riecht sehr stark. Ich sage Ihnen das, damit Sie etwas dagegen tun können."

Wahrscheinlich wird die Antwort sein: „Danke, dass Sie mich informiert haben."

Offensives Vorgehen

Falls Sie selbst befürchten, Ihre Mitmenschen durch Gerüche zu stören, gehen Sie offensiv vor: „Zurzeit besteht bei mir die Gefahr von Mundgeruch. Bitte, machen Sie mich darauf aufmerksam, falls Sie das einmal bemerken, ich werde dann ein Pfefferminzbonbon lutschen."

Wenn unterschiedliche Interessen kollidieren: Konflikte sind normal

Bisher haben Sie in diesem Kapitel abgrenzbare Einzelsituationen trainiert: den Umgang mit Angriffen, mit Kritik und mit unangenehmen Nachrichten. Auch diese Situationen werden mitunter als Konflikt bezeichnet – vielleicht, weil dabei auf der inneren Bühne der Beteiligten gegensätzliche Gefühle ausgelöst werden.

Konflikt bedeutete ursprünglich „Zusammenstoß der Waffen" (lat. „arma confligere"), also Kriegslärm. Der Begriff steht heute im Alltagsgebrauch für Streit, Kampf, Auseinandersetzung; in der Bedeutung schwingt Uneinigkeit, Gegensätzlichkeit, Unvereinbarkeit mit. Im Konflikt stoßen Ansprüche aufeinander, die Beteiligten erleben sich als beeinträchtigt. Konflikte sind also Probleme oder Aufgaben, die zwischen Menschen entstehen, die miteinander zu tun haben, und die es zu lösen gilt. Nicht alles, was als Konflikt bezeichnet wird, verdient diesen Namen. Es ist sinnvoll, Konflikte von Meinungsdifferenzen, Missverständnissen, Spannungssituationen, Missstimmungen und Antipathien zu unterscheiden. Ein Konflikt ist auch etwas anderes als Kritik.

Training 30
Klärende Konfliktgespräche führen

Sie haben bisher einige Erfahrungen mit Gesprächen reflektiert, in denen unterschiedliche Interessen vertreten werden. Was scheint Ihnen besonders wichtig, wenn Sie sich auf ein Konfliktgespräch vorbereiten? Erinnern Sie sich auch an Gespräche, in denen Sie Konflikte klären konnten: Welche Verhaltensweisen haben dazu beigetragen?

Lösung 30: Klärende Konfliktgespräche führen

Folgende Aspekte tragen dazu bei, Interessenskonflikte einvernehmlich zu klären:

* Die eigenen Interessen klar und ohne Vorwurf ausdrücken

- Verstehen, was die Interessen der anderen Seite sind, genau zuhören und ausdrücklich würdigen
- Gemeinsam eine Regelung zu beiderseitigem Nutzen finden
- Rahmen: nicht zwischen Tür und Angel, aber auch hier klare Zeitbegrenzung
- Selbstsicher und klar auftreten, weder unterwürfig noch moralisierend oder mit wildem Willen zum Sieg

So lösen Sie Konflikte konstruktiv

Wenn Menschen miteinander arbeiten, sind Konflikte zu erwarten; hier wird ihre Unterschiedlichkeit deutlich. Unterschiedliche Definitionen und Auslegungen von Grenzen kommen im beruflichen Alltag regelmäßig vor. Nur wenn alles sehr strikt und starr geregelt ist, gibt es keine offenen Konflikte. Freiheit und Konflikt gehören zusammen und machen Verhandeln nötig. Konflikt und Verhandlung gehören zum Berufsalltag, dabei setzt Kooperationsfähigkeit Verhandlungswillen voraus. Da auch Konflikte emotionsgetränkt sein können und unter Umständen eskalieren, weil Ursache und Wirkung bei den entstandenen Verwicklungen nicht mehr zu unterscheiden sind, ist es sinnvoll, den Fokus dabei auf die Lösungsmöglichkeiten zu richten. Sie können konstruktive Konfliktlösungen dadurch fördern, dass Sie

- das Problem mit allen Beteiligten gemeinsam angehen, denn wer nicht beteiligt ist, wird das Ergebnis nicht gern akzeptieren;
- die Gefühle aller Beteiligten – auch Ihre eigenen – wahrnehmen und verstehen; artikulieren Sie Ihre mit dem Konflikt verbundenen Gefühle und gestatten Sie das der Gegenseite auch, dann können Sie sich besser der Sache selbst zuwenden;
- widersprechende Meinungen und unterschiedliche Ansichten miteinander besprechen und abwägen, sodass jeder der Beteiligten sich gewürdigt sieht;
- kooperativ eine Lösung anstreben, die für alle Beteiligten annehmbar ist, indem Sie gemeinsam nach Vorteilen für beide Seiten Ausschau halten.

Strategie zur Lösung von Konflikten

Auch auf berufliche Konflikte können Sie die Sechs-Schritte-Strategie zur Problemlösung des amerikanischen Psychologen Thomas Gordon (1977) anwenden, die auf eine bestmögliche Lösung für beide Seiten zielt:

1. Das Problem definieren

- Machen Sie eine Bestandsaufnahme und formulieren Sie das Problem sachlich und ohne vorab zu bewerten.
- Einigen Sie sich auf eine Problemformulierung, mit der alle Beteiligten einverstanden sein können. Das ist sehr wichtig, weil Sie damit die Sichtweisen aller Beteiligten gleichermaßen wertschätzen.
- Tragen Sie gemeinsam zusammen, an welchen Symptomen das Problem sichtbar wird und was stattdessen sein sollte.
- Welches sind die unterschiedlichen Standpunkte dazu? Sorgen Sie dafür, dass diese gut verstanden werden. Benennen Sie auch Gemeinsamkeiten und offene Fragen. Sind mehrere Themen zu klären, machen Sie eine Rangliste.

> **Tipp: Der erste Schritt – sich gegenseitig anhören und verstehen**
>
> Nehmen Sie sich ausreichend Zeit für den ersten Schritt. Das Ziel ist, sich gegenseitig zu hören und zu verstehen. Oft wird während des Bemühens, das Problem zu definieren, deutlich, dass es anderswo liegt, als Sie bisher meinten. Nehmen Sie hier die Grundhaltung sehr ernst, dass andere gute Gründe dafür haben, Dinge anders als Sie zu betrachten. Die Qualität einer Lösung liegt in der ausreichenden Analyse.

2. Lösungsmöglichkeiten entwickeln

Sammeln Sie zunächst eine große Zahl möglicher Alternativen, ohne sie zu bewerten. Dazu können Sie die Methode des Brainstormings nutzen. Wichtig dabei ist, erst zu erfinden und dann zu entscheiden. Der Schritt des kreativen Entwickelns ergibt mehr Material, wenn er vom Bewerten getrennt wird. Sammeln Sie auch, was dabei an Vorschlägen zur Umsetzung, zu Abwandlungen, zu Einzelheiten entsteht – gleichfalls erst einmal ohne zu bewerten.

3. Bewerten der alternativen Lösungen

- Bewerten Sie gemeinschaftlich die alternativen Lösungen. Machen Sie sich hierbei Ihre gemeinsamen Absichten und Interessen klar.
- Suchen Sie nach einer Regelung zu beiderseitigem Nutzen und sorgen Sie dafür, dass jede der Parteien im Ergebnis etwas von Ihren Vorschlägen und Interessen wiedererkennt.
- Prüfen Sie gemeinsam die Lösungsmöglichkeiten auf ihre Funktionsfähigkeit.

Wenn es sich um weitreichende Konflikte handelt, können Sie in Betracht ziehen, hiernach die Besprechung zu beenden und für die nächsten Schritte einen neuen Termin zu vereinbaren. Das kühlt auch emotionales Verstricktsein ab.

4. Entscheidung treffen

- Formulieren Sie die Entscheidung.
- Überprüfen Sie die Zustimmung der Beteiligten.
- Besprechen Sie alle Details der Lösung und fragen Sie nach, ob alle Beteiligten es richtig verstanden haben.
- Halten Sie die ausgewählte Lösung schriftlich fest.

5. Entscheidung ausführen

Stellen Sie fest, welche Schritte in welcher Reihenfolge zu unternehmen sind: Wer tut was wann?

6. Entscheidung bewerten

Vereinbaren Sie einen Zeitpunkt, zu dem Sie gemeinsam die Entscheidung und die bis dahin bereits sichtbaren Konsequenzen überprüfen. Verabreden Sie unter Umständen auch, dass dann eine Revision der Entscheidung in beiderseitigem Einverständnis möglich ist.

Tipp: Visualisieren Sie den Lösungsprozess

Unterstützen Sie den Problemlösungsprozess, indem Sie die einzelnen Schritte und Ergebnisse visualisieren. Das hilft allen Beteiligten, sachorientiert zu diskutieren. Es macht unmittelbar die Wertschätzung jedes Lösungsbeitrags sichtbar. Und die uneinigen Parteien reagieren eher auf das Sachproblem auf dem Flipchart – und nicht aufeinander. Durch Visualisieren der einzelnen Schritte im Problemlösungsprozess fördern Sie die Konzentration auf und die Orientierung an der Sache, um die es geht.

Grundsätze zur Art und Weise, Konflikte zu verhandeln

- Unterscheiden und trennen Sie Menschen und Probleme im Konflikt: Sie können klar und fest in der Sache sein und freundlich im Umgang. Dass Ihr Gesprächspartner eine Ihnen widerstrebende Ansicht vertritt, heißt nicht, dass Sie ihn abwerten und unhöflich behandeln sollten.
- Nehmen Sie die Sichtweisen und Vorstellungen der Gegenseite präzise wahr: Versetzen Sie sich in die Sichtweise der Gegenseite. Akzeptieren Sie diese ausdrücklich. (Das heißt nicht, ihr inhaltlich zuzustimmen, sondern das Recht zuzugestehen, dass jemand das so sehen darf [siehe Seite 55].) Vermeiden Sie Schuldzuweisungen. Leiten Sie aus Ihren Befürchtungen keine Spekulationen über mögliche Absichten Ihrer Kontrahenten ab.

To Do: Trainieren Sie den Wechsel der Perspektive

Sie können diesen Aspekt vorbereiten, indem Sie vorab innerlich den Perspektivenwechsel trainieren. Fragen Sie sich deshalb vor dem Konfliktgespräch:

- Wie sehe ich das Problem, wenn ich mich in die Lage des anderen versetze? Wie würde ich die Sache beurteilen, was wäre mir wichtig, wenn ich diesen Aufgabenbereich leiten, diese Interessen vertreten müsste?
- Was ist meine eigene Sichtweise? Was sind meine Interessen? Was ist mir wichtig?
- Wie würde ein Außenstehender diesen Konflikt beurteilen?

- Sorgen Sie dafür, dass die Gefühle der Beteiligten deeskalieren können: Konflikte laufen meist nicht rational ab, sondern sind von (heftigen) Emotionen begleitet, besonders dann, wenn persönliche Werte betroffen sind. Lassen Sie Gefühle zu; wenn Sie unbenannt im Raum sind, sprechen Sie sie an. „Dampf ablassen" kann vorkommen und ist nicht dramatisch – wenn Sie nicht auf der gleichen Schiene antworten. Oft hat das Benennen einen ähnlichen Effekt. Fördern Sie einen fairen Kommunikationsstil, indem Sie auf gemeinsame Ziele hinweisen und häufig Rückmeldung über das Gehörte geben.
- Mit folgender Methode können Sie die Achtung vor den Bedürfnissen der Gegenseite besonders wirksam ausdrücken. Sie können sie dann anwenden, wenn Sie emotionaler Eskalation vorbeugen wollen. Übernehmen Sie es, ausdrücklich die Interessen der Gegenseite zu benennen, sagen Sie in Ihren Worten, was Sie von den Interessen der Gegenseite verstanden haben. Stellen Sie dabei Ihre eigenen Ansichten zurück und konzentrieren Sie sich nur auf die Perspektive der Gegenseite.

Beispiel: Der Eskalation vorbeugen

„Wenn ich Sie richtig verstanden habe, geht es Ihnen darum, die Arbeit an den Betriebskostenabrechnungen vorzuziehen, damit im Juni kein Engpass entsteht. Ist das so richtig?"
„Ja."
„Sie wollen also dafür zwei Mitarbeiter zusätzlich, und zwar jetzt im Februar. Stimmt das so?"
„Ja, für vier Wochen insgesamt, im Februar und März."
„Und Sie meinen, diese vorübergehend zusätzlichen Mitarbeiter sollten aus unserer Abteilung abgezogen werden?"
„Das muss nicht sein. Dafür spricht, dass sie am besten eingearbeitet sind und deshalb am schnellsten damit fertig würden. Es könnten auch andere machen, wenn wir ihnen mehr Zeit geben."
„Verstehe ich Sie dann richtig, dass es Ihnen am wichtigsten ist, spätestens im März die Betriebskostenabrechnungen abgeschlossen zu haben?"
„Ja, genau. Damit hätten wir mehr Kapazitäten frei für die Kunden, die erfahrungsgemäß erst im Mai kommen."

Die Wirkung von Wiederholungsschleifen

Diese Wiederholungsschleifen wirken sich unmittelbar aus: Sie verlangsamen das Geschehen und verhindern aufgrund der genauen Rückfragen, dass sich die Situation emotional auflädt, weil sich die Beteiligten auf etwas beziehen, was sie für unsinnig, falsch oder ihren Interessen widersprechend einschätzen. Das Wiederholen des Gehörten zielt zunächst auf genaues Verstehen der Ansicht des Gesprächspartners. Er muss erst zu verstehen geben, ob er meint, richtig wiedergegeben worden zu sein, bevor die Diskussion weitergeht. Wenn sich die Atmosphäre aufgeheizt hat, deeskalieren Sie den Konflikt, indem Sie einem Argument nicht sofort inhaltlich begegnen, sondern zunächst umschreiben und in eigenen Worten wiedergeben, was Sie verstanden haben.

Damit geben Sie Gegenargumenten Gewicht und diese Art der Würdigung entspannt den Sender – er kann seinerseits aufs Zuhören umschalten. Ohne diese ausdrückliche Spiegelung des Verständnisses können Zweifel entstehen, ob denn ein Argument überhaupt angekommen ist. Wenn der Sender dem dann mehr Nachdruck verleihen will, kann er nicht gleichzeitig richtig zuhören und verpasst Inhalte. Dadurch entsteht leicht ein Teufelskreis aus Missverständnissen.

Ihr wichtigstes Handwerkszeug in Konfliktgesprächen	
Gutes, aktives Zuhören	
Sich vergewissern, was Sie verstanden haben	
Emotionen benennen und akzeptieren, Dampf ablassen gestatten	
Gemeinsamkeiten und Unstrittiges ausdrücklich zusammenfassen	
Die Interessen der Gegenseite ausdrücklich benennen: Wer sich in seinen Interessen geachtet sieht, kann großzügiger verhandeln	

Wozu Konflikte gut sind

Konflikte sind allgegenwärtig, normal und können Entwicklungen fördern. Sie machen deutlich, dass verschiedene Menschen die Welt, die Aufgabe, das Ziel unterschiedlich sehen, unterschiedliche Interessen und Prioritäten haben, unterschiedliche Vorstellungen davon, was zu tun ist oder wie es zu tun ist. Konflikte haben damit durchaus ihr Gutes. Sie machen Problemlagen klar und ermöglichen es, Ziele weiterzuentwickeln. Deshalb braucht man sie nicht zu fürchten, zu vermeiden oder davor zu erschrecken. Eine erhellende Perspektive benannte der Verhaltensforscher Rene Spitz: Wo keine Beziehung ist oder keine gewünscht wird, findet Konflikt nicht statt. Menschen im Konflikt haben also immer etwas miteinander zu tun.

Wo Konflikte auftreten, zeigen sie außerdem Zielwidersprüche, die in allen Organisationen vorkommen, denken Sie z. B. an die unterschiedlichen Handlungsziele von Vertrieb und Marketing, Produktion und Verwaltung. Konflikte weisen auch darauf hin, dass sich die Bedingungen in der Umwelt ändern und Entscheidungsbedarf besteht.

Prophylaxe von Konflikteskalation

Konflikte sind oft von unangenehmen Gefühlen begleitet, die lieber abgewehrt werden. Wegen dieser unterschwellig wirkenden Gefühle können Sie Konflikte manchmal nicht nur auf der Sachebene lösen. Konflikte sind nicht statisch, also da oder nicht da, sie entwickeln sich, können sich ausbreiten, eskalieren, wenn sie latent bleiben und nicht berücksichtigt werden. Je zeitiger Sie sie ansprechen und aushandeln, desto leichter können Sie Gefühlsverquickungen lösen.

Vorbeugend wirkt vor allem das Bewusstsein, dass Interessengegensätze überall anzutreffen und Konflikte unausweichlich und unvermeidbar sind. Nicht den Konflikten selbst, aber ihrer unkontrollierten Eskalation können Sie vorbeugen, indem Sie die folgenden Aspekte beherzigen:

Klar vereinbarte Ziele
- Genaue und abgegrenzte Aufgaben und Zuständigkeiten
- Eindeutige, unmissverständliche Aufträge
- Organisationsziele, die allen Mitgliedern der Organisation bekannt und bewusst sind

Regelmäßiger Austausch, um
- Informationen zu übermitteln,
- Motive zu erläutern und zu sichern,
- Beschwerden zu hören,
- Probleme im Vorfeld zu erkennen,
- für Kooperation zu werben.

Offene Kommunikation, um
- Unstimmigkeiten anzusprechen,
- Konfliktpotential direkt anzugehen.

So werden Sie konfliktfähig

Sie üben Ihre Konflikttoleranz, wenn Sie aktiv Unstimmigkeiten ansprechen und Konfliktpotential verhandeln. Sie können zusätzlich vier wirkungsvolle Strategien, mit denen Konflikte geschürt werden, erkennen lernen und vermeiden:

1. „Natürlich habe ich recht!"

Mangelnde Konfliktfähigkeit kann damit zusammenhängen, dass Menschen die eigene Sichtweise, die eigenen Werte (automatisch) für die besseren halten. Die damit einhergehende, in vielen Fällen unbewusste Abwertung des anderen verschärft eine Konfliktsituation.

2. „Wir sind besser!"

Einen fruchtbaren Boden für das Wachsen unausgesprochener, latenter Konflikte bildet die Gepflogenheit, aufgabenbedingte Unterschiede bestimmten Personen zuzurechnen. „Die anderen", die ganz andere Aufgaben haben, sind langsamer, dümmer, angriffslustiger und sowieso eingebildet. So werden die flippigen „Werbefuzzies" von den ordentlich arbeitenden Verwaltungsleuten nicht ernst genommen.

3. „Die sind schuld!"

Besonders beliebt ist es, Konflikte oder Probleme unreflektiert Personen zuzuschreiben („Die Finanzabteilung ist schuld."), da dadurch eine einleuchtende, überschaubare Kausalität hergestellt wird. Wenn alle wissen, wer schuld ist, scheint der Konflikt weniger bedrohlich und die Lösung greifbar. Die Ursachenanalyse wird schon nach wenigen Schritten abgebrochen.

4. „Man kann gar nichts anderes für richtig halten!"

Konflikte werden unterdrückt, wenn Themen moralisiert werden. Diesen Sachverhalt formulierte der Soziologe André Kieserling (1993) folgendermaßen: „Themen sind dann moralisiert, wenn angenommen wird, daß es nur eine richtige Meinung zum Thema geben kann und daß daher jeder, der eine andere Meinung vertritt, in einem solchen Maße ‚falsch programmiert' sein muss, daß man ihn als Menschen nicht mehr achten kann. Wenn Themen moralisiert sind, fällt es schwer, eine abweichende Meinung zu vertreten: Denn wer wäre schon so selbständig, daß er sagen könnte, daß es ihm auf die persönliche Achtung seiner Kollegen und Vorgesetzten nicht ankommt?"

Konfliktverschärfende Kommunikationsstörungen

Konflikte eskalieren durch unzureichende Kommunikation: Dazu gehört ein genereller Kommunikationsmangel, insgesamt findet zu wenig Verständigung statt. Sie ist indirekt und ineffizient, zudem werden besonders konfliktträchtige Themen vermieden. Solche Mängel können Sie als Einzelperson nicht beheben, allenfalls können Sie zuständige Führungskräfte darauf hinweisen. Was Sie selbst in Ihren Gesprächen verbessern können, ist in den beiden folgenden Tabellen von der Defizitseite her zusammengestellt.

Empfängerfehler
• Unaufmerksamkeit • Selektive Wahrnehmung • vorschnelle Reaktion auf Reizworte • gedankliches Ausfüllen von Lücken • Überhören von Widersprüchlichem • Verdichten und Vereinfachen des Gehörten
Senderfehler
Die Nachricht ist für den Empfänger nicht passend formuliert, z. B. weil der Sender sich einer dem Empfänger schwer verständlichen Fachsprache bedient oder die persönliche oder situative Auffassungsfähigkeit des Adressaten nicht richtig einschätzt (siehe Seite 30 f.).
Fehlender Zwischenschritt: Der Sender hat versäumt, sich zu vergewissern, ob der vorhergehende Teil seiner Nachricht richtig angekommen ist.
Kommunikationsblockaden: Der Sender benutzt Formen, die das Verstehen stark stören, z. B. • Herunterspielen • vorschnell Lösungen anbieten • ausforschendes Fragen • moralisierendes Urteilen • Anklagen oder Vorwürfe • Personifizieren („Du bist schuld.") • Killerphrasen („Immer sind Sie ...", „Nie tun Sie ...") • Bloßstellen
Unklare und doppelbödige Kommunikation: • Umkehrwörter (vielleicht, eigentlich) • scheinbar generelle Zustimmung („Ja, aber ..."; „Grundsätzlich ja ...") • Verallgemeinerungen

Gemeinsam nach Lösungen suchen

In Konfliktgesprächen hilft eine innere Haltung, die anerkennt, dass es auch für andere Werte und Prioritäten gute Gründe gibt, die Zuversicht, dass die gemeinsame Suche annehmbare Lösungen ergeben wird, und das Wissen, dass manche Konflikte nicht zu klären sind. Die Voraussetzung für konstruktives Verhalten bei Konflikten ist, dass alle Parteien an einer einvernehmlichen Lösung interessiert sind. Fehlt jedoch die Bereitschaft, sich zu einigen, bei einer Partei völlig, ist ein Konfliktgespräch sinnlos.

Was ist Ihre Stärke?

Wenn es Ihnen sehr wichtig ist, ein umgänglicher Mensch zu sein, werden andere Sie als Verhandlungspartner schätzen – aber Sie laufen Gefahr, nicht das zu bekommen, was Sie wollen. Ihre Freundlichkeit kann Ihnen helfen, Ihrem Gegenüber zu vergewissern, dass Sie seine Interesse verstehen. Damit tragen Sie zu einem guten Verhandlungsklima bei. Doch es liegt bei Ihnen, daneben auch Ihre eigenen Interessen hartnäckig zu vertreten. Könnte es Ihnen unter Umständen sogar ein wenig Vergnügen bereiten zu verhandeln? Wo sehen Sie für sich die Herausforderung in einer solchen Situation?

Wenn es Ihnen vorrangig wichtig ist zu siegen, haben Sie wahrscheinlich wenig Mühe, das, was Sie erreichen wollen, klar im Blick zu behalten. Sie sollten auch sehen, dass alle Parteien gewinnen müssen, wenn eine Lösung langfristig belastbar sein soll. Auch ist es ineffektiv, Gefühle zu missachten. Wenn Sie diese beiden Aspekte für sich entwickeln und berücksichtigen, werden Sie sehr wirkungsvoll verhandeln können.

> **To Do: Sich fitmachen für Konfliktgespräche**
>
> Gehen Sie mit dieser Beobachtungsaufgabe in ein beliebiges Gespräch – in einer Sitzung oder zu Hause:
> Achten Sie auf die erste Äußerung, mit der Sie nicht übereinstimmen. Halten Sie einen Moment inne und spüren Sie Ihren Impuls zum Widerspruch. Bemerken Sie ihn? Wunderbar! Das ist die wichtigste Voraussetzung, um Konfliktgespräche zu steuern: nämlich nicht automatisch und sofort zu reagieren, sondern die eigene Reaktion zu bemerken, bevor sie ausgesprochen ist – und sie einen Moment lang zurückzustellen.

Einzelne Aspekte des in diesem Abschnitt behandelten Themas werden auch auf den Seiten 33 ff., 51 ff., 77 ff., 129 ff. erörtert.

Gespräche für Ihre Karriere: Verhandeln Sie!

Wenn Sie weiterkommen wollen in Ihrem Unternehmen, müssen Sie sich selbst darum kümmern. Darauf zu warten, entdeckt zu werden, hilft meist nicht. Also sollten Sie darüber sprechen, welche Tätigkeiten oder welche Position Sie anstreben – und zwar mit den Menschen, die über Ihren Einsatz im Unternehmen entscheiden. Nur diejenigen, die wissen, was Sie wollen, was Sie zu bieten haben und was Sie bereit sind zu leisten, können Sie im entscheidenden Fall berücksichtigen.

Beachten Sie bei der Beurteilung Ihrer eigenen Leistungen den Unterschied zwischen Effektivität und Effizienz: Viel zu arbeiten an sich hat keinen Wert für das Unternehmen, vielmehr kommt es darauf an, das Richtige zu tun und damit einen Mehrwert zu schaffen.

Beispiel: Die eigene Karriere planen

Susanne Pohlhaus ist in der Marketingabteilung eines Konzerns seit acht Jahren Beraterin. Seit sechs Jahren arbeitet sie 20 Stunden pro Woche, sie versorgt ein Kind. In den verschiedenen Projekten, denen sie zugeordnet war, hat sie Überdurchschnittliches geleistet, oft selbstständig entschieden und mit guten Präsentationen Kollegen und Vorstand überzeugt. Sie ist viel gereist, um gemeinsam mit den beauftragten Agenturen Kampagnen vor Ort zu betreuen, hat die Partneragenturen auf den Unternehmensstil eingeschworen und dafür gesorgt, dass Verträge mit unwirtschaftlich arbeitenden Agenturen gelöst wurden. Außerdem hat sie die Ausbildungsberechtigung erworben und sitzt im Prüfungsausschuss der IHK als erste Ausbilderin mit Teilzeitstelle. Die wirtschaftliche Lage des Unternehmens ist eng, es wurde ein Einstellungsstopp verfügt. Da ihr Kind inzwischen die Schule besucht, möchte Frau Pohlhaus ihre vertragliche Arbeitszeit auf 30 Stunden erhöhen. Sie leistet oft Überstunden und erreicht häufig eine durchschnittliche Wochenarbeitszeit von 30 Stunden. Durch die Erhöhung der vertraglichen Arbeitszeit könnte sie ihre persönliche finanzielle Planungssicherheit erhöhen. Außerdem liegt ihr sehr daran, einen Arbeitsbereich in eigener Verantwortung zu übernehmen, weil ihr das eine flexible Verteilung ihrer Arbeitszeit ermöglichen würde.

Die Übernahme von Personalführungsverantwortung steht jetzt noch nicht an, diesen Schritt plant sie erst für später. Frau Pohlhaus hat um ein Gespräch mit ihrem Abteilungsleiter gebeten, um ihr Anliegen mit ihm zu besprechen.

Training 31

Karriereschritte mit Vorgesetzten besprechen

Versetzen Sie sich an die Stelle von Frau Pohlhaus. Wie würden Sie sich auf ein Gespräch in ihrer Situation vorbereiten? Arbeiten Sie Ihre Vorschläge dazu detailliert und schriftlich aus.

Lösung 31: Karriereschritte mit Vorgesetzten besprechen

Um derartige Situationen mit der notwendigen Klarheit und Selbstsicherheit anzugehen, hilft ebenfalls die Vorbereitung in drei Schritten:

1. Sich selbst klären: Was will ich erreichen und auf welche meiner Stärken gründe ich meine Forderungen?
2. Perspektivenwechsel: Was sind die Interessen meines Gesprächspartners und welchen Nutzen biete ich ihm mit meinem Vorschlag?
3. Sich unmittelbar vor der Gesprächssituation in einen guten Zustand versetzen.

Die Details finden Sie anhand des Beispiels in den nächsten Abschnitten ausgeführt.

1. Schritt: Sich selbst klären

Susanne Pohlhaus geht systematisch die Projekte der letzten Jahre durch, mit denen sie beauftragt war oder an denen sie teilgenommen hat. Sie macht sich rückblickend die besonderen Herausforderungen der jeweiligen Aufgabe klar (z. B. besonders knapper Zeitrahmen, Betreuung von Filialen, die durch Fusion zum Konzern gekommen waren, Vertretung eines plötzlich ausgefallenen Kollegen ohne Einarbeitung). Sie bewertet die Ergebnisse, die mit Hilfe ihres Einsatzes erzielt wurden. Sie zählt nach, wie viele Auszubildende sie betreut und bei wie vielen Prüfungen sie das Image des Unternehmens bei der Industrie- und Handelskammer gefördert hat. Frau Pohlhaus macht sich nach und nach klar,

welche Veränderungen ihrer Arbeitsaufgaben sie anstrebt.
- Sie will ihre reguläre Arbeitszeit um zehn Stunden aufstocken,
- stärkere eigene Verantwortung, um sich weiterzuentwickeln und die Freude an der Arbeit zu erhalten,
- flexible Arbeitszeit, um weiterhin die nicht immer planbaren familiären Aufgaben erfüllen zu können.

Warum sie das möchte:
- Sie will mehr Geld bekommen,
- eine angemessene Honorierung für ihren hohen Einsatz,
- mehr Planungssicherheit als bisher (Die jeweils angefallenen Überstunden werden ihr vergütet.).

Welche Veränderungen sie (noch) nicht umsetzen möchte:
- Personalführungsverantwortung

Welchen Einsatz sie zu leisten bereit ist:
- Wenn nötig und flexibel ausgleichbar: Arbeitseinsatz am Wochenende

---

To Do: Klären Sie sich selbst

Machen Sie sich für Ihren eigenen nächsten Karriereschritt zunächst klar:
- Welche konkreten Veränderungen Ihrer Arbeitsaufgaben streben Sie an?
- Was wollen Sie nicht?
- Welchen Einsatz sind Sie bereit zu leisten?

Hier geht es nicht um Vollständigkeit, sondern um Prägnanz. Notieren Sie zu jeder Frage maximal zwei bis drei Punkte. Führen Sie sich plastisch vor Augen, was diese für Ihren Arbeitsalltag bedeuten würden, und klären Sie so Ihre Prioritäten:

- Was ist Ihnen am wichtigsten?
- Was wäre zwar gut, aber etwas, auf das Sie am ehesten verzichten könnten?

Frau Pohlhaus weiß, dass sie zukünftig mehr Geld für ihre Familie braucht. Wie kann sie das, was ihr wichtig ist, erreichen? Am liebsten würde sie innerhalb ihres Unternehmens verdienen, was sie braucht. Falls sie dies jedoch auch mit mehrmaligen Verhandlungen nicht erreichen kann, gibt es zwei weitere Möglichkeiten, ihr Bedürfnis sicherzustellen:

- bei einem anderen Unternehmen in dem von ihr gewünschten Umfang zu arbeiten oder
- zusätzlich Honoraraufträge zu übernehmen, z. B. für die Agenturen, mit denen sie zusammenarbeitet.

Da ihr die erste Alternative am liebsten ist, bereitet sie sich auf das Gespräch gut vor. Dazu gehört notwendig, sich auch klar zu machen, welche weiteren Möglichkeiten ihr im Fall einer Ablehnung offen stehen. Diese Optionen zu kennen verschafft ihr Denkfreiheit. Wenn Sie sich sehr bewusst gemacht haben, warum Sie Ihr Karriereziel anstreben, gelingt es Ihnen leichter, die Gesamtheit der Alternativen in den Blick zu bekommen. Überlegen Sie ganz genau:

- Warum ist mir dieser Karriereschritt wichtig?
- Welche meiner Bedürfnisse will ich damit befriedigen?
- Welche Möglichkeiten habe ich noch, wenn mir dies hier nicht gelingt?

2. Schritt: Die Perspektive wechseln

Susanne Pohlhaus versetzt sich in die Rolle ihres Abteilungsleiters: Wie wird er aus seiner Perspektive ihre Wünsche und Vorstellungen beurteilen?
Inhaltlich ist ihm wichtig, dass die Werbekampagnen effektiv durchgeführt werden. Er schätzt, dass es in den Projekten, die sie organisiert, keine Beschwerden der beteiligten Filialen gibt, dass sie die Qualität der Partneragenturen verlässlich einschätzen kann und dass es ihr gelingt, Menschen mit sehr unterschiedlichen Vorgehensweisen in der Teamarbeit zu verbinden. Da sie weiß, dass er von alleinerziehenden Müttern nicht begeistert ist, belegt sie ihre mehrtägigen Reisen und kann ihre wenigen Krankheitstage beziffern.

To Do: Prüfen Sie Ihren Wert für das Unternehmen

Prüfen Sie, was „effektiv arbeiten" in Ihrem Fall bedeutet:
- Was können Sie beziffern?
- Was bringen Sie an Wissen, Können und Erfahrung ein, das sich nicht ohne weiteres messen lässt?
- Wenn Sie ab morgen nicht mehr zur Verfügung stünden, was würde Ihre Vertretung nicht so gut können?

Susanne Pohlhaus weiß, dass ihr Abteilungsleiter, auch wenn er ihre Leistung sieht und schätzt, ihr in der aktuell misslichen wirtschaftlichen Lage des Unternehmens keine Höhergruppierung anbieten kann. Aus anderen Bereichen kennt sie die Möglichkeit einer Stabsstelle, bei der sie ihre Projekte unmittelbar mit der Bereichsleitung abstimmen würde. Dies wird sie vorschlagen, das käme ihrem Bedürfnis, überwiegend eigenverantwortlich zu arbeiten, entgegen. Doch welches wirtschaftliche Interesse könnte ihr Vorgesetzter überhaupt an einer Aufstockung ihrer Arbeitszeit haben? Die gewünschten 30 anstelle der 20 Wochenstunden bedeuten ein Drittel mehr Kosten.

Außer dem Interesse, ihr entgegenzukommen und damit eine engagierte Mitarbeiterin zu halten, könnten für den Abteilungsleiter die folgenden wirtschaftlichen Argumente wichtig sein:

- Die immer wieder in hohem Umfang anfallende Mehrarbeit in reguläre Arbeitszeit umzuwandeln ist für das Unternehmen kostengünstiger.
- Wenn ihr ohnehin geleisteter Arbeitsumfang fest eingeplant wäre, würde auch er größere Planungssicherheit gewinnen.

To Do: Wechseln Sie die Perspektive

Nehmen Sie mental die Position Ihres Vorgesetzten ein. Machen Sie sich dazu zunächst klar, was seine oder ihre Aufgaben sind. Wofür ist er oder sie verantwortlich? Welche Interessen muss jemand in dieser Position wahrnehmen? Schauen Sie nun aus dieser Perspektive auf Ihr Anliegen. Prüfen Sie, welchen möglichen Nutzen Ihr Verhandlungspartner von Ihrem Vorschlag haben könnte. Denken Sie an folgende Aspekte:

- Kostenersparnis
- Planungssicherheit
- Bindung von Know-how
- Besseres Bedienen von Kundenbedürfnissen
- Verbesserung von Arbeitsergebnissen
- Gibt es Interessen, die Sie mit Ihrem Anliegen verbinden können?
- Können Sie eine Leistung anbieten, die den Interessen des Vorgesetzten entspricht?

3. Schritt: Sich vor dem Gespräch in einen guten Zustand versetzen

Susanne Pohlhaus bereitet dieses Gespräch rechtzeitig vor. Sie sorgt dafür, dass sie ausgeschlafen ist, und kleidet sich sorgfältig, das heißt korrekt und so, dass sie sich wohl fühlt.

Am Tag des Besprechungstermins reserviert sie sich 20 Minuten ruhige Zeit: Sie geht in Gedanken ihre Argumente durch und fördert ihre gute Stimmung, indem sie rückblickend ihre Stärken und Erfolge genießt. Sie erinnert sich dabei an die Highlights der letzten Monate, den schriftlichen Dank eines Direktors, das positive Feedback einer Bereichsleiterin. Und vor allem taucht sie mental ein in die Situationen mit der größten Arbeitsfreude, in denen sie sich besonders fähig und stark erlebt hat. In solch einem Zustand gelassener Kompetenz kann sie ihren Abteilungsleiter gut überzeugen.

To Do: So bereiten Sie sich richtig vor

Übertragen Sie diese drei Schritte, die anhand des Beispiels erläutert wurden, jetzt auf Ihre konkrete Situation:

- Bereiten Sie sich rechtzeitig vor.
- Erinnern Sie sich an gelungene Situationen.
- Machen Sie sich Ihren Wert für das Unternehmen klar, dann können Sie von sich überzeugen.

Senderperspektive	Empfängerperspektive
• Klären Sie sich selbst. • Nehmen Sie auch die andere Perspektive ein, wenn Sie Argumente sammeln. • Versetzen Sie sich unmittelbar vor der Situation in einen guten Zustand.	Achten Sie im Gespräch selbst auf Ihre Gelassenheit. Dann können Sie gut wahrnehmen und auf Ihr Gegenüber flexibel eingehen. Was kann schlimmstenfalls passieren? • Dass Sie es mehrmals versuchen müssen. • Dass Sie entscheiden müssen, Ihre Ziele auf andere Art zu erreichen.

Tipp: Vorgesetzte auf Stand bringen

Bereiten Sie sich so vor, dass Sie Ihren Vorgesetzten über Ihre einzelnen Tätigkeiten genau in Kenntnis setzen können – Vorgesetzte wissen nicht alles und vergessen Einzelheiten. Hier gilt die Regel: so viel wie nötig, um Ihr Anliegen zu untermauern, so wenig wie möglich, um nicht mit Einzelheiten den Gesprächspartner zu ermüden.

In großen Unternehmen gibt es Regularien für Gehaltsgespräche: Erkundigen Sie sich zunächst informell bei Kollegen, welche Abläufe Sie einhalten müssen.

Checklisten für die Gesprächsvorbereitung

Ihr eigenes Gespräch zum nächsten Karriereschritt können Sie nun anhand der folgenden Checklisten vorbereiten. Gehen Sie bei Ihren Überlegungen ins Detail, auch wenn Sie im Gespräch nicht alles aussprechen. Es ist notwendig, dass Sie selbst ein genaues Bild davon haben, was Sie wert sind und wie Sie künftig arbeiten möchten.

Lesen Sie für Ihre Vorbereitung noch einmal in den Kapiteln „Wie Sie gezielt trainieren, Gespräche zu steuern" und „Arbeitsgespräche in Teams und Gruppen" nach (Tabelle für Mindestschritte, Seite 78; Checkliste für Funktionen im Team, Seite 135). Passen Sie die hier vorgeschlagenen Listen Ihren Bedürfnissen an.

Checkliste: Was will ich erreichen?

Klären Sie zuerst Ihre Prioritäten. Konkretisieren Sie sie, indem Sie die Arbeit, die Sie tun wollen, mit Verben beschreiben:

- Was will ich zukünftig arbeiten und wie soll das aussehen?

- Was will ich nicht?

- Welchen Einsatz bin ich bereit zu leisten?

- Was ist mir davon am wichtigsten?

- Was ist mir am zweitwichtigsten?

- Worauf kann ich am ehesten (noch) verzichten?

Überlegen Sie, welche Möglichkeiten es gibt, Ihren Wunsch zu erfüllen; dazu müssen Sie auch Ihre Motive geklärt haben:

- Was bedeutet eine Aufstockung um zehn Stunden für mein Jahresentgelt?

- Welche anderen Gratifikationen haben stattdessen für mich Wert? (z. B. Dienstwagen, zusätzlicher oder unbezahlter Urlaub, Büroausstattung, Homeoffice, Fortbildung, Assistenz, Möglichkeit der Delegation von Aufgaben)

- Falls ich meine Bedürfnisse an meiner jetzigen Stelle nicht erfüllen kann, was habe ich noch für Möglichkeiten?

Nachdem Sie diese klärenden Fragen beantwortet haben, fassen Sie nun das Wichtigste kurz zusammen. Konzentrieren Sie sich auf maximal drei Punkte. Wenn möglich, stellen Sie sich von dem, was Sie erreichen wollen, ein lebendiges inneres Bild vor Augen.

- Punkt 1:

- Punkt 2:

- Punkt 3:

Checkliste: Was sind meine Argumente	
Auf welche meiner Stärken und Erfolge gründe ich meine For-derungen?	
Welche Kompetenzen, Kenntnisse und Stärken biete ich dem Unternehmen?	
Was ist mir bisher besonders gut gelungen?	
Wenn ich ab morgen nicht mehr zur Verfügung stünde, was würde meine Vertretung nicht so gut können?	
Was schätzen Mitarbeiter, Kollegen, Geschäftspartner, mit de-nen ich zusammenarbeite, an mir?	
Welche positiven Rückmeldungen von (internen) Kunden habe ich dokumentiert?	
Wie beschreibe ich meine Arbeitshaltung?	
Was sind die Folgen und Ergebnisse meiner Arbeit?	
Was bedeutet „effektiv arbeiten" in meinem Fall?	
Was kann ich beziffern?	
Was bringe ich an Wissen, Können und Erfahrung ein, das sich nicht ohne weiteres messen lässt? Wie kann ich das belegen?	
Was bin ich bereit, an zusätzlicher Arbeit zu übernehmen?	

Wenn Sie ins Detail gehen wollen, nutzen Sie auch die ausführliche Checkliste ab Seite 205, um Ihre Argumente zu sammeln.

Checkliste: Wie sieht die Perspektive des Unternehmens aus?	
Was sind die Aufgaben und die Interessen meines Vorgesetzten?	
Was weiß ich von seinen Rahmenbedingungen?	
Welche Einwände erwarte ich?	
Wie kann ich den Einwänden begegnen?	

Welchen Nutzen biete ich mit meinem Vorschlag? • Kostenersparnis • Planungssicherheit • Bindung von Know-how • Besseres Bedienen von Kundenbedürfnissen • Verbesserung von Arbeitsergebnissen	
Gibt es Interessen, die ich mit meinem Anliegen verbinden kann?	
Kann ich eine Leistung anbieten, die den Interessen des Unternehmens entspricht?	

Suchen Sie sich möglichst einen Sparringspartner, der die Situation von Führungskräften sehr gut kennt: Nutzen Sie sein Insider-Wissen zur Vorbereitung auf Ihr Gespräch.

Checkliste: Was hilft mir vor einem wichtigen Gespräch?	
Was hilft mir erfahrungsgemäß, dass ich am Tag des Gesprächs topfit bin? • Ausreichend schlafen • Gutes Frühstück usw.	
Was ziehe ich an?	
Welche beruflichen Erfolge versetzen mich, wenn ich an sie denke, in ansteckend gute Stimmung?	
In welchen Situationen habe ich große Arbeitslust erlebt?	
Was davon will ich erzählen?	

Wahrscheinlich kennen Sie aufgrund Ihrer bisherigen Berufserfahrung noch andere Faktoren, die Ihnen helfen, sich auf ein wichtiges Gespräch einzustimmen. Nehmen Sie diese ebenfalls in Ihre Liste auf.

Checkliste: Mein Einsatz für das Unternehmen

Anhand der folgenden Listen können Sie verschiedene Arbeitsbereiche systematisch überprüfen. Nehmen Sie sich dafür 30 bis 40 Minuten Zeit.

1. Zunächst lesen Sie die gesamte Liste, um sich einen Überblick zu verschaffen. Es mag einen Moment dauern, bis Sie sich mit dieser differenzierten Blickwei-

se vertraut gemacht haben. Bitte beachten Sie dabei: Auf jeden Arbeitsbereich treffen mehrere der unten aufgeführten Kriterien zu, niemand kann alle gleichermaßen umsetzen. Erledigen Sie dann die Aufgabenschritte zwei bis vier.

2. Suchen Sie sich drei bis fünf Bereiche heraus, die für Sie zutreffen, und zwar die, von denen Sie annehmen, dass Ihr Chef Ihren Einsatz dort kennen sollte. Falls Sie das noch nicht einschätzen können, arbeiten Sie die Bereiche aus, von denen Sie annehmen, dass Sie dort am stärksten sind.

3. Formulieren Sie zu mindestens drei von diesen Bereichen persönliche Beispielsituationen, die Sie konkret beschreiben. (Nutzen Sie dafür eventuell ein gesondertes Blatt.)

4. Wechseln Sie nun die Perspektive und betrachten Sie Ihre Arbeit mit den Augen Ihres Vorgesetzten. Wenn Sie über Aufstieg oder höheres Salär verhandeln wollen, ist letztlich das wichtig, was für die Entscheider zählt – für Ihren Chef und dessen Chefs. Lesen Sie also die Checkliste noch einmal durch die Brille Ihres Chefs und überlegen Sie, was ihm oder ihr wichtig sein könnte. Beispiele: Kundengewinnung, Kundenzufriedenheit, Einsparungen, Flexibilität und Engagement (Was bedeutet das genau für Ihren Chef?), Termintreue, reibungslose Abläufe. Bauen Sie darauf Ihre Argumentation auf.

Nutzen Sie für Ihre Vorbereitung auch die Ausführungen zu „Interessen vertreten" (Seite 77 ff.), „Ausstrahlung" (Seite 89 ff.) und „Fürsorglicher Umgang mit sich selbst" (Seite 105 ff.).

Checkliste: Mein Einsatz für das Unternehmen	
Wie trage ich zum Unternehmenserfolg bei?	Beispielsituation
Ich arbeite mich schnell in neue Aufgaben ein.	
Ich vertrete flexibel Kollegen – mit nachweislich guten Ergebnissen.	
Ich übernehme Verantwortung für meinen Bereich und führe meine Aufgaben selbstständig durch.	
Ich erfülle die vereinbarten Ziele.	
Ich arbeite mit eigener Zielkontrolle.	
Ich arbeite in meinem Bereich an Verbesserungen, erprobe sie und setze neue Vorgehensweisen um.	
Ich rege Gespräche an, die den Dialog zwischen verschiedenen Gruppen fördern (abteilungs-, projekt-, bereichsübergreifende Gespräche, z. B. zwischen Vertrieb und Verwaltung, Handwerksmeistern und Lehrern, Beirat und Forschungsgruppe, Vertrags- und Entwicklungsabteilung).	

Ich achte bei mir und bei anderen auf den verantwortungsbewussten Umgang mit finanziellen und materiellen Mitteln.	
Ich sichere und erweitere meine Professionalität durch den Erwerb von Fachkenntnissen, Umsetzungsfähigkeit und sozialen Kompetenzen, z. B. durch Teilnahme an Seminaren, Konferenzen, Fachtagungen, Hospitationen in anderen Organisationen. (Beziffern Sie den Umfang Ihres zeitlichen und finanziellen Eigenanteils.)	
Ich stelle die Ergebnisse meiner Arbeit und die meiner Organisation einem Fachpublikum zur Verfügung (z. B. durch Vorträge, Teilnahme an Veranstaltungen, Veröffentlichung in Fachzeitschriften, Interviews).	
Ich optimiere Arbeitsabläufe oder gestalte und erprobe kreativ neue Arbeitsprozesse (z. B. Beschwerdemanagement eingerichtet, Informationsabläufe verbessert, Besprechungen zielorientiert moderiert, Planungsverfahren eingeführt, die Einarbeitung neuer Mitarbeiter systematisiert).	
Ich greife in kritischen Situationen überlegt ein und wende Schaden ab.	
Ich treffe Vorsorge dafür, dass Schadensfällen vorgebeugt wird (z. B. finanziellen Verlusten, Vertrauensschäden, Imageeinbußen, Ressourcenausfällen).	
Ich übernehme zusätzliche Aufgaben, die dem Image der Firma nutzen (z. B. Vertretung in Fachverbänden, Prüfungsausschuss, organisationsübergreifenden oder interdisziplinären Arbeitsgruppen, Teilnahme an ehrenamtlichen Aktionen).	
Ich sorge durch mein Verhalten für eine hohe Kundenbindung (z. B. durch genaues Analysieren der Kundenbedürfnisse, durch kreativen Umgang mit Beschwerden und Reklamationen).	
Ich habe folgenden berechenbaren Anteil an den Ergebnissen der Organisation	
Durch meine Aktivität erzielter Umsatz bzw. Zuarbeit zu einem Umsatzsegment	
Durch mich betreute Kunden bzw. Mandanten, Klienten, Patienten, Bewohner, Bürger ...	
Anteil der von mir gewonnenen/betreuten Kunden, die für unser Unternehmen besonders wichtig sind	
Anteil der Kunden mit hoher Kundentreue, geringes Maß der Kundenfluktuation	
Gemessene/dokumentierte Zufriedenheit der von mir betreuten Kunden oder Kooperationspartner	
Eingeworbene Spenden oder Sponsoren	

Mit Kunden über Geld reden

Bei Budgetgesprächen handelt es sich, ebenso wie bei Gehaltsgesprächen, um Verhandlungen über Arbeitsbedingungen mit einem oder mehreren Partnern, die aus guten Gründen unterschiedliche Interessen vertreten: Die eine Seite muss darauf achten, nur so viel wie nötig für eine gewünschte Leistung auszugeben, die andere Seite will so viel wie möglich für ihre Leistung bekommen. Gute Ergebnisse werden erzielt, wenn die wichtigsten Bedürfnisse beider Parteien berücksichtigt wurden.

Ziehen Sie also Ihr analytisches Können zu Rate und zergliedern Sie emotionslos diese unterschiedlichen Interessen.

Training 32:
Budgetgespräche führen

Welche Erfahrungen haben Sie damit gemacht, mit Kunden das Auftragsvolumen, Budgets, Kosten oder Preise zu besprechen?

Auch wenn Ihnen Kundengespräche über Geld noch nicht geläufig sind: Was ist aus Ihrer Sicht dafür wichtig? Ziehen Sie Ihre Erfahrungen in Ihrer Rolle als Kunde zu Rate, z. B. bei Auftragsbesprechungen mit Handwerkern, mit Ihrer Auto-Werkstatt.

Skizzieren Sie bitte, welche Bedingungen bei Budgetgesprächen berücksichtigt werden müssen.

Lösung 32: Budgetgespräche führen

Bedingungen von Budgetgesprächen sind:

- Geld ist ein knappes Gut, das bei allen Marktteilnehmern begehrt ist.
- Insofern haben die Gesprächspartner gegensätzliche Interessen: Jeder will vom anderen möglichst viel Geld oder Leistung bekommen.
- Das Gespräch soll klären: Wer gibt was wofür bzw. wer bekommt was wofür?
- Kundenbindung und langfristige Zufriedenheit entstehen nur, wenn die Bedürfnisse beider Parteien berücksichtigt werden.

Erinnern Sie sich noch einmal an die Grundsätze, die wichtig sind, wenn Sie eigene Interessen verhandeln (siehe Seite 77 ff.):

- Gesprächsziel klären (auch Minimalziel)
- Argumente für Ihr Anliegen sammeln und Nutzen für den Gesprächspartner aufzeigen
- Ihre Argumente aus der Perspektive des anderen prüfen
- Rahmenbedingungen klären
- Dafür sorgen, dass Sie überzeugend wirken

Diese Vorbereitungsschritte spielen ebenso bei Gesprächen über Geld eine Rolle, hinzu kommen die folgenden spezifischen Vorbereitungen. Zudem ist den Abläufen und Erfordernissen Ihres Arbeitsfeldes und Ihrer Organisation Rechnung zu tragen.

Vorbereitung von Budgetgesprächen

Verschaffen Sie sich ein präzises Bild über die Eckdaten

Für die Vorbereitung eines Budgetgesprächs brauchen Sie eine Vorstellung davon, welches finanzielle Volumen Sie verhandeln werden. Was wissen Sie bereits über diese Eckdaten? Können Sie auf Erfahrungen zurückgreifen oder haben Sie oder ein Kollege einen neuen Kunden nach dem Rahmen der geplanten Investition gefragt? Darüber sollten Sie sich etwa im zweiten Kontaktgespräch einen Eindruck verschaffen.

Definieren Sie die Anforderungen

Sie haben eine spezifizierte Anfrage und können sich vorstellen, was ein Kunde von Ihnen, Ihrer Projektgruppe oder Ihrem Unternehmen erwartet. Analysieren Sie die Bedürfnisse des Kunden, sodass Sie diese genau definieren können:

- Welche Anforderungen muss das Produkt oder die Dienstleistung erfüllen?
- Was will Ihr Kunde unbedingt und auf welche Leistungen würde er auch verzichten?

Sie werden sich über die Anforderungen sehr klar, wenn Sie an dieser Stelle wieder in die Perspektive Ihres Kunden wechseln: Was wäre eine optimale Lösung für die finanziellen Mittel, die er aufzuwenden bereit ist? Nicht das Maximum zählt, sondern das Optimum unter den gegebenen Umständen – das, was wirklich nötig ist.

Wenn Sie beispielsweise eine Reise buchen, macht es einen Unterschied, ob Sie an einen bestimmten Ort wollen, weil Sie sich dort erholen möchten, oder ob Sie so schnell und so komfortabel wie möglich reisen wollen, um am nächsten Tag fit für einen wichtigen Auftritt zu sein.

Sobald Sie über Geld reden, wird klar, was im Einzelfall möglich ist und was nicht. Bevor Sie also Ihre Kreativität zu Höhenflügen entlassen, um alle Wünsche möglichst umfassend zu erfüllen, prüfen Sie, was Ihr Kunde in etwa auszugeben bereit ist – ob Sie über 2000 Euro oder über 20 000 Euro verhandeln. Und erarbeiten Sie dann die Anforderungen anhand der festgestellten Notwendigkeiten.

Definieren Sie die Leistung

Nachdem Sie sich einen (ersten) Eindruck über die geforderten Eigenschaften verschafft haben, können Sie die dafür erforderliche Leistung veranschlagen:

- Welche Einzelleistungen, Module, Arbeitsabschnitte sind erforderlich?
- Wie viel Aufwand (Stunden, Tage, Monate) müssen dafür veranschlagt werden?

Kalkulieren Sie die Kosten

Nun können Sie die Kosten kalkulieren oder von den zuständigen Kollegen kalkulieren lassen. Dies geschieht auf Basis Ihrer Marktkenntnisse, Sie kennen die realistischen Marktpreise, die Prinzipien Ihrer Preisbildung, die Tages- und Stundensätze, die Sie Ihrer Kalkulation zugrunde legen. Sie wissen, was Ihr Kunde bei vergleichbaren Anbietern zu zahlen hätte und aus welchen Gründen Ihre Preise darüber (z. B. außergewöhnliche Qualität, spezieller Service) oder darunter liegen (z. B. Abnahme großer Mengen). Beziehen Sie alle anfallenden Nebenkosten ebenfalls ein, z. B. Reisekosten, Druckkosten, Recherchen, Unteraufträge, Transportkosten.

Klären Sie Verhandlungsspielräume

Wenn Sie, auf der Basis Ihrer ersten Analyse der Kundenbedürfnisse, nun die harten Daten beisammenhaben, klären Sie Ihre Verhandlungsspielräume auf Grundlage Ihrer Interessen und Prioritäten:

* In welchen Bereichen könnten Sie Ihrem Kunden preislich entgegenkommen?
* Wollen Sie das auch, z. B. weil dieser Kunde für Sie und Ihre Firma besonders interessant ist?
* Wo liegt Ihre Grenze? Welchen Mindestpreis werden Sie nicht unterschreiten? Was wollen Sie mindestens erzielen, um mit Engagement und ohne störendes Bedauern die Leistung erbringen zu können?
* Gibt es zusätzliche Leistungsbesonderheiten, die für diesen Kunden interessant sein könnten und die Sie anstelle einer Preisreduktion anbieten könnten (z. B. Nachbetreuung, Garantie, 24-Stunden-Service)?

Bereiten Sie sich gründlich vor

In der Tabelle auf der nächsten Seite sind die grundlegenden Fragen zur Vorbereitung auf Budgetgespräche auf einen Blick zusammengestellt. Ihre Antworten auf diese Fragen bilden die Basis für ein Budgetgespräch, in dem Sie mit dem Kunden gemeinsam analysieren, was genau er braucht und was genau Sie zu welchem Preis leisten können.

Budgetgespräche vorbereiten
Was genau ist Ihr Gesprächsziel?
• In einer gemeinsamen Analyse der Kundenbedürfnisse den Rahmen abzustecken?
• Eine Differenzierung Ihres schriftlichen Angebots?
• Eine erste Einigung?
• Eine abschließende Vereinbarung?
Formulieren Sie Ihr Gesprächsziel für dieses Budgetgespräch genau:
Was ist Ihr Minimalziel für dieses Gespräch?
• Eine genauere Klärung der Anforderungen?
• Ein nächster Gesprächstermin?
• Die Vereinbarung einer ersten Vertragsstufe?

Was wissen Sie bereits über die Eckdaten?

Welche Anforderungen muss das Produkt oder die Dienstleistung erfüllen?

Welche Einzelleistungen, Module, Arbeitsabschnitte sind dafür erforderlich?

Wie viele Arbeitstage müssen dafür veranschlagt werden?

Welche Kalkulationsbasis liegt Ihrer Preisbildung zugrunde?

Welche Nebenkosten müssen Sie berücksichtigen?

Wollen Sie Ihrem Kunden eventuell preislich entgegenkommen?

Welche Zugeständnisse könnten Sie in welchen Bereichen machen?

Welchen Mindestpreis werden Sie nicht unterschreiten?

Was könnten Sie anstelle einer Preisreduktion anbieten?

Welche Argumente machen den Nutzen für Ihren Gesprächspartner deutlich?

Welche dieser Argumente sind für Ihren Gesprächspartner besonders wichtig?

Wie wollen Sie die Ergebnisse dokumentieren?

Wie sind die Rahmenbedingungen Ihres Gesprächs?

Wie sorgen Sie dafür, dass Sie als Person überzeugend wirken?

Leitfaden für Budgetgespräche

1. Schritt: Gesprächseröffnung – Achten Sie auf die Beziehung

- Sorgen Sie für eine angenehme Atmosphäre, sie wirkt gesprächsfördernd und verschafft Sicherheit.
- Kümmern Sie sich zunächst um etwaige körperliche Bedürfnisse (Getränke, Durchatmen etc.), Sie fördern damit die sachliche Aufmerksamkeit anschließend.
- Zeigen Sie Ihr Interesse an Ihren Gesprächspartnern, die persönliche Beziehung beeinflusst immer die Sachebene.
- Machen Sie alle am Gespräch beteiligten Personen miteinander bekannt und erläutern oder erfragen Sie deren Funktion im Gespräch.

2. Schritt: Ermitteln Sie den Bedarf – Analyse der Kundenbedürfnisse

- Fassen Sie zusammen, was Sie bisher vom Bedarf Ihres Kunden verstanden haben.
- Erläutern Sie auch, was Sie von seinen Motiven und Prioritäten verstanden haben.
- Lassen Sie sich Ihre Einschätzung bestätigen; bitten Sie um Korrektur und Ergänzung.
- Klären Sie den finanziellen Handlungsspielraum Ihres Kunden.
- Es ist für Kunden manchmal nicht einfach, ihre eigenen Bedürfnisse zu erkennen und zu definieren; das Gespräch mit einem Anbieter klärt oft erst den genauen

Bedarf. Unterstützen Sie Ihre Kunden durch aktives Zuhören, genaues Nachfragen und vergewissern Sie sich immer wieder, was Sie verstanden haben.

3. Schritt: Das Angebot erläutern und gemeinsam modifizieren

- Entwickeln Sie Vorschläge und Lösungsmöglichkeiten, die möglichst gut zum erarbeiteten Bedarf des Kunden passen.
- Entwickeln Sie unterschiedliche Lösungen und bewerten Sie gemeinsam die Kosten- und Nutzenaspekte.
- Was wäre nach Ihrer fachlichen Einschätzung das Wichtigste, was als Nächstes entweder angeschafft oder umgesetzt werden sollte?
- Was wäre die kostengünstigste Lösung?
- Welche Vorteile bietet dem Kunden eine umfassendere Lösung?
- Besprechen Sie die Grobplanung der Umsetzung.
- Prüfen Sie, ob Ihre erarbeitete Lösung angemessen ist, mit der Frage: Woran erkennt Ihr Kunde, dass sein Problem gelöst ist?

4. Schritt: Abschluss – Stellen Sie Verbindlichkeit her

- Fassen Sie die bisherigen Ergebnisse des Gesprächs zusammen: Worüber sind Sie sich einig?
- Klären Sie, was offen ist:
  - Wer muss einer Entscheidung zustimmen?
  - Wie sind die Entscheidungswege?
  - Was muss noch geklärt werden?
  - Welche Informationen werden von beiden Seiten noch benötigt?
  - Was sind die nächsten Schritte?
  - Was könnten die nächsten Schritte sein?
  - In welcher Form werden die erzielten Ergebnisse festgehalten?

> **Tipp: Für Klarheit sorgen**
>
> In manchen Budgetgesprächen stellt sich heraus, dass die Vorstellungen der Geschäftspartner zu unterschiedlich sind. Dann ist ein klares Nein besser als eine vage Vertröstung. Ein unklares Ende lässt die Beteiligten mit unguten Gefühlen zurück. Ein klares Nein in der Sache kann Grundlage für eventuelle spätere Angebote und Verhandlungen sein.

Schritt 2 und 3 als Schleife

Möglicherweise brauchen Sie für den gesamten Prozess mehr als ein Gespräch. Je nachdem, wo und wie Sie arbeiten und welchen Umfang die Aufträge haben, die Sie besprechen, kann es sinnvoll sein, das Gespräch nach der Bedarfsermittlung abzuschließen, um detailliertere Vorschläge auszuarbeiten. Möglicherweise müssen Sie die Schritte 2 und 3 mehrfach durchlaufen und Ihre Vorschläge modifizieren, bis Budget und Leistung, Kundenbedürfnisse und Angebot zueinander passen.

Beispiel: Ein knappes Budget

Für ihren Marktauftritt wollen zwei Existenzgründer Geschäftspapier, Mappen und Werbebroschüren einsetzen, haben aber nur ein geringes Budget zur Verfügung.

Die um ein Angebot gebetene Werbeagentur schlägt nach einem ausführlichen Gespräch zur Bedarfsanalyse vor, das verfügbare Geld zunächst nur für die Entwicklung eines wiedererkennbaren Firmennamens und für Geschäftspapier zu investieren; beides ist unverzichtbar und muss qualitativ hochwertig sein. Und das Firmenpapier kann dann auch für Werbetexte und Flyer benutzt werden, für Angebote lassen sich solide Mappen aus dem Großhandel beziehen. Der Druck einer Werbebroschüre wird für eine spätere Entwicklungsphase der jungen Firma vorgesehen.

Tipp: Klären Sie die finanziellen Rahmenbedingungen

Trauen Sie sich, über Geld zu reden! Jeder im Geschäftsleben weiß: Was nichts kostet, ist nichts wert.

Gerade dann, wenn nur ein sehr knappes Budget zur Verfügung steht, müssen Sie klarstellen, was Sie dafür leisten können. Unterstützen Sie Ihre Kunden dabei, die wichtigsten Elemente ihres Bedarfs so zu erfüllen, dass sie damit selbst gute Geschäftsergebnisse erzielen können.

Senderperspektive	Empfängerperspektive
• Nehmen Sie sich Zeit, die Bedürfnisse und Prioritäten Ihres Kunden genau zu erfragen. • Die meisten Verhandlungsfehler entstehen aus Ungenauigkeiten bei der Analyse. Wenn Sie im Lauf des Gesprächs etwas relevantes Neues hierzu erfahren, machen Sie die Bedarfsanalyse noch einmal. • Hinterfragen Sie Selbstverständliches!	• Hören Sie gut zu und achten Sie darauf, was Ihr Kunde als entscheidenden Vorzug Ihrer Leistung ansieht. • Vergewissern Sie sich, ob Sie richtig verstanden haben. • Hinterfragen Sie Selbstverständliches!

Was ist Ihre Stärke?

Wenn Ihre Stärke darin liegt, schnell Lösungen zu finden, überprüfen Sie unbedingt, ob Sie die Bedürfnisse Ihrer Gesprächspartner ausreichend genau erforscht haben, und bremsen Sie eventuell bei diesem Schritt Ihr Gesprächstempo. Wenn es Ihnen leicht fällt, Beziehungen zu fördern und eine gute Gesprächsatmosphäre herzustellen, sind Sie möglicherweise jemand, der nicht so gern Bedingungen und Preise verhandelt. In solchen Fällen hilft es möglicherweise, wenn Sie sich klar machen, dass mit einer Preisverhandlung nicht Ihr persönlicher Wert auf dem Spiel steht.

Was Sie bei Beschwerden tun und lassen sollten

Beschwerden und Reklamationen sind Ihnen vielleicht unangenehm, doch bei keiner anderen Gelegenheit erhalten Sie wertvollere Informationen, die in jedem Unternehmen zur Kundenbindung und für Verbesserungen genutzt werden sollten. Wenn eine Reklamation oder Beschwerde bei Ihnen ankommt, sollten Sie *nicht* automatisch zurückschrecken, sich reflexhaft rechtfertigen, an jemand anderen verweisen oder sagen, Sie seien nicht schuld oder nicht zuständig. Stattdessen nehmen Sie Reklamationen ernst, indem Sie die Kostbarkeit einer ungeschminkten Kundenrückmeldung wertschätzen:

* Schalten Sie um auf bewusstes Zuhören: Nehmen Sie die Beschwerde nicht persönlich, sondern als Ansporn herauszufinden, was der Kunde wirklich will.
* Würdigen Sie das Anliegen des Kunden ausdrücklich: Wenn Sie davon ausgehen, dass er gute Gründe hat und ihm dieses bestätigen, schaffen Sie die Basis, mit der Beschwerde konstruktiv umzugehen.
* Fragen Sie genau nach, um gemeinsam mit demjenigen, der sich beschwert, das Problem zu erkennen und die Lösungsmöglichkeiten zu eruieren.

Warum Reklamationen dem Unternehmen nützen

Beschwerden und Reklamationen sind ein hochpotentes Werkzeug, um Ihre Leistungen und die Ihrer Organisation kontinuierlich zu verbessern. Durch keine Kundenbefragung bekommen Sie solch genaue Auskünfte wie durch Kunden, die Ihnen aus aktuellem Anlass mitteilen, was schief gehen kann und was ihre Unzufriedenheit ausgelöst hat.

Trotzdem werden Reklamationen von den meisten Beteiligten als unangenehm empfunden. Ihr Anlass ist eine Unzufriedenheit, Reklamieren ist aufwendig – doch ein Kunde, der sich beschwert, nimmt diesen Aufwand auf sich. Daran sollten Sie denken, wenn Sie eine Beschwerde entgegennehmen. Den angemessenen Umgang mit reklamierenden Kunden können Sie mit der folgenden Aufgabe üben.

Training 33
Reklamationen begrüßen

Erinnern Sie sich an eine Reklamation, die Sie als Kunde ausgesprochen haben, und erarbeiten Sie ausgehend von Ihren eigenen Erfahrungen, welches Verhalten den reklamierenden Kunden und Ihrer Organisation nützt. Teilen Sie dazu ein Din-A4-Blatt in zwei Spalten:

- Schreiben Sie in die linke Spalte, welches Verhalten nicht gut wirkt.
- Schreiben Sie in die rechte Spalte, welche Verhaltensweisen dazu beitragen, einen reklamierenden Kunden zufrieden zu stellen.

Lösung 33: Reklamationen begrüßen

Wahrscheinlich finden Sie einige Ihrer Vorstellungen, wie Sie mit Reklamationen umgehen sollten, in dieser Tabelle wieder:

Was nicht gut wirkt	Was kompetent wirkt
• Den Kunden unterbrechen, ihm ins Wort fallen • Ärgerlich, ungehalten, wütend oder aggressiv werden • Sagen, Sie seien nicht zuständig • Abwimmeln oder sofort an jemand anderen verweisen • Sagen, das könne doch gar nicht sein, anderweitig abwiegeln oder bagatellisieren, z. B. „Aber das ist doch nicht so schlimm." • Sagen, der Kunde selbst sei schuld	• Aufmerksam und interessiert zuhören • Präzisierend nachfragen (siehe Seite 217) • Wiederholen, was Sie verstanden haben • Sagen, dass es Ihnen leid tut, dass der Kunde Unannehmlichkeiten hatte • Das Bedürfnis des Kunden akzeptieren und wertschätzen • Sich dafür entschuldigen, dass etwas nicht so gelaufen ist, wie vorgesehen • Dafür sorgen, dass der reklamierte Sachverhalt falls möglich sofort geändert wird

• Sich rechtfertigen • Schuld zuweisen: Kollegen, anderen Abteilungen, dem Computer • Voreilig die Schuld auf sich nehmen • Mit Phrasen oder Besserwisserei reagieren	• Die Verantwortung übernehmen, dass eine Beschwerde, der nicht sofort entsprochen werden kann, an der richtigen Stelle landet und dort auch bearbeitet wird • Sich dafür bedanken, dass der Kunde seine Unzufriedenheit ausgesprochen hat • Den Kunden nach seinen Verbesserungsvorschlägen fragen

Tipp: Den Umgang mit Reklamationen üben

Überlegen Sie, welche Verhaltensweisen Sie schon umsetzen und welche Sie noch verbessern möchten.

Präzisierende Fragen bei Beschwerden und Reklamationen

Nehmen Sie mit interessiertem und genauem Nachfragen den Kunden ernst und bringen Sie zum Ausdruck, dass Sie bereit sind, gemeinsam sein Problem zu analysieren. Beispiel: „Das dauert mir alles viel zu lang!"

Passende Präzisierungsfragen:

- Was genau dauert zu lang?
- Was ist dabei das Problem?
- Wo genau hakt es?
- Was für Auswirkungen hat das auf den Endtermin?
- Woran liegt das genau?
- Welche Konsequenzen befürchten Sie?
- Haben Sie Vorschläge, was besser sein könnte?
- Was ist Ihnen dabei besonders wichtig?

Beispiel: Auf eine sachliche Ebene zurückkehren

Sabine Maier hebt das Telefon ab, meldet sich und hört einen Kunden, der sich aufgeregt beschwert, ihr Vorwürfe macht und sie beschimpft. Sie hält den Hörer erst einmal auf Abstand, steht auf, atmet aus, stellt sich aufrecht und fest auf beide Füße, und sagt in die erste Atempause hinein: „Herr Eschenborn, Sie sind ja ziemlich aufgebracht. Sagen Sie mir bitte, was Sie jetzt von mir erwarten?"

Darauf beginnt der (als cholerisch bekannte) Kunde die nächste Strophe in gleicher Intensität. Sabine Maier hat inzwischen gelernt, in solchen Fällen ruhig zu bleiben: „Herr Eschenborn, wenn Sie in diesem Ton reden, kann ich nicht verstehen, was Sie wollen. Ich rufe Sie in 15 Minuten zurück. Wenn wir etwas ruhiger miteinander reden können, finden wir eine Lösung."

Sechs Minuten später ruft Herr Eschenborn wieder an, entschuldigt sich, dass er im ersten Ärger übergeschäumt sei, und erklärt nun sachlich, was schief gelaufen ist.

Im Umgang mit unverschämten Kunden hilft es, wenn Sie eine ruhige Selbstsicherheit ausstrahlen, freundlich bleiben und das Bewusstsein der eigenen Kompetenz behalten.

Was ist Ihre innere Haltung?

Die meisten unzufriedenen Kunden bleiben stillschweigend weg. Ein Kunde, der sich beschwert, gibt Ihnen die Chance, ihn zufrieden zu stellen und als Kunden zu halten oder wiederzugewinnen. Offenbar ist er an Ihrem Produkt, Ihrer Dienstleistung oder Ihrer Organisation interessiert. Genauso wichtig ist, dass Sie wertvolle Informationen erhalten, wie Sie Ihre Leistung oder die Ihrer Firma verbessern können.

Wenn Sie wirklich interessiert sind, warum ein Kunde nicht zufrieden ist, und dem abhelfen möchten, werden Sie Reklamationen begrüßen, sich dafür bedanken und dafür sorgen, dass die damit gewonnenen Informationen in Ihrem Unternehmen gut genutzt werden.

Training 34
Bei Beschwerden Kommunikationshürden nehmen

Zum Schluss können Sie mit dieser Aufgabe die wichtigsten sechs Hürden der Kommunikation, die Sie im ersten Kapitel erarbeitet haben, auf Beschwerdesituationen übertragen. Wenden Sie die dort gelernten ent-störenden Verhaltensweisen jetzt auf Ihren Umgang mit unzufriedenen Kunden an, die Sie halten und überzeugen möchten.

Schreiben Sie für jede der sechs Kommunikationshürden in die rechte Spalte der folgenden Tabelle, was Sie in solch einer Situation tun und sagen würden.

Kommunika-tionshürden	Ein unzufriedener Kunde ...	Ihr Verhalten
1 Gedacht ist nicht gesagt.	guckt grimmig vor sich hin und macht eventuell noch eine verallgemeinernde, skeptische Bemerkung wie: „Na ja, was will man auch erwarten." *Kundenperspektive*: Eine ausdrückliche Reklamation ist ihm lästig, er befürchtet, nicht ernst genommen zu werden.	
2 Gesagt ist nicht gehört.	ist so aufgebracht und ärgerlich, dass er etwas unzusammenhängend und laut auf Sie einredet, sodass Sie zunächst verblüfft oder erschreckt sind und sich erst einmal innerlich auf diese Situation einstellen müssen. *Kundenperspektive*: Der Ärger muss zuerst ausgedrückt werden und ankommen. Dann kann die sachliche Seite berichtet werden.	
3 Gehört ist nicht verstanden.	schildert Ihnen im Einzelnen die Gründe seiner Unzufriedenheit. *Kundenperspektive*: Ein reklamierender Kunde, der nicht auf offene Ohren und Interesse stößt, fühlt sich nicht ernst genommen.	
4 Verstanden ist nicht einver-standen.	wiederholt beharrlich, welches Ungemach ihm geschehen ist. *Kundenperspektive*: Jemand, der sich ärgert, wird so lange darauf beharren, den Ärger zu formulieren, bis sicher ist, dass dieser zur Kenntnis genommen wurde.	

5 Einverstanden ist nicht ausgeführt.	hat nun verstanden, dass Sie sein Problem verstanden haben. *Kundenperspektive*: Damit, dass Ihr Kunde Verständnis gefunden hat, ist sein Anliegen noch nicht bearbeitet. Er wartet darauf, dass und wie Sie es lösen werden.	
6 Ausgeführt ist nicht beibehalten.	wird zufrieden gestellt, wenn sein Problem professionell gelöst wird. *Kundenperspektive*: Ein unzufriedener Kunde, der reklamiert, nimmt Aufwand auf sich und will etwas erreichen. Ein reklamierender Kunde wird positiv darauf reagieren, dass sein Kundenwissen geschätzt und für Verbesserungen genutzt werden wird.	

Und so könnte die Lösung aussehen:

Kommunikationshürden	Ihr Verhalten
1 Gedacht ist nicht gesagt.	Sie fragen mit ehrlichem Interesse nach der Erwartung und Bewertung des Kunden, z. B.: „Was haben Sie erwartet?" „Womit sind Sieunzufrieden?"
2 Gesagt ist nicht gehört.	Sie vergewissern sich, was Sie gehört haben, auch wenn Sie zunächst nur den Ärger wahrgenommen haben und noch keinen Sachinhalt, z. B.: „Es tut mir leid, dass Sie unzufrieden sind. Was ist geschehen?" „Sie sind ja ziemlich ärgerlich, warum?" „Ich möchte genau verstehen, was Ihnen nicht gefällt. Bitte schildern Sie mir die Sache."
3 Gehört ist nicht verstanden.	Sie hören zu und lassen ihn ausreden. Unterbrechungen signalisieren wenig Interesse an dem, was der Kunde sagt. Sie fassen ohne Wertung zusammen, was Sie verstanden haben.

4 Verstanden ist nicht einverstanden.	Sie akzeptieren den Ärger Ihres Gesprächspartners; seine Gefühle sind ein Faktum, ob Sie dazu beigetragen haben oder nicht. Es kann helfen, diese Gefühle ausdrücklich anzuerkennen. Dass Sie seine Sicht der Dinge würdigen, ist kein Schuldeingeständnis. Sie drücken mit Ihrer Haltung aus, dass Sie an der Lösung des Problems interessiert sind und dazu beitragen werden, den Grund der Unzufriedenheit zu mildern oder abzustellen, z. B. so: „Ich verstehe, dass Sie sich geärgert haben, und ich helfe Ihnen, Ihr Problem so rasch wie möglich zu klären."
5 Einverstanden ist nicht ausgeführt.	Sie sorgen persönlich dafür, dass die nötigen Schritte eingeleitete werden. Falls das Problem nicht gleich zu lösen ist, sorgen Sie dafür, dass es an die Stelle gelangt, wo das Nötige veranlasst wird. Sie sagen, was Sie tun werden und mit welcher Reaktion Ihr Kunde rechnen kann, z. B.: „Ich werde das klären und meinen Vorgesetzten darüber informieren. Ich werde Sie morgen anrufen."
6 Ausgeführt ist nicht beibehalten.	Sie bedanken sich ausdrücklich für die Reklamation: „Danke, dass Sie uns darauf aufmerksam gemacht haben." Sie sorgen mit dafür, dass solch wichtige Informationen innerhalb Ihrer Organisation für Verbesserungen genutzt werden.

Und zu guter Letzt empfehle ich Ihnen Training 7 auf Seite 42 zu bearbeiten, weil diese Aufgabe die Verbindung herstellt zwischen persönlicher Kommunikationskompetenz und den Erfordernissen des Betriebs.

Weiterführende Literatur

Berckhan, Barbara: *So bin ich unverwundbar. Sechs Strategien, souverän mit Ärger und Kritik umzugehen.* München, Kösel 2004

Blank, Reiner, Bents, Richard: *Sich und andere verstehen – Eine dynamische Persönlichkeitstypologie.* München, Claudius 2010

Leisi, Ilse und Ernst: *Sprachknigge oder Wie und Was soll ich reden?* Tübingen, Narr 1993

Fisher, Roger, Ury, William, Patton, Bruce: *Das Harvard-Konzept. Sachgerecht verhandeln - erfolgreich verhandeln.* Frankfurt, Campus 2009

Hüter, Gerald: *Bedienungsanleitung für ein menschliches Gehirn.* Göttingen, Vandenhoek & Ruprecht 2010

Storch, Maja: *Das Geheimnis kluger Entscheidungen. Von somatischen Markern, Bauchgefühl und Überzeugungskraft.* München, Piper 2011

Sher, Barbara : *Wishcraft – Lebensträume und Berufsziele entdecken und verwirklichen.* Osnabrück, Edition Schwarzer 2004

Stöger, Gabriele: *Wie führe ich meinen Chef?* München, Goldmann 2010

Topf, Cornelia: *Small Talk.* Freiburg, Haufe Verlag 2008

Teil 2: Beispiele – Dialoge analysieren

Situation 1: Fordern und verhandeln

„Nun habe ich schon wieder klein beigegeben!" Ärgern Sie sich auch manchmal, dass Sie sich nicht durchsetzen konnten? Seinen Forderungen Nachdruck zu verleihen und seine Interessen zu vertreten, ist gar nicht leicht. Anlässe gibt es genug: wenn wieder einmal die Urlaubsregelung diskutiert wird, Aufgaben in der Abteilung neu verteilt werden oder natürlich bei Verhandlungen über die Bezahlung. Besonders bei so heiklen Gesprächen wie dem über eine Gehaltserhöhung kommt es auf die richtigen Argumente und das nötige Geschick an.

Sehen wir uns an, was passieren kann, wenn man sich unbedingt durchsetzen will: Herr Arnold, ein engagierter Mitarbeiter, ist entschlossen, sich dieses Mal auf keinen Fall abspeisen zu lassen. Er fordert von seiner Chefin ein höheres Gehalt, ein deutlich höheres Gehalt.

Dialog 1: Ich will mein Recht!

❶ *Herr Arnold sitzt kerzengerade auf seinem Stuhl, hat schmale Augen, einen angespannten Gesichtsausdruck und reibt die Handflächen kräftig aneinander.*

Chefin: (*betont lässig*) Sie wollten mich sprechen? Na, dann mal raus mit der Sprache. Was gibt es?

❷ **Arnold:** Ich möchte mehr Gehalt!

Chefin: Äh, wie bitte?

Arnold: (*sagt auf, was er sich vorgenommen hat*) Ich bin jetzt über zwei Jahre bei der Firma und da steht mir eine Gehaltserhöhung zu – finde ich.

Chefin: Finden Sie?

❸ **Arnold:** (unterbricht) Ich weiß, was jetzt kommt: Wir sind mitten in einer Wirtschaftskrise, Talsohle, alle müssen zusammenhalten …

Chefin: Sie verkennen die Situation, Herr Arnold. Die Neustrukturierung im letzten Jahr wurde unter anderem unternommen, um unsere Mitarbeiter halten zu können. Sie haben sich da so ziemlich den ungünstigsten Zeitpunkt ausges…

Arnold: (unterbricht) Der Zeitpunkt für so was ist immer ungünstig, ich weiß.

Chefin: Haben Sie mir zugehört, Herr Arnold?

Arnold: Ich weiß doch, wie das läuft. Es muss jetzt endlich mal was für mich dabei rauskommen. Ich möchte jetzt nicht wieder vertröstet werden …

Wie beurteilen Sie Herrn Arnold?

O sehr überzeugend   O ganz gut   O mittelmäßig   O schlecht

So bewertet der Experte

Das Gespräch lief wirklich schlecht, weil Herr Arnold sich von seinem Ziel, nämlich einer Gehaltserhöhung, entfernt hat, anstatt ihm näher zu kommen. Sehen wir uns seine Strategie genauer an:

❶ *Herr Arnold sitzt kerzengerade, hat schmale Augen ...*
Die Chefin spürt, dass ihr Gegenüber sich vorgenommen hat, den Kampf auf jeden Fall zu gewinnen. Wenn aber einer der Teilnehmer ein Gespräch als Kampf empfindet, gibt es Sieger und Besiegte. Druck erzeugt Gegendruck. Keiner will dabei der Verlierer sein: Die Chefin wird versuchen zu gewinnen, und zwar auch dann, wenn sie im Unrecht sein sollte.

❷ *Ich möchte mehr Gehalt!*
Herr Arnold überfährt seine Chefin, weil er glaubt, so die bessere Ausgangsposition zu haben. Das ärgert diese.

❸ *Ich weiß, was jetzt kommt ... Ich weiß doch, wie das läuft.*
Herr Arnold scheint schon genau zu wissen, wie das Gespräch ablaufen wird. Er rechnet mit dem Schlimmsten und wehrt sich gegen Dinge, die gar nicht passiert sind. Vielleicht weil er das genau so schon erlebt hat.

Was hat Herr Arnold falsch gemacht?

- Er zeigt mit seiner starren Körperhaltung, dass er nicht nachgeben wird, obwohl ihn noch niemand angegriffen hat. Mimik und Gestik signalisieren der Chefin Kampfbereitschaft.
- Die Forderung nach mehr Gehalt wirkt wie ein Überfall.
- Herr Arnold meint das Ergebnis des Gesprächs schon zu kennen.
- Er hört seiner Chefin nicht zu und fällt ihr ständig ins Wort.

Dialog 2: Ich setze mich durch, basta!

Weiter im Gespräch: Die Chefin ist schon leicht verärgert, weil sie von Herrn Arnold überfahren wurde. Aus ihrer Zurückhaltung schließt dieser, dass er die besseren Argumente hat, und dreht noch ein bisschen auf.

Arnold: In meinem Fall ist eine Gehaltserhöhung doch gar keine große Sache. Ich meine ... Da ist doch alles klar. Nach zwei Jahren ist das doch Usus.

Chefin: „Usus"? Sie machen mich neugierig, Herr Arnold. Wie viel hatten Sie sich denn vorgestellt?

❶ **Arnold:** Sechs Prozent. Sechs Prozent sind absolut angemessen.

❷ **Chefin:** Das ist doch realitätsfremd. Das geht auf gar keinen Fall.

Arnold: Ich finde schon! Der Umsatz ist spitze, die Firma fährt wieder Gewinne ein, warum soll ich nicht davon profitieren. Ich trag ja schließlich dazu bei!

Chefin: Da lesen Sie die Bilanzen aber anders als ich. Ob wir in diesem Jahr den Vorjahresgewinn erreichen, steht noch gar nicht fest. Tut mir Leid, Herr Arnold. Ich kann Ihnen nicht mehr zahlen, als Sie bekommen.

❸ **Arnold:** Sind Sie etwa nicht zufrieden mit mir?

Chefin: Doch, bin ich, aber eine Gehaltserhöhung ist wirklich nicht drin.

Arnold: Warum denn nicht?

Chefin: (*platzt heraus*) Wie stellen Sie sich das vor? Sie marschieren hier einfach in mein Büro und erklären, was ich zu tun habe. Was fällt Ihnen überhaupt ein! (zu sich) Noch dazu sechs Prozent.

Wie beurteilen Sie Herrn Arnold?

O sehr überzeugend   O ganz gut   O mittelmäßig   O schlecht

So bewertet der Experte

Auch das ist ganz schlecht gelaufen. Nach einem solchen Gesprächsverlauf hat der Mitarbeiter sich den Rückweg verbaut. Kündigt er jetzt? Gibt er klein bei und signalisiert so, dass die Chefin bei ihm das nächste Mal leichtes Spiel hat? Herr Arnold hat nur ein einziges Ziel vor Augen: sechs Prozent mehr Gehalt. Um die Gesprächsatmosphäre kümmert er sich überhaupt nicht. Ein schwerer Fehler!

❶ *Sechs Prozent sind absolut angemessen.*

Herr Arnold hat seine Entscheidung längst getroffen. Es geht nur noch darum, dass die Chefin Ja sagt. Die Chefin ist deswegen mit Recht verärgert, denn sie merkt, dass Herr Arnold gar kein Gespräch will. So wie er sich verhält, könnte er ihr auch eine E-Mail mit seinen Gehaltswünschen schicken, und, wenn sie darauf nicht eingeht, einfach kündigen. Eine verärgerte Chefin ist für das weitere Gespräch eine denkbar schlechte Voraussetzung ...

❷ *Das ist doch realitätsfremd ...*
Die Chefin wird immer ärgerlicher, aber Herr Arnold tut so, als bemerke er das nicht. Wer sauer ist, ist jedoch für nichts mehr zugänglich. Deswegen lenkt Herr Arnold umsonst ein, indem er über seine gute Arbeitsleistung diskutieren will.

❸ *Sind Sie etwa nicht zufrieden mit mir?*
Herr Arnold erwartet nun ein sachliches Gespräch über seine Leistung. Doch dafür ist es bereits zu spät. Denn seine Chefin ist jetzt sehr ärgerlich – und von einer sachlichen Diskussion weit entfernt.

Was hat Herr Arnold falsch gemacht?
* Er argumentiert nicht, er fordert nur.
* Er ignoriert den Ärger seiner Chefin und verstärkt ihn dadurch.
* Er will in einer emotional angespannten Atmosphäre sachlich diskutieren

Dialog 3: Ich will ja nichts Unanständiges ...

❶ *Sehen wir uns eine andere Variante dieses Gesprächs an: Herr Arnold hat seine Chefin vorher informiert, dass er ein Gehaltsgespräch führen will. Er sitzt leicht nervös auf seinem Stuhl, aber er lächelt und hat eine offene Sitzhaltung.*

Chefin: Herr Arnold, Sie würden gern mit mir über Ihr Gehalt sprechen? Jetzt habe ich Zeit für Sie.

❷ **Arnold:** Ja, ich bin ja jetzt seit zwei Jahren in der Firma und da finde ich es wichtig, dass wir darüber mal reden.

Chefin: Prinzipiell haben Sie Recht. Aber Sie wissen genauso gut wie alle anderen, dass sich unser Unternehmen gerade in einer ziemlich schwierigen Umbauphase befindet.

❸ **Arnold:** (*sachlich*) Was wollen Sie damit sagen? Der Umsatz ist doch gut, oder?

Chefin: Ja, das ist er, zum Glück. Das muss er auch sein: Wir kämpfen sehr mit den anderen Anbietern, die aus dem Osten auf den Markt drängen. Kurz: Im Moment sind keine Gehaltserhöhungen drin.

Arnold: Warum?

Chefin: Sie wissen doch, dass wir vom Aktienkurs abhängig sind, und der ist im Moment ja nun alles andere als gut.

❹ **Arnold:** (*nett*) Ja aber, sind Sie nicht zufrieden mit meiner Arbeit?

Chefin: Doch, doch. Ich bin sehr zufrieden mit Ihnen.

Arnold: Ich habe das Gefühl, meine Arbeit wird nicht anerkannt, wenn ich dafür nicht auch mehr Geld bekomme.

Chefin: Ihre Kollegen, Herr Arnold, bekommen auch nicht mehr!

Arnold: Was heißt das? Bekommen die Kollegen in meiner Abteilung schon länger dasselbe Gehalt?

Chefin: Nein, das wollte ich damit nicht sagen, aber auch diejenigen, die noch nicht so lange da sind wie Sie ...

Wie beurteilen Sie Herrn Arnold?

O sehr überzeugend   O ganz gut   O mittelmäßig   O schlecht

So bewertet der Experte

Jetzt wird Herr Arnold wenigstens den Grund für die Ablehnung seiner Forderung erfahren. Anschließend müsste verhandelt werden, wie im nächsten Kapitel beschrieben.

❶ *Herr Arnold sitzt leicht nervös auf seinem Stuhl, aber er lächelt ...*
Dass Herr Arnold vor einem Gehaltsgespräch nervös ist, ist ganz normal. So ein Gespräch führt man schließlich nicht alle Tage.

❷ *... und da finde ich es wichtig, dass wir darüber mal reden.*
Herr Arnold redet von seinen Gefühlen und Gedanken. Er offenbart, wie er denkt und empfindet. Das ist kein Angriff, sondern eine Information. Die Chefin lernt, ihn besser zu verstehen, und muss keine gegensätzliche Haltung beziehen. Gegen Gefühle und Stimmungen lässt sich nichts sagen.

❸ *Was wollen Sie damit sagen? Der Umsatz ist doch gut, oder?*
Herr Arnold ist offenbar daran interessiert, die Sichtweise der Chefin kennen zu lernen. Die Chefin wird über kurz oder lang erklären müssen, warum sie sich gegen die Gehaltserhöhung wehrt, auch wenn sie zunächst das Thema wechselt.

❹ *Sind Sie nicht zufrieden mit meiner Arbeit?*
Herr Arnold erlaubt der Chefin nicht, das Thema zu wechseln.

Was hat Herr Arnold richtig gemacht?

- Er ist nervös wegen der Wichtigkeit des Gesprächs, aber er ist nicht aggressiv.
- Er spricht von sich und seinen Gefühlen – er sendet so genannte Ich-Botschaften.
- Er hört zu und fragt nach, was die Chefin ihm sagen will.
- Er lässt keine Ablenkung vom Thema zu.
- Er bringt die Chefin dazu, ihm ihre Gehaltspolitik zu erklären.

Dialog 4: Sechs, fünf, vier Prozent ...

Gut – die Gehaltserhöhung ist im Prinzip akzeptiert. Nun muss Herr Arnold die Höhe aushandeln.

Chefin: Wie hoch haben Sie sich Ihr neues Gehalt denn vorgestellt?

❶ **Arnold:** Ich möchte ... sechs Prozent mehr.

Chefin: Das geht nicht, Herr Arnold, das ist viel zu viel. Das konnte man in Zeiten der Vollbeschäftigung fordern, aber bei der jetzigen Situation auf dem Arbeitsmarkt – nein.

Arnold: Gut, fünf Prozent. Mit mir kann man ja reden.

Chefin: Wo denken Sie hin! Zwei Prozent ist das Höchste, was ich Ihnen momentan anbieten kann.

Arnold: Ich habe immer zuverlässig und genau meine Arbeit erledigt.

Chefin: Herr Arnold, ich kenne Ihre Fähigkeiten und möchte mich gern mit Ihnen einigen: Ich biete Ihnen drei Prozent für die nächsten drei Jahre.

❷ **Arnold:** Ich finde, meine Arbeit ist einiges mehr wert. – Vier Prozent, aber nur wegen der Wirtschaftskrise. Eigentlich müsste es viel mehr sein.

❸ **Chefin:** Ich kann Ihnen entweder die drei Prozent für die nächsten drei Jahre anbieten ... oder Sie müssen sich was anderes suchen.

Arnold: Drei? Das merke ich ja nicht mal auf der Abrechnung.

❹ **Chefin:** Mein Gott, seien Sie realistisch, Herr Arnold. Lesen Sie mal den Wirtschaftsteil irgendeiner Zeitung und hören Sie auf zu feilschen.

Arnold: In Ordnung. Drei Prozent. Aber im nächsten Jahr reden wir wieder.

Chefin: Mein Angebot gilt für drei Jahre und bis morgen. Überlegen Sie sich's.

Wie beurteilen Sie Herrn Arnold?

O sehr überzeugend   O ganz gut   O mittelmäßig   O schlecht

So bewertet der Experte

Herr Arnold bekommt seine Gehaltserhöhung. Rechnet man aber genau nach, sieht es nach einer Niederlage aus: Die Chefin hat sich um einen Prozentpunkt bewegt, Herr Arnold jedoch um drei Prozentpunkte. Er hat in der Tat schlecht verhandelt, aber das hat nichts mit den Prozentzahlen zu tun:

❶ Ich möchte sechs ... Prozent mehr.

Herr Arnold fängt mit dem Ziel an, das er erreichen will. Dadurch geht er nicht mit einem bestimmten Interesse in die Verhandlung, sondern mit einer bestimmten Position. Er stellt die Chefin vor vollendete Tatsachen.

❷ *Ich finde, meine Arbeit ist einiges mehr wert. – Vier Prozent ...*

Auf einem Basar wird gefeilscht. In einer Verhandlung ist das nicht angebracht. Wer so verhandelt, kommt zu einem Ergebnis, aber nicht zu einer gerechten Bezahlung, mit der beide Seiten zufrieden sind.

❸ ... entweder die drei Prozent für die nächsten drei Jahre anbieten ... oder ...

Die Chefin lässt ihm zwei Alternativen, zwischen denen sich Herr Arnold entscheiden soll. Er geht darauf ein. Auf den Gedanken, nach einer weiteren Alternative zu suchen, kommt er gar nicht.

❹ *Mein Gott, seien Sie realistisch, Herr Arnold.*

In unserem Beispiel führt die Lautstärke der Chefin dazu, dass Herr Arnold nachgibt. Sie wird persönlich und suggeriert ihm Schuldgefühle, um die eigene Position zu stärken. Um zu zeigen, dass er ihr nicht auf die Nerven gehen will, gibt Herr Arnold nach.

Was hat Herr Arnold falsch gemacht?

- Er hat eine feste Position und nimmt das Ziel vorweg.
- Er feilscht ohne objektiven Maßstab für die Erhöhung.
- Er glaubt, zwischen zwei Alternativen wählen zu müssen.
- Er lässt sich durch einen persönlichen Angriff manipulieren.

Dialog 5: Das ist doch läppisch!

Sehen wir uns eine zweite Variante an. Herr Arnold hat sich vorgenommen, dieses Mal hart zu verhandeln. *Die beiden sind schon mitten im Gespräch. Die Chefin hat ihm gerade zwei Prozent angeboten.*

Arnold: Zwei Prozent sind lächerlich, absolut lächerlich. Da brauche ich gar keine Gehaltserhöhung.

Chefin: Wie Sie wollen.

❶ **Arnold:** Sechs Prozent wären angemessen für meine Leistung und meinen Einsatz. Eine wirkliche Anerkennung. Man bekommt hier sonst eh kein Lob.

Chefin: (*hält ihren Ärger zurück*) Ich sollte Sie also mehr loben?

Arnold: Sechs Prozent wären ein echtes Lob!

Chefin: Sie verdienen ohnehin sehr gut. Also, ich biete Ihnen drei Prozent an.

❷ **Arnold:** *(aufgebracht)* Das ist doch nicht Ihr Ernst.

Chefin: Mehr kann ich im Moment nicht zahlen.

Arnold: Das ist doch läppisch.

Chefin: Für Sie vielleicht, Herr Arnold, für unsere Firma nicht.

Arnold: Über fünf Prozent lass ich mit mir reden. Darunter geht gar nichts.

❸ **Chefin:** *(Pause, dann langsam)* Mir sind da die Hände gebunden, Herr Arnold.

Arnold: Was heißt das denn, Sie entscheiden doch!

Chefin: So ein Unternehmen ist ein kompliziertes Gebilde, in dem ich keineswegs allein entscheide, auch wenn ich natürlich ...

Wie beurteilen Sie Herrn Arnold?

O sehr überzeugend   O ganz gut   O mittelmäßig   O schlecht

So bewertet der Experte

Herr Arnold war dieses Mal härter. Aber es ist egal, wie er das Gespräch beendet, ob die Chefin jetzt seufzend sechs Prozent bewilligt oder ihn entlässt, das Problem bleibt das gleiche. Herr Arnold fängt die Sache falsch an. Er kämpft und feilscht um Prozente, anstatt wirklich zu verhandeln.

❶ *Man bekommt hier sonst eh kein Lob.*
Herr Arnold vermischt durch diesen Vorwurf die Sachebene mit der persönlichen Ebene. Das lenkt jedoch vom Thema ab. Sollte sich die Chefin beim Nachdenken über diese Bemerkung ärgern, weil sie anderer Auffassung ist, wird sie ihren Ärger auf die Gehaltsverhandlung übertragen.

❷ *Das ist doch nicht Ihr Ernst ... Das ist doch läppisch.*
Mag sein, dass ihm das Angebot lächerlich vorkommt. Mag sein, dass er sich gar nicht vorstellen kann, dass die Chefin das wirklich ernst meint. Aber jeder will ernst genommen werden. Und genau das macht Herr Arnold hier nicht.

❸ *Mir sind da die Hände gebunden ... Sie entscheiden doch!*
Wenn die Chefin glaubt, Herr Arnold habe sie nicht richtig verstanden, wird sie zu einer langen Verteidigungsrede ausholen, die mit der Entscheidung selbst nichts zu tun hat. Die beiden sind dann bei einem zweiten Thema. Sicher ist es interessant, darüber zu sprechen, wie die Kompetenzen im Unternehmen verteilt sind, aber nicht, wenn es um das Gehalt von Herrn Arnold geht.

Was hat Herr Arnold falsch gemacht?

* Er nimmt die Einwände der Chefin nicht ernst.
* Er bemüht sich nicht, die andere Position zu verstehen.
* Er vermischt das mangelnde Lob mit seinem Anliegen und vermengt dabei die persönliche und sachliche Ebene.

Dialog 6: Darüber könnten wir reden

Auch vom letzten Gespräch sehen wir uns eine weitere Variante an.

Chefin: Was haben Sie sich denn so gedacht an Gehaltserhöhung?

❶ **Arnold:** (*sachlich*) Ich gehe davon aus, dass nach zwei Jahren eine Erhöhung üblich ist. In welcher Höhe, das sollten wir gemeinsam aushandeln.

Chefin: Wie viel wollen Sie denn?

❷ **Arnold:** Gibt es denn dafür keine Kriterien? Ich bin ja nicht der erste, der hier schon länger in einer Schlüsselposition arbeitet. Wie wird das denn normalerweise geregelt?

Chefin: Ich biete Ihnen … drei Prozent an.

Arnold: Das scheint mir sehr wenig. Das schlägt sich ja kaum auf der Gehaltsabrechnung nieder.

Chefin: Wenn Sie woanders mehr kriegen, dann kann ich Sie nicht hindern … (*stoppt*)

Arnold: Sind drei Prozent denn üblich?

Chefin: Ja, natürlich!

Arnold: Wie sieht es denn mit einer höheren Prämie aus?

Chefin: Ausgeschlossen. Der Prämienschlüssel ist für alle gleich.

❸ **Arnold:** Das verstehe ich. – Und was wäre mit einem Dienstwagen, als indirekte Erhöhung sozusagen?

Chefin: (*überlegt*) Darüber könnten wir reden.

Arnold: Es haben ja einige der Kollegen einen … (*stoppt*)

Chefin: Im Moment wäre natürlich nur ein Kleinwagen drin!

Wie bewerten Sie die Vorgehensweise von Herrn Arnold?

O sehr überzeugend   O ganz gut   O mittelmäßig   O schlecht

So bewertet der Experte

Es sieht so aus, als wäre die Taktik von Herrn Arnold in diesem Fall sehr wirksam – und als bekäme er die Gehaltserhöhung und den Dienstwagen.

❶ *In welcher Höhe, das sollten wir gemeinsam aushandeln.*
Herr Arnold ist willens, das Problem gemeinsam mit seiner Chefin zu beseitigen. Er geht davon aus, dass sie das gleiche Interesse an einer gerechten Bezahlung hat wie er. Er signalisiert, dass er an die Ernsthaftigkeit seiner Chefin glaubt, das Problem schnell und fair mit ihm zu lösen. Zufriedene Mitarbeiter leisten mehr.

❷ *Wie wird das denn normalerweise geregelt?*
Herr Arnold sucht nach einem objektiven Kriterium für die Höhe seiner Bezahlung. In den meisten Fällen gibt es solche Kriterien, zum Beispiel die Gehälter der Kollegen, die Bezahlungen in anderen Betrieben oder die allgemeine wirtschaftliche Entwicklung. Nur aufgrund objektiver Kriterien können wir beurteilen, ob das Gespräch wirklich wirksam war.

❸ *Das verstehe ich. – Und was wäre mit einem Dienstwagen ...*
In jeder Phase des Gesprächs nimmt Herr Arnold seine Chefin und ihre Argumente ernst. Er könnte auch mit ihr über das Prämiensystem diskutieren, aber er bleibt ganz bei der Sache und er sucht nach Alternativen. Es gibt ganz selten Auseinandersetzungen, für die es nur eine einzige Lösungsmöglichkeit gibt.

Was hat Herr Arnold gut gemacht?

* Er ist bereit, das Problem gemeinsam mit seiner Chefin zu lösen.
* Er sucht objektive Kriterien für sein Gehalt.
* Er nimmt seine Chefin und ihre Argumente jederzeit ernst.
* Er denkt über zusätzliche oder alternative Lösungen nach.

Dialog 7: Wie ist das bei den anderen?

Herr Arnold verhandelt nun über den Wagen. Die Stimmung zwischen den beiden ist immer noch gut.

Arnold: (*sachlich*) Ein Kleinwagen. Wieso nur ein Kleinwagen?
❶ **Chefin:** Das ist doch in Ordnung. Ich fahre selbst einen. Reicht Ihnen das nicht?
Arnold: Es geht nicht um das größere oder kleinere Auto. Ich wollte wissen, wieso für mich nur ein Kleinwagen drin ist, nichts weiter.
Chefin: Also gut, (*atmet durch*) Golfklasse. Sind Sie dann zufrieden?

Arnold: (*lächelnd*) Was sind denn die Kriterien? Warum Golfklasse? Zwei meiner Kollegen fahren Passat.

Chefin: Die haben ihren Wagen schon länger. Da galten noch andere Regeln.

❷ **Arnold:** Welche Regeln gelten denn jetzt?

Chefin: Die Größe des Autos hängt von der Leasingrate ab.

Arnold: Eine günstigere Leasingrate bedeutet dann unter Umständen das größere Modell?

Chefin: Theoretisch ja.

❸ **Arnold:** Wie sieht es mit Winterreifen aus?

Chefin: (*amüsiert*) Na, die können Sie dann ja wohl selbst bezahlen.

Arnold: Natürlich kann ich das. Ich will doch nur fair behandelt werden. Wie ist das denn bei den anderen? Haben die keine Winterreifen? Haben die keinerlei Extras? Ein Navigationssystem?

Chefin: Das ist bei jedem anders.

Arnold: (*lächelnd*) Ein Blick auf den Parkplatz sagt mir also, wer gut mit Ihnen verhandelt hat? Das liefert mir ja eine ganz neue Sicht auf die Kollegen ...

Wie bewerten Sie die Vorgehensweise von Herrn Arnold?

○ sehr überzeugend   ○ ganz gut   ○ mittelmäßig   ○ schlecht

So bewertet der Experte

Das hat Herr Arnold sehr gut gemacht. Er war hartnäckig, immer bei der Sache und nie persönlich. So wird er viel mehr erreichen.

❶ *Reicht Ihnen das nicht? ... Sind Sie dann zufrieden ...*
Die persönlichen Angriffe der Chefin ignoriert Herr Arnold völlig. Er bleibt bei der Sache und lässt sich nicht aus der Ruhe bringen.

❷ *Welche Regeln gelten denn jetzt?*
Herr Arnold sucht nach objektiven Kriterien für die Größe seines Dienstwagens. Das ist die einzige Möglichkeit, wie er beurteilen kann, ob er ein gutes oder ein schlechtes Ergebnis ausgehandelt hat. Dieser objektive Maßstab steht uns in fast allen Fällen zur Verfügung.

❸ *Wie sieht es mit Winterreifen aus? ... Extras? ... Navigationssystem?*
Herr Arnold bleibt sehr hartnäckig und ist bestens vorbereitet. Und da er nicht auf der persönlichen Ebene diskutiert, sondern bei der Sache bleibt, ist das weder ver-

letzend noch hat die Chefin eine Chance, ärgerlich zu werden. Das Einzige, worüber sie sich ärgern kann, ist sein geschicktes Verhalten.

Was hat Herr Arnold gut gemacht?

- Er ignoriert die persönlichen Angriffe und lässt sich nicht ablenken.
- Er trennt die persönliche Ebene von der Sachebene.
- Er sucht immer wieder nach objektiven Kriterien.
- Er bleibt hartnäckig.
- Er bleibt so gelassen, dass er sogar noch Humor entwickelt

So wenden Sie Ihre Kenntnisse an

Gehen Sie möglichst offen in ein Gespräch

Machen Sie sich Ihre Interessen vor einem Gespräch, in dem Sie sich durchsetzen wollen, klar, aber legen Sie sich nicht auf eine Lösung fest. Sie tun sich einerseits viel schwerer, Ihren Standpunkt neuen Informationen anzupassen, andererseits stehen Sie als Verlierer da, wenn Sie nach dem Gespräch weniger bekommen, als Sie gefordert haben. Man kommt auch mit Beharrlichkeit, Witz, Liebenswürdigkeit oder mit geschickter Argumentation ans Ziel, nicht nur mit Härte.

Holen Sie sich erst eine Zustimmung, dann stellen Sie Ihre Forderung

Wenn Sie sich trotzdem entschließen, zu Beginn eines Gesprächs eine Forderung zu stellen, dann sollten Sie diese zuerst begründen. Wenn Sie sechs Prozent wollen und anschließend argumentieren, hört die Gegenseite Ihnen nicht mehr zu, sondern bereitet ihre Argumente vor. Bringen Sie zuerst Ihre Gründe hervor und erhalten womöglich Zustimmung in einigen Punkten, dann haben Sie bessere Erfolgsaussichten.

Sorgen Sie dafür, dass Sie und Ihr Gesprächspartner beim Thema bleiben

Wenn Sie das Gefühl haben, dass Ihr Verhandlungspartner ausweicht, führen Sie ihn wieder zum Thema zurück. Sorgen Sie dafür, dass alle Beteiligten bei der Sache bleiben. Versucht Ihr Gegenüber abzulenken, sollten Sie ihn darauf ansprechen („In meinen Augen ist das wieder ein anderes Thema ...") oder mit einer Frage auf das Thema zurückkommen.

Aktiv zuhören und fragen – so finden Sie die Interessen der Gegenseite heraus

Sie kennen Ihre Argumente ja – aber wissen Sie, wie die Gegenseite darüber denkt? Nur wenn Sie die Denkweise Ihres Gegenübers verstehen, können Sie entsprechend argumentieren – und finden leichter eine Lösung. Aktiv zuhören heißt aber auch: Versuchen Sie, so lange die Haltung Ihres Gesprächspartners nachzuvollziehen, bis Sie diese besser darstellen können als er selbst. Am besten wiederholen Sie wichtige Äußerung ihres Gegenübers und bitten ihn um Korrektur, falls Sie etwas falsch verstanden haben. Erst wenn Sie die Gegenposition genau kennen, können Sie geschickt verhandeln. Nehmen Sie dabei jedes noch so fadenscheinige Argument ernst. Ist es unsinnig, wird sich dies dadurch am besten herausstellen.

Vertreten Sie Ihre Interessen – und nicht eine Position

Feste Positionen behindern die Kommunikation. Ein Gespräch ist ja auch ein Austausch von Informationen. Was tun Sie, wenn Sie z. B. während des Gehaltsgesprächs erfahren, dass alle anderen Mitarbeiter letzte Woche bereit waren, auf drei Prozent Gehalt zu verzichten? Ziel eines Gesprächs ist es, dass beide Seiten neue Aspekte kennen lernen – und diese verändern eventuell die Position der Gesprächspartner. Ihre Interessen hingegen – beispielsweise mehr Gehalt – ändern sich im gesamten Gespräch nicht.

Suchen Sie zunächst nach Alternativlösungen

Je härter der Konflikt, desto besser ist es, wenn sich die Parteien nicht wahllos in der Mitte treffen. Denn das führt schnell zu faulen Kompromissen: Der eine will den ganzen Kuchen, der andere aber nur die Hälfte hergeben, und so bekommt der Erste nur ein Viertel. Wenn Verhandlungen tatsächlich so funktionieren würden, dann würde jeder mit einer Forderung von 30 Prozent in Gehaltsgespräche einsteigen. Die Lösung kann zwar ein Kompromiss sein, sie kann aber auch ganz unerwartet aussehen. Je intensiver Sie vorher über Alternativlösungen nachgedacht haben, desto besser. Denn wenn verschiedene Möglichkeiten zur Verfügung stehen, fühlt sich auch der Partner an der Entscheidungsfindung beteiligt.

Suchen Sie nach objektiven Kriterien

Damit beide Seiten zufrieden sind, sind objektive Kriterien als Lösungsmaßstab sehr hilfreich. Sie verhindern, dass sich am Ende einer der beiden Verhandlungspartner benachteiligt fühlt – und sich womöglich rächt: der Mitarbeiter, indem er weniger arbeitet, die Chefin, indem sie ihm mehr Arbeit zumutet.

Trennen Sie Person und Sache

Verwechseln Sie den Verhandlungsgegenstand nie mit der Person, die vor Ihnen sitzt. Eine Meinungsverschiedenheit sollte die Beziehung nicht beeinträchtigen. Mit einem persönlichen Angriff schmälern Sie Ihre Erfolgschancen.

Tipp: Bleiben Sie hartnäckig

In der Regel lohnt es sich, hartnäckig zu bleiben. Die besten Ergebnisse werden nach zähen Verhandlungen erzielt. Solange man sich nicht auf eine Position festlegt und lediglich seine Interessen vertritt, ist das kein Problem. Die Faustregel: Je hartnäckiger in der Sache, desto netter zu den Menschen.

Fakten & Hintergründe

Auf die Vorbereitung kommt es an

Wer eine Rede hält, wird sich vorbereiten und länger über Gliederung und einzelne Formulierungen nachdenken. Ähnliches gilt bei einem Interview: Man macht sich über seine Fragen, eventuell auch über die Fragetechniken, vorab Gedanken. Für ein Gespräch gilt jedoch, etwas überspitzt formuliert: Wer ein Gespräch führt, sollte es nicht vorbereiten. Besser läuft es, wenn es nicht von A bis Z durchgeplant ist. Wer alle möglichen Einwände vorher durchgeht, wer sich detailliert zurechtlegt, was er sagen wird, wer den Ablauf durchstrukturiert, der lässt keinen echten Dialog mehr zu.

Natürlich muss man sein Thema vorbereiten, das heißt, sich einlesen oder einarbeiten in die Sache, über die man mit jemandem sprechen will. Doch der Unterschied ist elementar:

- Man bereitet Gedanken vor, aber keine einzelnen Sätze.
- Man bereitet Ideen vor, aber keine Formulierungen.
- Man bereitet *sich* vor, nicht jedoch das Gespräch.

Andernfalls riskiert man, nicht zu hören, was der andere sagt, und ihm vorgefertigte Antworten zu präsentieren, die nicht auf das eingehen, was gefragt wurde. Zudem merkt der Gesprächspartner immer, wenn sein Gegenüber nur ein Programm abspult.

Natürlich dürfen auch mögliche Einwände vorher überdacht werden, um darauf vorbereitet zu sein. Aber man muss immer damit rechnen, dass alles völlig anders kommt. Vor allem sollten Sie sich nicht davon beeindrucken lassen, wie bisherige Gespräche abgelaufen sind. Sie wissen nie alles über Ihren Gesprächspartner.

Wie man sich vorbereitet

Informationen

Mit allen notwendigen Informationen versorgt zu sein, ist die beste Vorbereitung. Aber Auswendiglernen ist kontraproduktiv. Ein Notizzettel tut bessere Dienste, wenn falsche Aussagen zu korrigieren sind. Konzepte, die diskutiert werden, sollten Sie genau kennen, Zahlen für Kalkulationsgespräche sollten Sie vorliegen haben und bei Gehaltsforderungen sollten Sie die Bezahlung in den letzten Jahren belegen oder andere Gehälter zum Vergleich heranziehen können.

Gespräche mit anderen

Das Gespräch mit Kollegen oder Freunden als Vorbereitung auf schwierige Verhandlungen ist ein gutes Mittel, um zu prüfen, was man wirklich über das anliegende Problem denkt. Schon der Dichter Heinrich von Kleist empfahl in seinem Essay „Über die allmähliche Verfertigung der Gedanken beim Reden", sich durch das Aussprechen seiner Gedanken bewusst zu machen, was man wirklich meint. Gegenüber Kollegen kommen einem die Worte viel zwangloser über die Lippen als vor dem Chef. Und: Sie stoßen dabei schnell auf Argumentationslücken.

Selbstgespräch

Ein ähnlich gutes Mittel zur Vorbereitung ist das Selbstgespräch. Aber auch hier kommt es nicht darauf an, stereotyp seine Forderungen „vor sich hin zu schimpfen" oder sich Formulierungen zu überlegen, wie man mögliche Angriffe geschickt abfedert. Die geprobten Sätze fallen Ihnen im Ernstfall ja doch nicht ein. Und wenn, dann wirken sie verkrampft – und Sie nicht souverän. Schlimmer noch: Sie äußern das Geprobte an Stellen, wo es nicht hingehört. Vielmehr sollten Sie im Selbstgespräch das, was Sie beschäftigt, einmal laut formulieren. Auf diese Weise wird Ihnen eher klar, wo Ihre Argumentation Schwächen, logische Brüche oder Lücken aufweist.

So stimmen die Rahmenbedingungen

Körperliche Verfassung

Wenn das Gespräch mit dem Vorgesetzten frühmorgens angesetzt ist, sollten Sie sich „einsprechen". Denn ist die Stimme noch müde oder belegt, ist man gezwungen, sich zu räuspern, was unsicher wirkt. Hunger ist übrigens ein schlechter Gesprächsbegleiter – er kann Sie ablenken oder nervös machen. Aber auch eine zu schwere Mahlzeit vor dem Gespräch ist ungünstig, sie macht schwerfällig. Ist der Mund trocken, weil man nervös ist, hilft ein Glas Wasser.

Seelische Verfassung

Ein schneller Blick in die E-Mails oder ein unangenehmer Anruf gehören nicht ins Vorprogramm eines wichtigen Gesprächs. Im Terminkalender wird am besten vor dem Gespräch das Stichwort „Vorbereitung" eingetragen. Ob man dann Akten durchsieht oder einen Kaffee trinkt, bleibt jedem selbst überlassen.

Der Zeitpunkt

Wer gehetzt oder atemlos ist, ist automatisch im Nachteil. Er hat nicht die notwendige Zeit, sich auf den neuen Raum und den Gesprächspartner einzustellen. Ein wichtiges Gespräch führt man morgens leichter als nach einem langen Arbeitstag. Auch der Freitagnachmittag empfiehlt sich nicht für ein Grundsatzgespräch. Die Gefahr, dass der Gesprächspartner sich beeilt, ins Wochenende zu kommen, ist zu groß. Ort und Zeit sollten sorgsam gewählt werden, denn das gleiche Thema wird bei einem Glas Wein oder in Anwesenheit von Dritten völlig unterschiedlich diskutiert. Auch wer ein Treffen beschleunigen will, stößt immer auf Widerstand. Geduld sorgt für Ruhe und macht sich am Ende bezahlt.

Der Raum

Der Raum hat Einfluss auf die Spannung. Schwierige Gespräche sind in einem vertrauten Umfeld leichter zu führen. Wird jemand in einen Raum bestellt, der frei zugänglich ist, sollte er früher kommen und sich den fremden Ort erobern: das Fenster schließen, die Blumenvase, die den Blick versperrt, wegräumen, den richtigen Platz am Tisch finden, den Stuhl zurechtrücken – all das sind gute Vorbereitungen, die sich beruhigend auf die Stimmung auswirken.

Der Stuhl

Ein guter Sitzplatz kann viel zum Erfolg eines Gesprächs beitragen. Deshalb sollten Sie vor einer wichtigen Besprechung unbedingt den Stuhl ausprobieren. Achten Sie darauf, dass er nicht zu tief ist oder zu hohe Lehnen hat, weil dann der Spielraum für die Hände fehlt. Ein fester Stuhl eignet sich besser als ein Drehstuhl, denn der Gesprächspartner wird durch die ständige Bewegung unweigerlich nervös.

Utensilien

Die mitgebrachten Informationen müssen übersichtlich sein. Wer lange in seinen Unterlagen suchen muss, bevor er fündig wird, wird unglaubwürdig und verliert den Faden. Wer zuviel Material zum Gespräch anschleppt, macht andere nervös. Diese fragen sich natürlich, was man alles mit ihnen vorhat, und gehen in Stellung. Achtung: Den Stift nicht vergessen! Vereinbarungen und Formulierungen sollten notiert werden, um das Gegenüber anschließend darauf festzulegen oder sich später an das Gesagte erinnern zu können. Block und Stift helfen auch, während des Gesprächs Gedanken festzuhalten, ohne den anderen zu unterbrechen. Auch eine geänderte Tagesordnung oder neue Informationen können so schnell aufgeschrieben und jederzeit in Erinnerung gerufen werden.

Nervosität

Lampenfieber oder Erwartungsangst war zu Anfang der menschlichen Entwicklung durchaus sinnvoll. Schwitzen sorgt durch die Verdunstungskälte für Kühlung, Zittern lockert die Muskulatur, der erhöhte Puls garantiert eine bessere Sauerstoffzufuhr, die Anspannung bietet Schutz vor Verletzungen von außen. Nervosität ist also etwas Natürliches. Aber leider macht sie auch Selbstbewusste schüchtern, lässt Redegewandte stottern, führt bei den Präzisen zu Black-outs. Es ist unmöglich, sie für immer abzubauen, da sie situationsabhängig ist. Auch eine Situation, die mehrfach gut gemeistert wurde, kann bedrohlich werden, wenn zum Beispiel ein Dritter hinzu gebeten wird oder der Computer abstürzt, auf dem man gerade eine Präsentation zeigen wollte. Erst wer seine Nervosität wie eine gute Freundin empfängt, wird auf die Dauer mit ihr zurechtkommen. Nervosität hat viele Vorteile:

- Je nervöser man ist, desto besser bereitet man sich vor.
- Nervosität, wenn sie nicht zu groß ist, fördert die Konzentration und steigert die Leistung.
- Nervosität ist menschlich. Sie sagt weder etwas über Sympathie noch etwas über Kompetenz oder Wissen aus.

- Sie zeigt, wie ernst jemand einen Menschen oder eine Situation nimmt, und das ist für den anderen ein gutes Zeichen.

Flexibilität

Vom Dichter Heinrich von Kleist stammt auch das Bild von der Eiche, die stürzt, weil der Wind in ihre Krone greifen kann, während junge Bäume ein Sturm nicht fällt, denn sie sind flexibel und schwanken im Wind. Flexibilität ist keine Schwäche, ebenso wenig wie starre Positionen eine Stärke sind. Erst durch Flexibilität erzeugt man Stabilität. Wer locker lässt und sich auf immer neue Argumente des Gesprächspartners einlässt, der kann auch beweglich auf sie reagieren. Erfolgreiche Kommunikation führt immer zu Veränderung, Veränderung führt zu Fortschritt. Wer hingegen Druck mit Druck beantwortet oder auf Vorschläge mit Widerstand reagiert, gefährdet sich selbst.

Geht eine Verhandlung trotz allen Geschicks, trotz bester Vorbereitung oder trotz eines weiten Handlungsspielraums nicht gut für Sie aus, heißt das nicht, dass damit ein Ende der Gespräche erreicht ist. Wer die Hintergründe eines Scheiterns erforscht, versteht das Scheitern und kann um ein neues Gespräch bitten. Fragen, die Hintergründe aufdecken, sind folgende:

- Wurde das Gespräch rechtzeitig geführt? Oder ist der Gesprächspartner irritiert, weil Sie das Thema schon längst hätten ansprechen sollen?
- Wurden alle Krisensignale wahrgenommen?
- Wurden sämtliche Alternativen vorbereitet und ausgeschöpft?
- Wurden alle wichtigen Fragen gestellt und beantwortet? Welche nicht? Warum nicht?

Keinesfalls sollte man gescheiterte Verhandlungen bagatellisieren oder leugnen. Denn sonst betritt man das nächste Verhandlungszimmer schon mit geschlossenen Ohren und das ist keine gute Voraussetzung für ein erfolgreiches Gespräch.

Verhandlungstricks

Viele Menschen sind sehr stolz auf ihr großes Repertoire an Verhandlungstricks. Doch diese wirken nur, so lange nur jeweils einer davon weiß. Stellen Sie sich vor, der andere kennt Ihren Trick – sofort sinken Sie in seiner Achtung. Er wird gut aufpassen, dass Sie ihn nicht „austricksen". Jede weitere Verhandlung wird dadurch erschwert. Mit einem starken Verhandlungspartner ein gutes Ergebnis ausgefochten zu haben, ist etwas sehr Befriedigendes. Jemanden betrogen zu haben, macht keinen Spaß. Man kann damit ja nicht einmal angeben. Kennen sollten Sie die Tricks aber natürlich schon, um sie abwehren zu können:

- Das Angebot zweier Alternativen gehört zu den beliebtesten Tricks. Bei der Frage des Kellners beispielsweise, ob man ein Dessert oder einen Digestif wolle, muss einem erst einfallen, dass man auch die Möglichkeit hat, beides abzulehnen.
- „Aktives Zuhören" wird dann zum Trick, wenn man dem Partner nur das Gefühl gibt, er würde gehört. Eingestreute „Mmhs" sind nervig, wenn nichts dahinter steht. Aktives Zuhören ist eine Notwendigkeit, keine Technik.
- Ihr Gesprächspartner erklärt nach der Einigung, er müsse das Ergebnis noch von Dritten bewilligen lassen. Das kann ein Trick sein, um die Einigung später infrage zu stellen. Man sollte in dem Fall klarstellen, dass bei der geringsten Veränderung wieder neu verhandelt werden muss. Sollte Ihr Gegenüber nur Zeit gewinnen wollen und sich später nicht an die Vereinbarungen halten, hilft eine schriftliche Fixierung. Das hat nichts mit Misstrauen zu tun.
- Persönliche Angriffe oder kleine Irritationen können auch bewusst eingesetzt werden, um Sie zu verwirren. Äußerungen wie „Sie sehen aber blass aus" oder „War gestern wohl ein bisschen später" vor einem Gespräch sind meistens keine wohlmeinende Anteilnahme, sondern der Versuch, Sie aus der Fassung zu bringen. Auch das Gegenteil, Nichtbeachtung, irritiert enorm. Wer beim Gespräch zum Beispiel nie direkt angeschaut wird, verliert möglicherweise seine Souveränität.
- Einen Gesprächspartner erst dreimal Ja sagen zu lassen, bevor man seine Forderungen stellt, ist ein beliebter Trick. Man holt einfach für Selbstverständliches die Meinung ein, um dann beim entscheidenden vierten Mal ein Ja zu ernten – doch diese Masche ist in der Regel leicht durchschaubar.
- Jemanden mit seinem Namen anzusprechen, ist im Prinzip richtig. Manche übertreiben das aber und bauen die persönliche Anrede in jede Replik ein. Zu viele „Herr Arnold" sollten Herrn Arnold in den vorgestellten Gesprächen deshalb misstrauisch machen.
- Zieht sich jemand bewusst overdressed an, hält er seine Bewegungen massiv unter Kontrolle, spricht er mit einer leisen und warmen Stimme, sind auch das Tricks. Würden Sie es mit so jemandem privat zu tun haben wollen? Bleiben Sie authentisch! Bei einem Gespräch mit dem Chef schadet es natürlich nicht – je nach Dresscode in Ihrer Firma – Anzug und Krawatte anzuziehen, aber wenn er Sie noch nie darin gesehen hat, wird ihn das irritieren.
- Grundsätzlich gilt: Man sollte nichts vorspielen, nur um eine vermeintlich bessere Gesprächsposition zu haben, denn man muss dieses Spiel ja zu Ende spie-

len. Jemand, der die Stimmlage wechselt, ohne emotional betroffen zu sein, wird unglaubwürdig, unsicher und widersprüchlich. Schauspieler gehören auf die Bühne und nicht ins Büro.

Tipp: So enttarnen Sie Tricks

Sprechen Sie den anderen auf seine Tricks an. Eine Technik, die Sie enttarnen, kann der andere nicht mehr anwenden. Hier einige Beispiele, wie Sie das formulieren können:

- Du willst mich jetzt schon zum zweiten Mal herausfordern!
- Warum nicken Sie die ganze Zeit so heftig?
- Ich habe das Gefühl, Sie wollen Zeit gewinnen.
- Werden Sie so laut, weil Sie mir Angst machen wollen?
- Bitte lenken Sie mit der Bemerkung über mein Kleid nicht ab.
- Woher kommt denn der plötzliche Zeitdruck auf einmal?
- Ich habe die Ironie in deinem Satz deutlich gehört.
- Spielen Sie jetzt bewusst auf meinen schwachen Punkt an?
- Fangen Sie wieder von vorne an, weil Sie sich ärgern?
- Ich weiß nicht, warum du gerade alte Geschichten aufwärmst.

Situation 2: Sich in Besprechungen durchsetzen

Meetings sind nicht immer beliebt. Manche ziehen sich unnötig in die Länge, manche enden ohne Ergebnis. Was aber können Sie tun, wenn Sie das Gefühl haben, in Besprechungen immer wieder zu unterliegen, nicht gehört oder gar nicht wahrgenommen zu werden? Viele wünschen sich deswegen eine lautere Stimme, eine breitere Statur oder den Sitzplatz an der Stirnseite des Tisches. Ob das eine dauerhafte Lösung ist? Im Folgenden erleben Sie eine schwierige Besprechung: Frau Diek bemüht sich ständig, zwischen ihren Kollegen Breit und Calwes auch einmal zu Wort zu kommen.

Dialog 1: Ich möchte jetzt auch mal ...

Herr Breit, Herr Calwes und Frau Diek arbeiten in einem Möbelhaus. Die Männer diskutieren engagiert den Stil der ausgestellten Wohnzimmer.

Breit: Deswegen finde ich, wir sollten bei den Wohnzimmern jetzt mal auf helle Farben setzen. Das ist jung, modern, vergrößert die Räume ...

Calwes: Die Jungen sind doch nicht unsere Zielgruppe, Herr Breit. Die schrauben sich die Regale doch selber zusammen. Design muss sein! Gute, zeitlose Materialien, Qualität ...

❶ **Diek:** (*schnell*) Ich finde, wir sollten den Verkäufer ...

Breit „Zeitlose Materialien", „Qualität" das kann doch heutzutage keiner mehr bezahlen.

Calwes: Herr Breit, das hatten wir doch alles schon!

Diek: (*hastig*) Der Verkäufer weiß doch besser ...

Calwes: Wer hat denn das Geld heute? Die Fünfzigjährigen! Und die leisten sich Exklusivität, egal ob hell oder dunkel.

Diek: Ich möchte jetzt auch mal was sagen!

Breit: Bitte, Frau Diek, was gibt es denn?

Diek: (*aufgeregt und schnell*) Ich finde ... ich finde, wir sollten mit dem Verkäufer reden.

Calwes: Wir haben Sie schon verstanden, Frau Diek. Wenn wir solche Entscheidungen an den Verkauf delegieren, dann können wir gleich dicht machen.

❷ **Diek:** (unterbricht) Das meine ich doch gar nicht, ich wollte ...

Breit: (*unterbricht*) Ich habe mit dem Verkäufer vor einer Woche gesprochen. Der sagt auch, dass er helle Möbel lieber hätte.

❸ **Diek:** Jetzt lassen Sie mich doch bitte mal ausreden! Ich möchte jetzt einmal einen Satz sagen dürfen, ohne unterbrochen zu werden.

Wie beurteilen Sie die Vorgehensweise von Frau Diek?

O sehr überzeugend   O ganz gut   O mittelmäßig   O schlecht

So bewertet der Experte

Frau Dieks Taktik war wirksam. Die beiden Männer werden ihr zuhören. Aber um welchen Preis? Die Atmosphäre ist vergiftet, die Männer fühlen sich angegriffen und Frau Diek regt sich auf. Nicht zur Nachahmung empfohlen.

❶ Ich finde, *wir sollten den Verkäufer ... Der Verkäufer weiß doch besser ...*
Frau Diek spricht so schnell, um gehört zu werden, anders gesagt: Sie will möglichst wenig der kostbaren Redezeit der anderen für sich beanspruchen. Sie macht sich klein. Wenn sich jemand aber selbst klein macht, haben die Herren kein Problem, Stärke zu zeigen. Frau Diek deutet durch ihre hastige Sprechweise ungewollt an, dass ihr Beitrag nicht wichtig ist.

❷ Erst unterbrechen Herr Breit und Herr Calwes, dann unterbricht Frau Diek, anschließend wieder Herr Breit.
Hier ist ein Kampf um die Redezeit im Gange. Da glaubt Frau Diek, mitkämpfen zu müssen, um nicht unterzugehen. Jeder will jetzt den Kampf gewinnen. Unterbrechen ist immer eine Machtfrage.

❸ *Jetzt lassen Sie mich doch bitte mal ausreden! Ich möchte jetzt einmal ...*
Auch wenn sie Recht hat, ist das ein ziemlich heftiger, persönlicher Angriff. Frau Diek ist offenbar sehr verärgert. Die Herren werden sich jetzt gegen alles stellen, was kommt, weil sie nicht hören, was Frau Diek sagt, sondern sie verstehen nur den Vorwurf. Sie haben das Gefühl, sich gegen den vermeintlichen Angriff wehren zu müssen.

Was hat Frau Diek falsch gemacht?

* Sie beeilt sich mit ihren Beiträgen und macht sich dadurch klein.
* Da die anderen unterbrechen, unterbricht sie auch.
* Sie wartet so lange, bis sie ihren Ärger gar nicht mehr zurückhalten kann, und explodiert dann.

Dialog 2: Stopp? Stopp!

Hören wir eine zweite Variante des Gesprächs. *Die Ausgangssituation ist dieselbe. Frau Diek hat ihre Kollegen eine Zeit lang nur beobachtet und zugehört.*

Diek: (*ruhig*) Ich finde, wir sollten den Verkäufer ...

Breit (*unterbricht*) Es wird Zeit, dass unser Angebot auch für Jüngere interessant wird.

Calwes: Herr Breit, das hatten wir doch alles schon!

Diek: Herr Calwes, Moment mal!

Breit: (*überhört sie*) Wieder so eine typische Killerphrase! (*äfft Herrn Calwes nach*) Das hatten wir doch alles schon! Das hatten wir doch alles schon!

❶ **Diek:** Stopp, stopp, Herr Breit, Moment mal. (*wartet bis es ruhig ist*) Ich habe ein Problem. Sie beide reden sehr laut und engagiert, das ist ja ganz in Ordnung. (*lächelnd*) Dagegen komme ich nicht an. Ich würde aber auch gerne etwas dazu sagen. Und ich möchte gerne zu Wort kommen, ohne darum kämpfen zu müssen.

Breit: (*ruhig*) Bitte, Frau Diek. Was wollen Sie sagen?

❷ **Diek:** Ich kann Sie beide verstehen. Helle, junge, flippige Möbel sind in, aber das Gros unserer Kunden ist älter und bevorzugt klassisches Design. Meiner Meinung nach sollten wir den Verkäufer in unser Gespräch einbeziehen. Der soll nicht entscheiden, entscheiden müssen wir. Aber er kann besser verkaufen, wenn er in die Gestaltung der Musterwohnzimmer eingebunden ist, oder?

Wie bewerten Sie die Vorgehensweise von Frau Diek?

O sehr überzeugend   O ganz gut   O mittelmäßig   O schlecht

So bewertet der Experte

Die Unterbrechung ist ebenso wirksam und dennoch ist die Atmosphäre viel besser als beim ersten Mal. Frau Diek wirkt hier sehr selbstbewusst und souverän. Sie wartet, bis es ruhig ist, und spricht auch sehr ruhig. Sie weiß, was sie will, und äußert, wie unbehaglich sie sich fühlt. Dadurch werden auch die anderen Teilnehmer ruhiger und hören einander wieder zu.

❶ *Stopp, stopp, Herr Breit, Moment mal ...*
Frau Diek unterbricht, will aber keine Redezeit zum Thema, sondern zum Umgangston. Dadurch dass sie die Gesprächsebene wechselt und statt der Wohnzimmer den Gesprächsstil thematisiert, halten die Herren die Unterbrechung für angebracht.

❷ *Ich kann Sie beide verstehen ...*
Frau Diek zeigt den Herren, dass sie sie verstanden hat, aber trotzdem noch etwas beitragen möchte. Für die Herren wäre es nun unsinnig, sich zu wiederholen. Sie hören zu, anstatt gleich zu widersprechen. Jetzt hat Frau Diek endlich die lang ersehnte Redezeit. Und sie hütet sich, einen langen Monolog zu halten, in dem sie alles sagt, was sie schon immer sagen wollte. Was sie von anderen verlangt, gilt auch für sie selbst.

Was hat Frau Diek gut gemacht?
- Sie unterbricht, um den Gesprächsstil zu klären.
- Sie nimmt sich Zeit und Ruhe für ihren Beitrag.
- Sie zeigt den Herren, dass sie ihre Argumente verstanden hat.
- Sie äußert kurz und prägnant ihre Meinung.

So wenden Sie Ihre Kenntnisse an

Unterbrechen Sie nur im Notfall
Gespräche verlaufen meist asymmetrisch: Der Mächtigere unterbricht den Schwächeren. Unter Gleichgestellten ist diese Machtdemonstration nicht angebracht. Natürlich dürfen Sie beleidigten oder aggressiven Endlos-Rednern ins Wort fallen. Aber dann sollten Sie sofort klären, wie man miteinander sprechen kann, sodass alle zu Wort kommen.

Bei Störungen wechseln Sie die Ebene
Sollten Sie übergangen, falsch interpretiert, nicht gehört werden oder nicht zu Wort kommen, wechseln Sie die Ebene. Störungen haben Vorrang. Wedeln Sie mit den Armen, rufen Sie laut, hauen Sie mit der Faust auf den Tisch. Wenn alle ruhig sind, klären Sie die Störung. Warten Sie damit nicht so lange, bis Sie wirklich wütend sind.

Emotion verliert immer
Aufregung schwächt die Argumentation. Wir schenken jemandem, der sich von seinen Emotionen forttragen lässt, kein Gehör, weil wir den Verdacht haben, dass er nicht alles bedenkt. Gute Argumente kommen immer von einem kühlen Kopf. Dabei darf das Argument aber durchaus emotional sein. Sie können sagen, dass Sie etwas ärgert. Aber sagen Sie es nicht ärgerlich.

Zeigen Sie, dass Sie verstanden haben

Wer das Gefühl hat, nicht verstanden zu werden, wiederholt seine Argumente endlos. Fassen Sie stattdessen seine Argumente zusammen und vermitteln so, dass die Botschaft angekommen ist, kann er seine Wiederholungen abbrechen und Ihnen zuhören.

Fassen Sie sich kurz

Es ist ein großartiges Gefühl, wenn eine Gruppe von Menschen einem aufmerksam zuhört. Danach kann man süchtig werden. Aber stehlen Sie den anderen keine Zeit! Wenn Sie andere unnötig belästigen, nehmen diese nicht Ihre guten Argumente wahr, sondern wehren sich gegen Ihren Überfall.

Diskussionstipps

- Formulieren Sie kurze Sätze, benutzen Sie kurze Wörter.
- Beispiele erleichtern das Verständnis. Je konkreter sie sind, desto besser.
- Bilder lassen sich leichter merken als abstrakte Erklärungen.
- Sachinformationen leisten gute Dienste. Weil sie schnell verfügbar sein müssen, sollten Sie Wichtiges griffbereit haben.
- Fehler, die man sofort einsieht, sind kein Problem. Nur bei Rechthaberei verliert man schnell sein Gesicht.
- Wer eigene Fehler benennt, bevor der andere sie aufdeckt, ist im Vorteil.
- Gesprächsteilnehmer sollten dieselbe Sprache sprechen, sich also nur so fachspezifisch ausdrücken, wie es von allen verstanden wird.
- Zuhören eröffnet viel schneller neue Perspektiven als Nachdenken.
- Benutzen Sie positive Formulierungen. Wenn etwas zu 50 Prozent gelingt, stimmt Ihr Gesprächspartner eher zu, als wenn es zu 50 Prozent schief geht.
- Wer nicht angeschaut wird, ärgert sich. Wer wenig redet, sollte daher mit Blicken in die Diskussion einbezogen werden.
- Unbewiesene Behauptungen sind Vermutungen. Benennen Sie sie auch so.
- Begründen Sie Ihre Fragen, sie werden dann offener beantwortet.
- Das Gesprächsziel sollten alle vor Augen haben, damit jeder sofort merkt, wenn das Gespräch die Richtung wechselt.
- Es ist gut, den ersten Schritt zu machen. Wer etwas hergibt, ist glaubwürdiger. Kunden, die eingeladen werden, kaufen leichter.
- Wer nicht gehört wird, muss lauter sprechen. Wem man nicht zuhört, der spricht besser leiser.

> **Tipp: Sprechen Sie darüber, *wie* Sie kommunizieren**
>
> Gerät ein Gespräch ins Stocken, hilft es, den Gesprächsverlauf zu analysieren. Setzen Sie eine Pause an und besprechen Sie Ihren Eindruck der Situation. Ziehen Sie eine Zwischenbilanz und fassen Sie zusammen: Was hat die Diskussion gefördert, was hat sie behindert? Erfragen Sie die Eindrücke der anderen und entscheiden Sie gemeinsam, wie es weitergehen soll.

Fakten & Hintergründe

Einwürfe und Zwischenrufe

Zwischenrufe und Einwürfe in Diskussionen oder bei Vorträgen sind gefürchtet, weil sie den Referenten aus dem Konzept bringen können. Betrachtet man sie jedoch lediglich als Rückmeldung, werden sie weniger Furcht erregend. Ein Zwischenruf ist eine Form des Feedbacks, kein angenehmes Feedback, kein Feedback nach den Regeln, aber in den meisten Fällen ist das Anliegen des Störers berechtigt – auch bei einem guten Referenten, einer guten Diskussion oder einem brillanten Redner.

Störungen nutzen

Warum sollte jemand den Mut aufbringen, den Redefluss eines Vortragenden zu stören, wenn er nicht davon überzeugt wäre, dass das wichtig und bedeutsam ist? Unterstellen Sie dem Zwischenrufer keine unlauteren Motive. Für jeden Redner oder Kursleiter ist es hilfreich zu erfahren, was an seinen Ausführungen für einen seiner Zuhörer nicht stimmt, da sich nicht jeder zu Wort meldet, dem etwas unangenehm auffällt. Vielleicht teilt die Mehrheit im Saal oder in der Diskussionsrunde die Meinung des „Störers"? Hat hier einer eine wesentliche Information? Warum ihn also zurechtweisen oder lächerlich machen? Das löst nur Rachewünsche aus, bei ihm und bei denjenigen, denen er aus der Seele spricht. Das erste Ziel des Redners muss sein zu verstehen, was der Zwischenrufer meint. Das zweite, darauf entsprechend zu reagieren. Genauso wie er das in einem privaten Gespräch auch würde. Macht er das zügig, kann er seinen Vortrag fortsetzen und den Aspekt, den der Zwischenrufer betont hat, gleich mit einbauen.

Offene Rückmeldung

Ist das Problem des Störers nicht lösbar, weil er zum Beispiel versucht auf ein anderes Thema zu lenken, von dem der Vortragende keine Ahnung hat, dann sollte der Redner das offen aussprechen. Eine Bitte, das Problem in einem anderen Rahmen zu lösen, unterbindet weitere Meldungen zum selben Themenkomplex. Wird der Einwand stattdessen abgewiegelt oder ins Lächerliche gezogen, macht sich der Redner für den Rest des Publikums unglaubwürdig und sein Störer wird ihn erneut unterbrechen.

Persönliches aus der Welt schaffen

Sollte der Störer die Diskussion nicht weiterbringen, sondern den Redner ärgern oder bloßstellen wollen, hilft genauso die Frage, was er denn wolle. Dann muss der Störer seine Gründe aufdecken. Gibt er zu, dass er stören will, hat der Redner das interessierte Publikum auf seiner Seite. Aber auch Lügen oder Ausreden lassen sich durch direktes Nachfragen entlarven. Persönliche Probleme, ein alter Streit, man spricht es ebenfalls am besten direkt an. Man holt das Gespräch auf die Metaebene und thematisiert das persönliche Problem.

Nachfragen kostet weniger Zeit als Ignorieren

Auf Aggression, kommt sie nun als Ironie, Sarkasmus oder Wut daher, gibt es eine gute Antwort: Die Frage, warum der andere sich so aggressiv verhält. Damit liegt eine massive Störung vor. Sie muss erst angesprochen, wenn möglich auch gelöst werden. Dann hat die Diskussion wieder eine Chance. Das kostet weniger Zeit als neue Unterbrechungen und weniger Nerven kostet es auch.

Der Ton macht die Musik

Um herauszufinden, was der Zwischenrufer meint, kann man sich nicht darauf verlassen, was er sagt. Der Satz „Das bringt doch alles nichts!“ kann mit einem seufzenden Unterton bedeuten, dass er etwas schon vor zehn Minuten verstanden hat, was gerade zum dritten Mal erklärt wird. Dann weiß der Redner, dass er sich kürzer fassen kann. Derselbe Satz mit einem aggressiven Unterton kann bedeuten, dass die versprochene Pause nicht eingehalten wurde. In einem leidenden Ton kann der Satz meinen, dass der Zwischenrufer nichts verstanden hat. Vielleicht überfordert der Redner die Zuhörer? In keinem der Fälle meint der Zwischenrufer, dass die Diskussion nichts bringt, auch wenn er es gesagt hat. „Ich kapiere das nicht!“ kann bedeuten, dass das, was vermittelt werden soll, zu komplex ist. Es kann aber auch heißen, dass ein Kursteilnehmer sich weigert, länger mitzumachen, weil der Leiter vor zehn Minuten alle seine Vorschläge abgelehnt hat.

Klare Zurechtweisung

Wenn ein notorischer Vielredner oder Störer weitermacht, obwohl er oft genug Aufmerksamkeit erhalten hat, hilft nur noch ein offenes Wort: „Sie nerven! Nicht nur mich, auch die anderen Teilnehmer. Bitte halten Sie sich jetzt zurück oder verlassen Sie den Raum, wir würden gern weiterarbeiten." Sagen Sie es einfach und vor allem rechtzeitig, ohne jede Aggression. Zu so drastischen Maßnahmen sollten Sie aber nur greifen, wenn Sie sicher sind, dass Sie die Sympathien der Gruppe auf Ihrer Seite haben. Sonst müssen Sie sich mit dem Störer auseinandersetzen.

Wenn der Chef stört

Fällt der Chef oder Auftraggeber einem ins Wort, will er meist dem Redner eher helfen, als ihn vorführen. Eine Demontage würde schließlich auf den Chef selbst zurückfallen. Vielleicht ist der Redner gerade auf dem Holzweg und braucht einen Hinweis? Chefs, die sich aber einmischen, weil sie sich so gerne reden hören, dürfen Sie freundlich darauf ansprechen, dass in Anbetracht der Kürze der Redezeit zwei Möglichkeiten bestehen: er oder Sie. Da er der Chef ist, darf er entscheiden.

Fähigkeiten zeigen

Zwischenrufer sind auch eine Chance: Man kann die eigenen kommunikativen Fähigkeiten an ihnen demonstrieren, zum Beispiel so:

Zwischenrufer: (*grinsend*) Das ist ja ganz nett ...
Sprecher: Wollten Sie was sagen?
Zwischenrufer: Schon gut!
Sprecher: (*unbeirrt*) Sie sehen das anders?
Zwischenrufer: Nein, aber ... das ist ja so ganz nett ...
Sprecher: (*herausfordernd*) Aber ...
Zwischenrufer: Das hat doch nichts mit unserem Alltag zu tun.
Sprecher: Sie finden, dass das alles nur Theorie ist, was ich sage?
Zwischenrufer: Ja, theoretisch funktioniert das wunderbar, aber ...
Sprecher: Gut, ich gebe Ihnen mal ein konkretes Beispiel ...

Humor entwickeln

Wer mit Zwischenrufen rechnet, kann besser mit ihnen umgehen. Und von ihnen profitieren, und zwar nicht nur inhaltlich. Durch die Art der Reaktion kann ein Redner eine Diskussion bereichern und für gute Laune sorgen, wenn er sich an folgende Regeln hält:

- Sachliche Zwischenrufe – humorvoll beantworten.
- Humorvolle Zwischenrufe – sachlich beantworten.
- Unsachlichen Zwischenrufen – auf den Grund gehen.

Fragen

In der Kommunikation gibt es einen Bereich, der oft zu kurz kommt: Jeder redet lieber selbst, als dass er zuhört. Jeder sagt lieber etwas, anstatt zu fragen. Dabei kommt man durch Fragen viel besser ins Gespräch:

- Offene Fragen
  Sie schaffen ein offenes Gesprächsklima und ermuntern den anderen, mehr zu erzählen. Beispiel: *Was meinten Sie, Frau Diek?*
- Geschlossene Fragen
  Das sind Fragen, die ein Gespräch abwürgen können, denn sie wirken oft wie ein Verhör, weil sie nur mit Ja oder Nein beantwortet werden können. Sie können damit sehr gut Sachverhalte klären, aber kein Gespräch in Gang halten. Beispiel: *Sind wir uns darin einig?*
- Direkte Fragen
  Sie dienen in der Regel dem Verständnis und beginnen oft mit einem Fragewort: wie, wer, wo oder was? Beispiel: *Mit wem haben Sie gesprochen?*
- Indirekte Fragen
  Solche Fragen benutzt jemand, der nicht ganz sicher ist und sich vorsichtig an den anderen herantasten will. Diese Fragen sind sehr offen und bieten dem anderen die größtmögliche Freiheit bei seiner Antwort. Beispiel: *Ich frage mich, ob Sie das genauso sehen?*
- Rhetorische Fragen
- Wer eine rhetorische Frage stellt, will eigentlich keine Antwort. Die Art der Fragestellung liefert die Antwort. Beispiel: *Sollten wir denn wirklich mit dem Verkäufer reden?*
- Suggestivfragen
  Eine Suggestivfrage ist ebenfalls keine Frage, denn der Frager kennt die Antwort bereits. Der Gefragte soll nur mit Ja oder Nein antworten und wird sich verunsichert fühlen. Beispiel: *Das soll ich doch nicht etwa beantworten?*
- Alternativfragen
  Sie bieten die Möglichkeit, zwischen verschiedenen Antworten zu wählen. Der Gefragte kann durch sie bedrängt werden, weil er weitere Alternativen nicht auf den ersten Blick bemerkt. Beispiel: *Hören wir auf oder vertagen wir?*

- Interpretierende Fragen
  Hier wird dem anderen mit der Frage unter Umständen etwas untergeschoben, was dieser gar nicht gesagt hat. Andererseits kann so eine Frage auch Missverständnisse klären. Beispiel: *Sie wollen also sagen, dass Sie das gut finden?*
- Aussagesätze
  Auch Aussagesätze, die geeignet sind, Widerspruch oder Zustimmung hervorzurufen, können ein Gespräch in Gang halten und vertiefen. Die besondere Qualität liegt in der Möglichkeit für den Angesprochenen, offen darauf einzugehen. Beispiel: *Sie trauen den Verkäufern eine Menge zu.*
- Provozierende Fragen
  Solche Fragen können gemein sein, aber der Frager kann auch versuchen, einen bisher unbeteiligten Gesprächspartner herauszufordern, damit dieser sich mehr einbringt. Beispiel: *Ja, haben Sie denn gar nichts dazu zu sagen?*

Tipp: Souverän kommunizieren Sie am besten

Sind Sie im Zweifel, wie Sie reagieren sollen, fragen Sie sich, was Sie tun würden, wenn Sie König wären. Ein echter König bzw. eine echte Königin ...

- vertraut auf sich, bleibt freundlich und gelassen,
- geht auf andere ein und nimmt sie ernst,
- hat es nicht nötig, sich in Szene zu setzen,
- betrügt nicht, trickst nicht und spielt nichts vor,
- ist dankbar und offen für alles Neue,
- lässt Zweifel zu und stellt das eigene Handeln immer wieder infrage,
- hinterfragt eigenartiges Verhalten,
- ist immer ganz bei sich und rechtfertigt sich nicht,
- kann Kritik annehmen und weiß, dass wir alle Fehler machen,
- weiß, dass gemeine Angriffe aus Schwäche entstehen,
- bleibt liebevoll zu den Menschen, aber beharrlich in der Sache,
- setzt Grenzen, ohne sie mit Waffen zu verteidigen.

Situation 3: Den Chef überzeugen

Überreden ist schon schwer genug. Unter vollem Einsatz bettelt oder diskutiert man, bis der andere ja sagt. Überzeugen ist jedoch ein ganzes Stück schwieriger. Am Ende sollten beide Gesprächspartner nämlich mit dem Ergebnis einverstanden sein. Schauen Sie sich die schwierige Unternehmung, jemanden zu überzeugen, einmal genauer an: Frau Mohn möchte dringend einen neuen Computer, weil ihrer zu langsam ist und veraltet. Doch der Chef kann sich mit dem Gedanken an eine neue Investition gar nicht anfreunden.

Dialog 1: Am besten sofort

Frau Mohn nimmt einen Anlauf, mit ihrem Chef über einen neuen, schnelleren Computer zu sprechen. Sie vermutet schon, dass das schwierig werden wird.

Mohn: Ähm, Herr Ludwig ...

Chef: Ja?

Mohn: (*vorsichtig*) Ich ... ich wollte mit Ihnen mal über einen neuen Computer für mein Büro sprechen. Die sind im Moment sehr, sehr günstig.

Chef: Ja, aber so alt ist ihrer doch gar nicht?

Mohn: Doch. Außerdem haben wir damals schon ein Modell zum Sonderpreis gekauft. Für die neuen Programme ist der jetzt viel zu langsam.

❶ **Chef:** Wie dringend brauchen Sie ihn denn?

❷ **Mohn:** Am besten sofort. Wir könnten ihn leasen oder in Raten abbezahlen.

Chef: Ich kann mich damit jetzt nicht beschäftigen.

Mohn: Ich muss für aufwändige Arbeiten immer an einen anderen Computer. Ich könnte sonst viel schneller sein.

❸ **Chef:** (*verärgert*) Jetzt übertreiben Sie aber ein bisschen, oder?

Mohn: Sie müssen ja mit dem Ding nicht arbeiten!

Chef: (*atmet tief durch*) Also gut, ich denke darüber nach.

Wie bewerten Sie die Vorgehensweise von Frau Mohn?

○ sehr überzeugend ○ ganz gut ○ mittelmäßig ○ schlecht

So bewertet der Experte

Frau Mohn wird ihren Computer wahrscheinlich bekommen, aber es wird dauern. Das Gespräch ist ganz gut gelaufen, aber sehr geschickt war sie trotzdem nicht. Der Chef hat nachgegeben, aber überzeugt war er nicht.

❶ *Wie dringend brauchen Sie ihn denn? ... Ich kann mich damit jetzt nicht beschäftigen.*
Das hört sich so an, als habe der Chef mit dem neuen Computer ein bestimmtes Problem, das er aber nicht direkt anspricht. Genau das nimmt Frau Mohn aber nicht wahr. Sie ist viel zu sehr damit beschäftigt, dem Chef zu erklären, wie wenig Geld ein neuer Computer kostet.

❷ *... leasen oder in Raten abbezahlen.*
Alle Vorschläge von Frau Mohn, wie man Geld sparen könnte, interessieren den Chef offenbar nicht, denn er geht überhaupt nicht darauf ein. Offensichtlich spielt der Preis für ihn keine so große Rolle.

❸ *Jetzt übertreiben Sie aber ein bisschen, oder?*
Wie würden Sie mit einem ärgerlichen Chef umgehen? Ich hoffe, Sie würden dem Ärger auf den Grund gehen. Das tut Frau Mohn nicht. Stattdessen wird auch sie jetzt sauer. Sicher nervt sie so lange, bis sie den Computer bekommt, aber unter Umständen ist das Verhältnis zum Chef anschließend gestört. Bewusst oder unbewusst: Der Chef ärgert sich nicht über den zu langsamen Computer oder über die kostspielige Ausgabe, sondern über Frau Mohn.

Was hat Frau Mohn falsch gemacht?

* Sie hat den Chef überredet, statt ihn zu überzeugen.
* Sie hört ihrem Chef nicht zu und will die Gründe für seine Ablehnung gar nicht wissen.

Dialog 2: Sie werden es nicht bereuen

Zweite Variante: Dieses Mal hat Frau Mohn neben ihrem Ziel, Zeit zu sparen, verschiedene Argumente vorbereitet. Sie bringt einige Prospekte des PC-Fachhandels mit.

❶ **Mohn:** (*vorsichtig*) Ich wollte mit Ihnen mal über einen neuen Computer für mich sprechen. Sie wollten doch immer, dass ich eine umfangreiche Datenbank anlege, und dafür ist der in meinem Büro zu langsam.
Chef: Aber so alt ist der doch noch gar nicht?

Mohn: Doch, die Entwicklung geht rasend schnell. Für den Preis von dem alten bekommt man heute ein Topmodell mit Komplettausstattung.

Chef: (*unwillig*) Wie dringend brauchen Sie den denn?

❷ **Mohn:** Am besten bis Mittwoch. Ich könnte die Datenbank gleich auf dem neuen Computer anlegen.

Chef: Ich weiß nicht, gerade jetzt ...

❸ **Mohn:** Ja, ich weiß, Anschaffungen kommen immer ungelegen.

Chef: Ich kann mich damit jetzt nicht beschäftigen.

Mohn: Wenn ich Ihnen erst sage, was der alles kann, werden Sie begeistert sein. Da gibt es kaum noch Abstürze.

Chef: (*genervt*) Meinen Sie?

Mohn: Es wäre für mich wirklich eine ganz große Hilfe.

Chef: Dagegen kann ich jetzt nun wirklich nichts mehr sagen, oder?

Mohn: Sie werden es nicht bereuen!

Chef: Also gut, kaufen wir einen neuen Computer.

Wie bewerten Sie die Vorgehensweise von Frau Mohn?

O sehr überzeugend   O ganz gut   O mittelmäßig   O schlecht

So bewertet der Experte

Dieses Mal bekommt sie den Computer wahrscheinlich schneller. Aber immer noch wurde der Chef überredet und nicht überzeugt. Wieder hat Frau Mohn nicht zugehört. Und noch etwas war ungünstig:

❶ *... eine umfangreiche Datenbank ... Für den Preis von dem alten ... eine ganz große Hilfe ...*

Frau Mohn hat sich vorbereitet und benutzt viele verschiedene Argumente. Sie argumentiert mit dem Preis, diskutiert die Ausstattung, lockt mit der Datenbank und bittet schließlich um Hilfe. Da sie es immer wieder mit einer anderen Taktik versucht, wird der Chef nicht so schnell sauer.

❷ *Am besten bis Mittwoch.*

Frau Mohn macht Druck, damit der Chef zu einer schnellen Entscheidung kommt. Er stimmt zwar zu, um seine Ruhe zu haben. Sollte er die Entscheidung aber in einer Stunde bereuen, wird er den Computer nicht kaufen oder den Kauf ewig hinauszögern.

❸ *Ja, ich weiß ... Wenn ich Ihnen erst sage, was der alles kann ...*

Frau Mohn nimmt ihren Vorgesetzten offenbar nicht ernst: Sie glaubt, dass der Grund für die Ablehnung nur in seiner Unwissenheit liegt. An beiden Stellen weiß sie besser als der Chef, was er denkt. Der gibt es irgendwann auf zu argumentieren und wird sie abwimmeln. Notfalls kauft er den Computer. Ärgert er sich sehr, schiebt er den Kauf aber auch auf, bis der Ärger weniger geworden ist.

Was hat Frau Mohn falsch gemacht?

- Sie ändert ständig die Taktik, anstatt dem Chef richtig zuzuhören, wo das Problem genau liegt.
- Frau Mohn übt zeitlichen Druck aus.
- Sie bevormundet den Chef und nimmt seine Einwände nicht ernst.

Dialog 3: Ich habe mich informiert

Sehen wir uns eine dritte Variante an.

Mohn: Ich wollte mit Ihnen mal über einen neuen Computer sprechen.

Chef: Aber so alt ist Ihrer doch noch gar nicht, Frau Mohn?

Mohn: Tja, leider doch. Für die neue Datenbank, die ich anlegen soll, ist der viel zu langsam. Diese Datenmengen schafft er nicht, da stürzt er ab.

Chef: Wie dringend brauchen Sie ihn denn?

❶ **Mohn:** Dringend gar nicht. Sonst wäre ich schon eher gekommen. Ich wollte erst in Ruhe mit Ihnen darüber sprechen und Ihr Okay einholen.

Chef: Ich weiß nicht, gerade jetzt ...

❷ **Mohn:** Was meinen Sie damit? Haben Sie Angst wegen der Kosten?

Chef: Nein, ich kann mich jetzt damit nicht beschäftigen.

Mohn: Womit beschäftigen?

Chef: So was ist doch viel Arbeit. Da müsste ich mich ausführlich informieren ...

Frau Mohn: Ach, wenn Sie wollen, könnte ich Ihnen das abnehmen.

Chef: Verstehen Sie denn was davon?

Mohn: Ich arbeite ja täglich damit. Welches Modell wir bräuchten, das habe ich schon mit einem Fachmann abgeklärt. Im Moment gibt es so einen Computer sogar im Sonderangebot.

Chef: Wenn Sie sich darum kümmern, dann soll es mir recht sein.

❸ **Mohn:** Ich habe den Prospekt schon dabei.

Chef: *(lacht)* Okay, dann lassen Sie mal sehen.

Wie bewerten Sie die Vorgehensweise von Frau Mohn?

O sehr überzeugend   O ganz gut   O mittelmäßig   O schlecht

So bewertet der Experte

Dieses Mal hat der Chef kein Problem, den neuen Computer zu kaufen. Frau Mohn hat ihr Ziel hundertprozentig erreicht und das Verhältnis zum Chef hat sich möglicherweise sogar verbessert, weil sie ihm in jeder Hinsicht die Arbeit erleichtert. Sogar ihre Arbeitsgeräte sucht sie selbstständig aus.

❶ Ich wollte erst in Ruhe mit Ihnen darüber sprechen ...
Frau Mohn macht keinen Druck und nimmt den Chef ernst. Sie hat nichts ohne ihn beschlossen, sondern erwartet seine Meinung zum Thema.

❷ Was meinen Sie damit? Haben Sie Angst wegen der Kosten? ...
Frau Mohn fragt nach und hört ihrem Chef zu, um herauszufinden, was er will. Ihm ging es nicht um den Preis, sondern um die Arbeit des Aussuchens. Es hätte auch ein anderer Grund sein können. Aber wenn Frau Mohn ihn überzeugen will, muss sie die Gründe für seine Ablehnung genau kennen.

❸ Ich habe den Prospekt schon dabei.
Die gründliche Vorbereitung von Frau Mohn ist sicher für den Chef ein weiteres Argument, sich überzeugen zu lassen. Wenn Frau Mohn zeigt, dass sie bestens informiert ist, sich also sozusagen als Fachfrau ausweist, wird der Chef auf ihren Wunsch viel eher eingehen.

Was hat Frau Mohn gut gemacht?

- Sie hat keinerlei Druck ausgeübt.
- Sie stellt keine Vermutungen an, was ihr Chef denken könnte, sondern hört ihm zu und fragt so lange nach, bis sie die wahren Beweggründe für seine Ablehnung herausgefunden hat.
- Sie hat sich sehr gut vorbereitet und gibt ihren Informationsvorsprung sachlich an den Chef weiter.

So wenden Sie Ihre Kenntnisse an

Hören Sie zu

Wenn Sie jemanden überzeugen wollen und auf Ablehnung stoßen, sollten Sie erst einmal prüfen, was Ihrem Gesprächspartner an der Sache „nicht schmeckt". Achten Sie besonders auf die versteckten Botschaften, die sich aus Mimik und Gestik erschließen lassen. „Bockt" Ihr Gegenüber womöglich nur, weil er nicht frühzeitig einbezogen wurde? Steckt hinter einem Kostenargument womöglich etwas anderes? Haken Sie geduldig nach, bleiben Sie beim Thema, bis Sie den wahren Grund für den Widerstand gefunden haben. Dann erst denken Sie über die richtige Überzeugungstaktik nach.

Wählen Sie Ihre Taktik

Auf was Sie sich bei Ihrer Argumentation verlegen – diskutieren, bitten, erklären –, hängt ganz vom Thema und vom Gesprächspartner ab. Wechseln Sie die Taktik besser nur, wenn Sie keinerlei Anhaltspunkte für seine Gegenhaltung haben oder wenn Sie Ihren Gesprächspartner gut kennen.

Druck verlangsamt jede Entscheidung

Ein Gesprächspartner, der sich unter Druck gesetzt fühlt, braucht viel mehr Zeit für eine Entscheidung. Etwas überspitzt formuliert: Wenn Sie möglichst schnell ein Ergebnis wünschen, lassen Sie sich im Gespräch ruhig Zeit.

Nehmen Sie Ihren Gesprächspartner ernst

Gehen Sie immer davon aus, dass Ihr Gegenüber berechtigte Einwände hat. Erst, wenn Sie diesbezüglich enttäuscht werden, sprechen Sie ihn auf seine unfaire Taktik an.

Gut vorbereitet überzeugt man am besten

Wenn Sie sich als Fachmann oder Fachfrau empfehlen und zeigen, dass Sie Ihre Zeit investiert haben, um das Problem im Vorfeld einzugrenzen oder zu lösen, hat der Gesprächspartner zu Ihren Argumenten viel mehr Vertrauen.

Fakten & Hintergründe

Einwand und Vorwand

In unserem Beispiel war der Chef, der sich gegen den neuen Computer wehrt, noch verhältnismäßig leicht zu überzeugen. Sobald Frau Mohn ihm gut zuhörte und nachfragte, bekam sie schnell heraus, woher seine Gegenwehr kam. Doch auch wenn es schwieriger wird, ist das kein Grund aufzugeben oder zu streiten.

Einwände sind versteckte Wünsche

Einwände bedeuten kein Ende des Gesprächs. Umberto Saxer regt in seinem Buch „Bei Anruf Erfolg" dazu an, die Einwände als eine willkommene Möglichkeit zu sehen, zu einem neuen Argument zu kommen. Er empfiehlt, statt sich zu wehren oder zu rechtfertigen, Einwände in Wünsche zu verwandeln. Bleiben wir bei unserem Beispiel: Der Chef wehrt sich heftig.

Chef: Was soll das denn bringen, dass wir einen neuen Computer kaufen?
Antwort: Soll ich Ihnen zeigen, was der Computer alles kann?

Chef: Dann haben wir hier ja noch mehr rumstehen?
Antwort: Sie wollen, dass ich den alten Computer verkaufe?

Chef: Der ist dann doch auch nach ein paar Jahren wieder veraltet?
Antwort: Ihnen geht es also darum, dass man den Computer aufrüsten kann.

Wenn der Einwand ein Vorwand ist

Was tun, wenn der Gesprächspartner lügt? Vielleicht ist sein Einwand ja nur ein Vorwand, weil er den wahren Grund nicht nennen will. In den folgenden Varianten unseres Dialogs ist der Chef Computerlaie und hat Angst, dass Frau Mohn wochenlang mit dem neuen Betriebssystem beschäftigt ist. Das sagt er aber nicht, sondern er beklagt sich über den Preis. Deswegen ist es wichtig, zwischen Vorwand und Einwand zu unterscheiden.

Chef: Der ist doch viel zu teuer!
Mohn: Wenn er billiger wäre, dann wären Sie einverstanden?
Bejaht der Chef, war es ein Einwand. Frau Mohn kann den Preis diskutieren. Kommt noch ein Argument vom Chef, war es kein Einwand, sondern ein Vorwand:

Chef: Der ist doch viel zu teuer!
Mohn: Wenn er billiger wäre, dann wären Sie einverstanden?
Chef: Da brauchen Sie doch Wochen, um sich einzuarbeiten.

Es ging also nicht um den Preis. Frau Mohn aber hört den Wunsch des Chefs nach einem einfachen Betriebssystem heraus. Sie hat den wahren Grund gefunden und kann nun in diese Richtung argumentieren.

Nein, aber ...

Fügt jemand seinem Nein noch etwas an, sollte man herausfinden, ob sich dahinter nicht das Problem verbirgt, das es zu lösen gilt. Bei sehr schweigsamen Gesprächspartnern darf man auch Vermutungen anstellen, um durch die Reaktion an weitere Einwände oder Vorwände zu kommen, die die Möglichkeit bieten, einzuhaken. Wichtig ist, denjenigen reden zu lassen, der überzeugt werden muss.

Tipp: Einwände paraphrasieren

Versichern Sie sich, ob Sie die Einwände richtig verstanden haben, indem Sie sie mit Ihren eigenen Worten wiedergeben. Versachlichen Sie dabei das Gesagte und spitzen Sie es auf die Kernaussagen zu. So werden nicht nur Missverständnisse vermieden, Sie schaffen damit auch eine positive Gesprächsatmosphäre, weil Sie zeigen, dass Sie sich mit der Sicht Ihres Gegenübers auseinandersetzen. Andererseits verhindern Sie, dass ein festgefahrenes Gespräch emotional oder verbal eskaliert. Und Sie beide gewinnen Zeit, die eigenen Standpunkte noch einmal zu überprüfen. Am Ende eines Gesprächs hilft die Paraphrase dabei, die gemeinsam erarbeiteten Ergebnisse zusammenzufassen und abzugleichen mit dem, was der Partner verstanden hat und aus dem Gespräch mitnimmt.

Situation 4: Kollegen die Meinung sagen

Keiner muss sich streiten. Und doch verbringen wir einen großen Teil unseres Lebens damit. In diesem Kapitel ist nicht der Streit gemeint, der einen Austausch von Meinungen bedeutet und auch Diskussion genannt wird. Hier geht es um den ganz normalen Streit, der einem Energie raubt, einen nicht schlafen lässt und einen unablässig beschäftigt. Vor allem dann, wenn wir uns im Recht fühlen: Wenn der Kollege oder die Kollegin etwas getan hat, was wir so nicht akzeptieren können, was uns richtig wütend macht. Sehen wir uns ein paar Beispiele an: Frau Falter hatte ihren Kollegen Getz um einen wichtigen Gefallen gebeten, und der hat das einfach vergessen. Jetzt wird sie ihm richtig die Meinung sagen.

Dialog 1: Wer sich auf Sie verlässt ...

Frau Falter arbeitet in einer Rechtsanwaltskanzlei. Vor ihrem Urlaub hat sie ihren Kollegen, Herrn Getz, gebeten, sie in einem Fall vor Gericht zu vertreten. Herr Getz diktiert gerade seiner Sekretärin, als Frau Falter ohne anzuklopfen in sein Büro kommt.

❶ **Falter:** Herr Getz, ich muss Sie dringend sprechen!

Getz: Muss das sofort sein?

Falter: Allerdings. Was haben Sie im Fall Hansen unternommen?

Getz: (*zur Sekretärin*) Frau Ilm, wenn Sie uns einen Moment allein lassen. (*die Sekretärin geht*) Hansen? Welcher Fall Hansen?

❷ **Falter:** Herr Getz, ich hatte Sie dringend gebeten, sich in meiner Abwesenheit um den Fall Hansen zu kümmern, und jetzt erfahre ich, dass Sie nichts unternommen haben, gar nichts!

Getz: Ich weiß von keinem Fall Hansen!

❸ **Falter:** Natürlich wissen Sie davon! Ich hab's Ihnen vor meiner Abreise gesagt. (*zu sich*) Ich hab's geahnt. (*zu Getz*) Wer sich auf Sie verlässt, Herr Getz, ist echt verlassen.

Getz: Was soll das denn heißen? Wenn Sie mich nicht informieren, Frau Falter, dann kann ich Ihnen nicht helfen. Tut mir Leid. Nicht meine Schuld!

❹ **Falter:** So. Ich war gerade beim Chef. Und der bittet Sie, sofort zu kommen.

Getz: Beim Chef? Sie haben mir doch überhaupt keine Unterlagen gegeben.

Falter: Ja, glauben Sie denn, ich denke mir das alles aus!

Getz: Vielleicht? So hysterisch wie Sie reagieren, sieht es fast so aus.

> **Wie bewerten Sie die Vorgehensweise von Frau Falter?**
>
> O sehr überzeugend   O ganz gut   O mittelmäßig   O schlecht

So bewertet der Experte

Bei der Bewertung des Gesprächs können Sie wohl nichts anderes als „schlecht" ankreuzen. Trotzdem geraten wir in solche Situationen wie Frau Falter, in denen wir uns von außen betrachtet ziemlich unsinnig verhalten.

❶ Herr Getz, ich muss Sie dringend sprechen! ... Muss das sofort sein? ... Allerdings.
Frau Falter ist richtig wütend. Sie ist fest entschlossen ihre Wut beim vermeintlichen Verursacher loszuwerden, Herrn Getz. Gut, dass Herr Getz sich noch Zeit nimmt, seine Sekretärin hinauszuschicken.

❷ Herr Getz, ich hatte Sie dringend gebeten ...
Druck erzeugt Gegendruck. Frau Falter fährt Herrn Getz sehr laut und aggressiv an, sodass dem nichts anderes übrig bleibt, als sich zu wehren.

❸ Wer sich auf Sie verlässt ...
Jetzt wird Frau Falter persönlich. In ihrer Not, etwas zu finden, das Herrn Getz auf die Palme bringt, greift sie ihn persönlich an. Dazu sucht sie sich ein Reizwort. Wenn Herr Getz sich viel auf seine Zuverlässigkeit einbildet, wäre der obige Satz die beste Möglichkeit, ihn aufzuregen.

❹ Ich war gerade beim Chef.
Frau Falter war beim Chef, ohne vorher mit Herrn Getz zu sprechen. Das hat sie mit Absicht gemacht. Wenn sie schon wütend ist, dann soll Herr Getz auch so wütend sein wie sie. Der schießt natürlich zurück und versucht die schwache Stelle von Frau Falter zu finden. Das Wort „hysterisch" wiederum steigert erwartungsgemäß ihre Erregungskurve.

Was hat Frau Falter falsch gemacht?

* Sie wählt den falschen Zeitpunkt. So etwas bespricht man vertraulich.
* Sie erzeugt Druck, weil sie laut und aggressiv ist.
* Sie greift Herrn Getz sehr persönlich an.
* Sie bezieht vor dem Gespräch mit Herrn Getz den Chef mit ein.

Dialog 2: Sie können doch nicht einfach ...

Sehen wir uns eine zweite Variante des Gesprächs an – unter der Voraussetzung, dass Frau Falter im Recht ist und dass sie den Chef nicht vorher informiert hat.

Falter: Herr Getz, ich hatte Sie dringend gebeten, sich in meiner Abwesenheit um den Fall Hansen zu kümmern, und jetzt erfahre ich, dass Sie nichts unternommen haben, gar nichts!

Getz: Ich weiß von keinem Fall Hansen, Frau Falter, ich ...

Falter: (unterbricht) Ich habe gerade mit Ihrer Sekretärin gesprochen. Die hat mir bestätigt, dass Sie den Termin zur Wiedervorlage hatten und dass er in Ihrem Kalender steht.

Getz: (*irritiert*) Das muss ich wohl vergessen haben!

❶ **Falter:** Vergessen? Sie können das doch nicht einfach vergessen?

❷ **Getz:** Entschuldigung, das kann doch mal passieren.

Falter: Da haben Sie jetzt ganz schönen Mist gebaut, mein Lieber.

❸ **Getz:** (*regt sich auf*) Wissen Sie, was hier los war, in der Woche, in der Sie im Süden in der Sonne lagen?

Falter: Ach, jetzt bin ich wieder Schuld. Das ist natürlich typisch für Sie!

Getz: Was meinen Sie damit?

Falter: Schuld haben immer die anderen. Sie nehmen Ihre Arbeit nicht ernst. Wenn ich mir als Frau ihre Arbeitseinstellung leisten würde ...

Getz: Mein Gott, jetzt geht das schon wieder los ...

Wie bewerten Sie die Vorgehensweise von Frau Falter?

○ sehr überzeugend ○ ganz gut ○ mittelmäßig ○ schlecht

So bewertet der Experte

Für die Zukunft wird sich nichts ändern. Im Gegenteil. Das Verhältnis der beiden ist massiv gestört und wird es bleiben. Frau Falter wird zu ihrem Partner sagen: „Ob du es glaubst oder nicht, wirft der mir doch vor, dass ich einmal im Jahr eine Woche Urlaub mache!" Herr Getz wird seinen Kollegen informieren: „Stell Dir vor, da beschimpft die mich, ich würde meine Arbeit nicht ernst nehmen." In der Sache hat das Gespräch nichts genutzt.

❶ *Vergessen? Sie können das doch nicht einfach vergessen?*
Die absolute Sicherheit im Recht zu sein, nutzt Frau Falter, um ihre Wut abzulassen. Es ist ihr so peinlich, dem Mandanten jetzt Rede und Antwort stehen zu müs-

sen, weil der Gerichtstermin geplatzt ist, dass sie das unbedingt an Herrn Getz weitergeben muss.

❷ *Entschuldigung, das kann doch mal passieren.*
Eigentlich hat Frau Falter an dieser Stelle schon gewonnen und könnte sich beruhigen. Aber sie legt noch einmal nach. Es wäre zu schade, wenn ihr Triumph hier schon zu Ende wäre.

❸ *Wissen Sie, was hier los war ...*
Da Frau Falter Herrn Getz keinerlei Möglichkeit gibt, die Sache mit einer Entschuldigung aus der Welt zu schaffen, geht er zum Gegenangriff über. Vielleicht wollte er sich auch nicht richtig entschuldigen, denn es ist ihm ja unangenehm. Und natürlich wäre es schön, wenn es nicht an ihm gelegen hätte, sondern am Stress im Büro. Dann könnte er sein Gesicht wahren. In unserem Fall macht er aus Frau Falter eine nörgelnde „Zicke".

Was hat Frau Falter falsch gemacht?
- Sie schließt die Möglichkeit aus, im Unrecht zu sein.
- Sie akzeptiert keine Entschuldigung, weil sie erst ihre Wut loswerden möchte.
- Sie zwingt Herrn Getz zum Gegenangriff.

Dialog 3: Hab ich Recht?

Noch eine Variante: Frau Falter ist im Unrecht. Sie hat tatsächlich vergessen, Herrn Getz die Unterlagen zu geben. *Dieser hat mittlerweile seine Sekretärin, Frau Ilm, hereingerufen.*

Getz: (*zur Sekretärin*) Sagt Ihnen der Fall Hansen etwas?
Ilm: Hansen? Nein.
Getz: Frau Falter behauptet, sie habe mir die Unterlagen gegeben.
Ilm: Ganz sicher nicht. Ich habe gestern alle Unterlagen auf Ihrem Schreibtisch sortiert. Ein Hansen war nicht dabei.
Falter: Und der Termin am Freitag?
Ilm: Tut mir Leid, davon weiß ich nichts.
Getz: Danke, Frau Ilm. (*zu Frau Falter*) Sehen Sie, ich habe es Ihnen doch gesagt.
Falter: Das verstehe ich nicht ...
Getz: Sie waren ein bisschen überarbeitet vor Ihrem Urlaub. Da haben Sie sicher geglaubt, Sie hätten es mir gegeben, aber ...

❶ **Falter:** Das ist ausgeschlossen. Ich bin mir ganz sicher!
Getz: Einer von uns beiden spinnt dann wohl. Pardon. Von uns dreien.
❷ **Falter:** Ich verbitte mir diesen Ton, ja! Ich habe mit Ihnen über den Fall Hansen gesprochen.
Getz: (*grinsend*) Mir aber die Unterlagen nicht gegeben.
❸ **Falter:** Hätten Sie mich da nicht mal anrufen können?
Getz: Ich hätte es nie gewagt, Sie im Urlaub zu stören.

Wie bewerten Sie die neue Vorgehensweise von Frau Falter?

O sehr überzeugend   O ganz gut   O mittelmäßig   O schlecht

So bewertet der Experte

Das gleiche Problem: Ob Frau Falter im Recht oder im Unrecht ist, das Verhältnis zum Kollegen Getz ist gestört und das wird sich nicht ändern. Im Gegenteil: Herr Getz wird sich vielleicht sogar freuen, wenn Frau Falter in Zukunft etwas vergisst. Und die Kollegin wird sich ihrerseits kaum mehr kollegial verhalten.

❶ Das ist ausgeschlossen. Ich bin mir ganz sicher!
Spätestens, wenn die Sekretärin den Termin nicht findet, sollte Frau Falter einen Irrtum in Betracht ziehen. Eigentlich sollte sie von Anfang an mit dieser Möglichkeit rechnen, egal, wie sicher sie sich ihrer Sache ist. Im Falle eines Irrtums steht sie viel besser da. Für den Fall, dass sie im Recht ist, besteht kein Unterschied, ob sie nur glaubt, im Recht zu sein, oder überzeugt davon ist.

❷ Ich verbitte mir diesen Ton, ja!
Der Mechanismus ist derselbe wie vorher bei Herrn Getz. Wer im Unrecht ist, regt sich leicht über den Ton des anderen auf. Dass Frau Falter als Erste in den aggressiven Ton verfallen ist, will sie jetzt nicht mehr wissen. Und für das anschließende Friedensangebot ist es zu spät. Warum sollte Herr Getz nach so einer ungerechtfertigten Attacke auch nur den kleinsten Fehler zugeben?

❸ Hätten Sie mich da nicht mal anrufen können?
Herr Getz ist jetzt in der besseren Position und wird nun nicht zur Belohnung einen „Fehler" einräumen. Nach den Angriffen von Frau Falter ist das nachvollziehbar.

Was hat Frau Falter falsch gemacht?

* Sie bleibt auch nach bewiesenem Fehler uneinsichtig.

- Sie wechselt das Thema, als ihr die Argumente ausgehen, und greift Herrn Getz wegen seines Tons an.
- Erst, als sie merkt, dass sie im Unrecht ist, versucht sie in Ruhe über den Vorfall zu sprechen.

Dialog 4: Das ist mir schrecklich peinlich

Sehen wir uns in einer letzten Variante an, wie Frau Falter nun das Problem löst.

Falter: (*ruhig*) Herr Getz, Ihre Sekretärin hat mir bestätigt, dass der Termin in Ihrem Kalender steht.

Getz: (*irritiert*) Das muss ich wohl vergessen haben!

❶ *Frau Falter schweigt und sieht Herrn Getz an.*

Getz: Mein Gott, es war so viel los hier, als Sie nicht da waren.

❷ **Falter:** Wenn Sie mir gesagt hätten, dass es Ihnen zu viel ist ...

Getz: Nein, das war es ja gar nicht. Aber ich hatte derartigen Ärger mit einem anderen Fall, dass ... Frau Ilm hat mich ja noch daran erinnert!

❸ **Falter:** So was ist mir auch schon passiert!

Getz: Das ist mir schrecklich peinlich. Was müssen Sie von mir denken?

❹ **Falter:** Herr Getz, keine Sorge. Das kann passieren, das ist menschlich. Das Problem ist: Meine Mandantin hat inzwischen den Chef angerufen. Der wollte natürlich wissen, was los ist. Und ich wollte erst mit Ihnen sprechen, bevor er Sie zu sich zitiert.

Getz: Danke, dass Sie nichts gesagt haben, ich rede gleich mit ihm. Und geben Sie mir die Telefonnummer Ihrer Mandantin. Die muss ich natürlich darüber aufklären, dass das mein Fehler war.

Falter: Damit würden Sie mir sehr helfen. Sie ist ein bisschen kompliziert, die Dame.

> **Wie beurteilen Sie Frau Falter?**
>
> ○ sehr überzeugend   ○ ganz gut   ○ mittelmäßig   ○ schlecht

So bewertet der Experte

Was geschehen ist, ist nicht mehr zu ändern. Die Lage für Frau Falter war und ist peinlich. Aber jetzt hat sie die Situation verbessert. Auch wenn Herr Getz ihr nicht so weit entgegengekommen wäre, von selbst zum Chef zu gehen und mit ihrer Mandantin zu sprechen, kann sie in Zukunft weiter mit ihm zusammenarbeiten. Ob sie sich noch einmal auf ihn verlassen will, muss sie später entscheiden. Bei diesem Gespräch hat sie sich vorbildlich verhalten.

❶ *Frau Falter schweigt und sieht Herrn Getz an.*
Wenn Herr Getz zugibt, dass er etwas falsch gemacht hat, ist das Ziel erreicht. Frau Falter lässt ihm Zeit, alles freiwillig zuzugeben, um sein Gesicht zu wahren. Sie setzt ihr Schweigen dabei sehr effektiv ein.

❷ Wenn Sie mir gesagt hätten, dass es Ihnen zu viel ist ...
Wie fadenscheinig die Ausflüchte von Herrn Getz auch sein mögen, Frau Falter nimmt sie ernst. Hat er nicht die Stärke, den Fehler unumwunden einzugestehen, zwingt sie ihn nicht zur weiteren Verteidigung.

❸ So was ist mir auch schon passiert!
Frau Falter ist weder böse noch aggressiv. Sie will wissen, was passiert ist, und zeigt Verständnis für den Fehler des anderen.

❹ ... ich wollte erst mit Ihnen sprechen ...
Sie lässt dem Kollegen die Chance, selbst zum Chef zu gehen, und stellt sich zunächst einmal vor ihn.

Was hat Frau Falter gut gemacht?

- Sie hat Herrn Getz Zeit gelassen und abgewartet, wie er mit der Situation umgeht.
- Sie hat jeden seiner Sätze ernst genommen.
- Sie war ganz ruhig und hat ihre Emotionen herausgehalten.
- Sie hat vor dem Gespräch mit Herrn Getz nichts unternommen.

So wenden Sie Ihre Kenntnisse an

Aufregung schadet

So verführerisch es auch ist, seine Wut sofort herauszulassen, die Nachteile dabei überwiegen. Sie werden nach kurzer Zeit Dinge sagen oder tun, die Sie anschließend bereuen – denn Wutausbrüche machen noch wütender. Muss es nicht vielmehr um die Sache gehen? In dem Fall gibt es viel effektivere Methoden, als einen anderen Menschen anzuschreien oder lächerlich zu machen. Zumal der Gesprächspartner nach kurzer Zeit ebenfalls erregt sein wird, ob er will oder nicht, denn Spannung überträgt sich genauso wie Entspannung. Deswegen empfehle ich Ihnen, einen Konflikt oder ein Problem erst zu besprechen, wenn Sie sich beruhigt haben.

Keine persönlichen Angriffe

Reicht es nicht, dass Sie sich ärgern? Müssen Sie den anderen auch ärgern? Der Wunsch, es jemandem mit gleicher Münze heimzuzahlen, ist verständlich, aber macht Sie das nicht sehr klein? Reagieren Sie wie ein König: Zeigen Sie sich souverän! Verzichten Sie auf jede Art der Rache und stellen Sie die positive Beziehung zum anderen nie infrage! Es geht um ein sachliches Problem. Mit einem Menschen, der unzuverlässig ist, müssen Sie das nächste Mal anders zusammenarbeiten, aber Sie müssen ihn deswegen weder hassen noch schneiden noch bespitzeln.

Beziehen Sie zunächst niemand Drittes mit ein

Erst sollte das Problem zwischen den Beteiligten geklärt werden. Zeigen Sie dem anderen, dass Sie ihm nicht schaden wollen. Holen Sie keine Zeugen zum Gespräch, unterbinden Sie die voreilige Beteiligung Dritter, lassen Sie den Chef außen vor. Das liegt in Ihrem eigenen Interesse. Vielleicht stellt sich ja im Gespräch heraus, dass alles ganz anders ist? Dann hätten Sie sich nur selbst geschadet.

Passen Sie den richtigen Zeitpunkt ab

Den meisten Menschen kann man alles sagen, wenn man sie zum richtigen Zeitpunkt erwischt. Das hat im beruflichen Zusammenhang natürlich Grenzen, aber es wäre unfair, einen Kollegen mit einem Problem vor einem wichtigen Vortrag zu konfrontieren. Auch Gespräche in Anwesenheit von anderen Kollegen sind von vornherein zum Scheitern verurteilt.

Treten Sie nicht nach

Wenn der andere zugibt, einsieht, sich entschuldigt oder über seinen Fehler erschrocken ist, treten Sie nicht nach. Mit einem schwerwiegenden Fehler sind wir alle gestraft genug. Verkneifen Sie sich Sätze wie „Habe ich es nicht gesagt?" oder „Sehen Sie jetzt, wie Recht ich hatte!" Bringen Sie den anderen nicht in eine Situation, für die er sich irgendwann rächen wird.

Akzeptieren Sie Ausflüchte

Nehmen Sie alles ernst, was der andere sagt, auch wenn Sie merken, dass es sich um Ausreden handelt. Geben Sie dem anderen die Möglichkeit, vor Ihnen besser dazustehen! Sie können Ausflüchte registrieren, aber sprechen Sie Ihr Gegenüber nicht darauf an. Sie vergrößern seine Niederlage und geben ihm keine Möglichkeit, wenigstens einen Teil der Schuld auf die Umstände zu lenken.

Rechnen Sie damit, im Unrecht zu sein

Wie oft ist es Ihnen schon passiert, dass Sie sich absolut im Recht glaubten, und dann doch eines Besseren belehrt wurden? Gehen Sie offen in das Gespräch und erwähnen Sie ausdrücklich die Möglichkeit, dass Sie sich auch irren können. „Kann es sein, dass Sie das vergessen haben?" oder „Ich kann mich irren, aber wir hatten doch darüber gesprochen!", sind Sätze, die eher zu einer Einigung oder Verständigung führen. Behauptungen fordern Widerspruch heraus, Vermutungen regen zum Austausch und zur Lösung des Problems an.

Geben Sie Fehler so schnell wie möglich zu

Keiner macht gern Fehler. Wenn Ihnen selbst vorher oder im Verlauf des Gesprächs einer unterläuft, gehen Sie in die Offensive: Geben Sie den Fehler zu, ohne Wenn und Aber. Erst dann können Sie versuchen, ihn einzuordnen, oder die Umstände, die ihn verursacht haben, analysieren.

Tipp: Entschuldigen Sie sich

Ein König übernimmt auch die Schuld für seine Mitarbeiter und stellt sich vor sie. Sie werden es ihm danken. Für Entschuldigungen haben Sie auch andere Möglichkeiten als Worte: Gesten oder Symbole. Ein Lächeln oder ein kleines Geschenk am nächsten Tag bewirkt oft mehr als ein „Entschuldigung, es tut mir Leid."

Fakten & Hintergründe

Die Wut loswerden

Biologisch gesehen ist Wut ein Zustand hoher affektiver Erregung, der sich in motorischen und vegetativen Erscheinungen ausdrückt, in Gefuchtel, Schlägen auf den Tisch, in Magendrücken und Atemlosigkeit. Wut ist die natürliche Reaktion auf eine Beeinträchtigung der Persönlichkeits- oder Vitalsphäre: Ein aggressiver Spannungsstau baut sich auf. Er entlädt sich, auch schon bei Neugeborenen, in Form eines auf Zerstörung ausgerichteten Akts. Hätte der Mensch keine hemmenden Kontrollmechanismen in den Hirnrindenbereichen, würde er in ständiger Angriffsbereitschaft leben. Wer sich seiner Wut bewusst ist, kann diese Kontrollmechanismen nützen.

„Was uns ärgert, beherrscht uns", sagt ein chinesisches Sprichwort. Es gibt viele Möglichkeiten, Ärger abzubauen: ein Konzert, gutes Essen, ein Spaziergang. Oft reicht schon die Vorstellung eines schönen Spaziergangs. Wer eine Nacht über seinem Ärger schläft, sieht ihn am Morgen mit anderen Augen. Ein Gespräch mit einem

Unbeteiligten mindert den Ärger, denn ein unbeteiligter Gesprächspartner lässt den Grund des Ärgers oft in einem anderen Licht erscheinen und hilft, sich wieder zu beruhigen. Ist gerade niemand greifbar, kann man auch einen Brief schreiben oder sein Diktafon besprechen. Anderntags vernichtet man Band und Brief natürlich. Man entscheidet selber darüber, ob man wütend wird oder nicht. Keinen Menschen kann ein anderer gegen seinen Willen wütend machen.

Wut und Ärger – so funktionieren wir

- Versuchspersonen reagierten nach einem erfreulichen Film auf Beleidigung viel gelassener als nach einem unerfreulichen Film.
- Bei psychologischen Tests ließ der Ärger der Probanden sofort nach, als sie erfuhren, dass dessen Verursacher gerade von seiner Partnerin verlassen wurde.
- Teilnehmern einer Studie wurde die Möglichkeit gegeben, sich an einem unfairen Assistenten zu rächen. Als sie erfuhren, dass er Angst vor einer mündlichen Prüfung hatte, wurden die Rachegefühle von Mitgefühl für ihn verdrängt.

Streiten am Telefon

Streiten am Telefon erscheint vielen einfach: Zum Hörer gegriffen und sich beschwert ist nämlich schnell einmal. Man braucht auch nicht so viel Mut wie in der persönlichen Auseinandersetzung. Aber die Sache ist dafür nicht so effektiv: Am Telefon kommt es viel leichter zu Missverständnissen. Der Anrufer kann nicht wahrnehmen, ob der andere allein oder gerade mit einer ganz anderen Arbeit beschäftigt ist. Trotzdem muss man manchmal schnell reagieren, zumal wenn der Gesprächspartner in einer anderen Stadt wohnt – und da ist das Telefon oft sehr hilfreich. Zumindest ist es der noch viel unpersönlicheren E-Mail vorzuziehen.
Hier ein paar Tipps für den nächsten Streit am Telefon:

- Bereiten Sie den anderen vor
  Um sicher zu sein, dass der andere für Ihr Gespräch offen ist, kündigen Sie den Anruf per E-Mail an oder fragen Sie zu Beginn, ob der andere Zeit hat.
- Sagen Sie, worüber Sie reden möchten
  Erklären Sie ihm anschließend den Grund Ihres Anrufs und lassen Sie ihm noch ein paar Sätze Zeit, sich zu entscheiden, ob er jetzt mit Ihnen darüber reden will. Der andere muss sich erst auf Sie einstellen, das dauert am Telefon länger als in einer Begegnung von Angesicht zu Angesicht. Durch einen Überfall auf einen Ahnungslosen klären Sie kein Problem, sondern fordern Widerstand heraus. Möglicherweise will der andere sich genauso vorbereiten wie Sie.

- Bewegung baut Spannung ab
  Sollten Sie vor oder während des Gesprächs sehr nervös sein, empfiehlt sich ein schnurloses Telefon, mit dem Sie sich bewegen können. Wenn Sie herumgehen, können Sie Spannung abbauen.

- Ihre Haltung ist zu hören
  Auch wenn Sie sich unbeobachtet glauben, nehmen Sie die Haltung an, die Ihr Gesprächspartner erwarten würde, wenn Sie ihm gegenüber säßen, egal ob sitzend oder stehend. Wenn der andere angestrengt argumentiert und Sie lümmeln mit hochgelegten Beinen in einem tiefen Sessel, dann „hört" er das. Und es wird ihm nicht gefallen.

- Vorsicht mit Unterbrechungen
  Auch wenn es manchmal sehr viel Geduld erfordert: Unterbrechungen am Telefon sind noch unangenehmer als in direkten Gesprächen – denn die vorbereitende Gestik oder Körperhaltung können Sie hier nicht wahrnehmen. Überlegen Sie sich also gut, ob Sie den anderen wirklich nicht ausreden lassen wollen.

- Eigene Störungen sollten mitgeteilt werden
  Sagen Sie, wenn Sie gestört werden: egal, ob jemand anderer das Zimmer betritt oder ein zweites Telefon klingelt. Der Gesprächspartner wird das eigenartige Verhalten bemerken und rätselt sonst unnötig herum, ob die Störung vielleicht etwas mit ihm zu tun hat.

- Störungen beim anderen sollten angesprochen werden
  Dasselbe gilt, wenn der andere einem unnatürlich vorkommt, man etwas nicht versteht oder Sie sich etwas nicht erklären können. Fragen ist die einfachste Möglichkeit, dem Problem auf den Grund zu gehen.

- Legen Sie nicht direkt auf
  Wenn Sie nach einem anstrengenden Gespräch unmittelbar nach dem letzten Wort schnell auflegen, bekommt der andere das Gefühl, Sie hätten ihn rausgeschmissen.

Heikle Gesprächspartner am Telefon

- Vielredner:
  Schreiben Sie Argumente auf, um sie zu behalten. Beim Unterbrechen können Sie sehr rigoros sein – Vielredner sind das gewohnt. Erzählt jemand zu viele private Geschichten, unterbrechen Sie, aber betonen Sie Ihr Bedauern, nur wenig Zeit zu haben.

- Schweiger:
  Sprechen Sie immer wieder die Art des Gesprächs an, damit Sie sicher sein können, dass das Schweigen kein verstecktes Signal ist.

- Aggressive Anrufer:

Ignorieren Sie die Aggression. Sprechen Sie nicht bewusst sehr leise und langsam, das fordert den anderen nur heraus. Wenn Sie streiten wollen, stehen Sie besser auf. Sie können das Gespräch auch verschieben. Das ist bei Telefongesprächen leichter. Wenn Sie ahnen, dass es schwierig wird, empfiehlt sich für einen Rückruf eher die Mittagszeit oder der späte Nachmittag.

- Unverschämte Anrufer:
Sprechen Sie eher leise und ruhig. Wenn es Ihnen zu viel wird, geben Sie vor, gerade gestört zu werden, und verschieben Sie den Anruf. In jedem Fall ist es besser, nicht „zurückzuschlagen".

Situation 5: Unfaire Angriffe abwehren

Wie man unfaire verbale Attacken von Kollegen oder Vorgesetzten ideal hätte parieren können, fällt vielen meistens zu spät ein. Nachts im Bett hält man dann Monologe, in denen man perfekt reagiert und seinen Gegner sprachlos stehen lässt. Schlägt man in Wirklichkeit aber zurück, dann geht man oft zu weit. Aber was tun: weiße Fahne oder Gegenangriff? Sehen wir uns Strategien an, die verhindern, dass man sich in Zukunft wehrlos und ausgeliefert fühlt. Frau Klies wird von ihrem Kollegen hart angegriffen – er glaubt im Recht zu sein, und das lässt er sie auch deutlich spüren.

Dialog 1: Ich lasse mich nicht beleidigen!

Herr Jock und Frau Klies sind beide Chemielehrer an einem großen Gymnasium. Im Lehrerzimmer kommt Herr Jock wütend auf Frau Klies zu.

Jock: Frau Klies, Sie waren in der fünften Stunde im Chemiesaal?
Klies: Ja, warum?
❶ **Jock:** Weil da das totale Durcheinander herrscht. An Unterricht war nicht zu denken. Wir mussten erst mal aufräumen.
Klies: Ich dachte nicht, dass Sie jetzt da drin sind, Herr Jock.
Jock: Ach! Weil Sie glauben, dass ich da heute nicht reingehe, können Sie einfach alles herumliegen lassen.
Klies: Jetzt übertreiben Sie aber, ich habe alles an einem Platz zusammengestellt.
Jock: Zusammengestellt nennen Sie das?
❷ **Klies:** Sie müssen gerade reden. Wer hat denn neulich meine Chemikalien benutzt und den Lackmus verschüttet?
❸ **Jock:** Das war doch was ganz anderes. – Herrscht zu Hause bei Ihnen auch so ein Schweinestall?
Klies: Jetzt ist aber Schluss. Ich verbitte mir diese Beleidigungen.
❹ **Jock:** Und ich verbitte mir das Chaos im Chemiesaal. (droht) Wenn das so weitergeht ...
Klies: (unterbricht) Bevor Sie an diese Schule kamen, hat das immer geklappt, Herr Jock.
Jock: Ach, jetzt bin ich auch noch Schuld?

Klies: Sie mit Ihren neuen Vorschriften. Die braucht hier niemand. Sie sind sowieso der Erste, der sich nicht dran hält.

Wie bewerten Sie die Reaktion von Frau Klies?

O sehr überzeugend   O ganz gut   O mittelmäßig   O schlecht

So bewertet der Experte

Verständlich, dass Frau Klies sich gegen solch heftige, persönliche Vorwürfe wehrt. Aber geklärt wurde gar nichts und das Verhältnis der beiden ist nachhaltig gestört. Wie war die Taktik von Frau Klies?

❶ Weil da das totale Durcheinander herrscht.
Herr Jock formuliert seine Sätze bewusst oder unbewusst übertrieben, um Frau Klies herauszufordern. Jetzt soll sie sich genauso ärgern wie er selbst. Frau Klies reagiert erwartungsgemäß: Sie verteidigt sich mit gleichen Waffen – und wird aggressiv.

❷ Wer hat denn neulich meine Chemikalien benutzt ...
Als Frau Klies die Argumente ausgehen, kramt sie eine alte Geschichte heraus, über die sie sich geärgert, die sie aber nicht angesprochen hat. Dadurch wird wiederum Herr Jock noch wütender.

❸ Herrscht zu Hause bei Ihnen auch so ein Schweinestall?
Die nächste Stufe für Herrn Jock ist der persönliche Angriff. Auch das hat Erfolg. Frau Klies verbittet sich diese gemeine Attacke.

❹ Wenn das so weitergeht ... Bevor Sie an diese Schule kamen, hat das immer geklappt ...
Da Herrn Jock nichts anderes mehr einfällt, droht er seiner Kollegin. Die wiederum antwortet mit Killerphrasen – nicht gerade ein Mittel zur Deeskalation.

Was hat Frau Klies falsch gemacht?

* Sie ist in jeder Stufe des Gesprächs auf alle neuen Provokationen eingegangen.
* Sie hat zur ihrer Verteidigung alte Geschichten aufgewärmt.
* Sie hat sich etwas unterstellen lassen.
* Sie hat sich in Killerphrasen geflüchtet.

Dialog 2: Sie haben Recht

Geben wir Frau Klies die zweite Chance. Herr Jock kommt noch einmal im Lehrerzimmer auf sie zu.

Jock: Frau Klies, Sie waren in der fünften Stunde im Chemiesaal?
Klies: Ja, warum?
Jock: Weil da das totale Durcheinander herrscht. An Unterricht war nicht zu denken. Wir mussten erst mal aufräumen.
❶ **Klies:** Da herrschte wirklich ein ziemliches Durcheinander.
Jock: Wie soll ich da bitte Unterricht machen?
Klies: Das dürfte sich tatsächlich problematisch gestaltet haben. Es tut mir Leid.
❷ **Jock:** Wenn ich etwas hasse, dann Leute, die so einen Schweinestall hinterlassen. Ich kenne niemanden, der so ein Chaos hinterlässt.
Klies: (lächelt) Übertreiben Sie da nicht ein bisschen, Herr Kollege?
❸ **Jock:** Sie wollen also sagen, dass das so weitergeht ...
Klies: Wir sind uns vollkommen einig, Herr Jock, im Chemiesaal hat Ordnung zu herrschen.
❹ **Jock:** (langsam) Na ja, so was regt einen einfach auf.
Klies: Verständlich. Wäre mir genauso gegangen. Aber war das denn geplant, dass Sie heute in den Chemiesaal gehen?
Jock: Eigentlich nicht. Wieso?
❺ **Klies:** Na, ich hatte mit dem Hausmeister vereinbart, dass ich alles bis morgen liegen lassen kann, weil niemand den Chemiesaal braucht.

Wie bewerten Sie die Vorgehensweise von Frau Klies jetzt?

O sehr überzeugend   O ganz gut   O mittelmäßig   O schlecht

So bewertet der Experte

Dieses Mal hat Frau Klies sich nicht aufgeregt und auch Herr Jock hat sich schnell beruhigt. Vielleicht bekommen Sie das nicht immer so hin wie Frau Klies, aber es wäre die beste aller Möglichkeiten.

❶ Da herrschte wirklich ein ziemliches Durcheinander.
Frau Klies verteidigt sich nicht, sondern gibt Herrn Jock Recht. Schließlich weiß sie, wie es im Chemiesaal aussieht.

❷ Wenn ich etwas hasse, dann Leute, die so einen Schweinestall hinterlassen.
Jemand, der erregt ist, möchte auch den anderen in Erregung versetzen. Genau das
lässt Frau Klies nicht zu. Auch als Herr Jock persönlich wird, erkennt sie seine ver-
ständliche Wut an, bezieht das aber nicht auf sich.

❸ Sie wollen also sagen, dass das so weitergeht ...
Eine solche Frage kann man weder mit Ja noch mit Nein beantworten. Frau Klies
lehnt also die Frage ab und geht nicht darauf ein.

❹ *Na ja, so was regt einen einfach auf ...* Verständlich.
Frau Klies ist die Erregung von Herrn Jock bewusst und sie reagiert darauf. Deswegen kann er mit der Schimpferei augenblicklich aufhören.

❺ ... ich hatte mit dem Hausmeister vereinbart, dass ...
Erst wenn sich Herr Jock beruhigt hat und Frau Klies sicher ist, dass er zuhört,
fängt sie mit den Erklärungen an.

Was hat Frau Klies richtig gemacht?

*   Sie lässt sich nicht provozieren.
*   Sie nimmt den Ärger von Herrn Jock wahr und erkennt ihn sogar an.
*   Sie antwortet nicht auf Fangfragen.
*   Sie erklärt die Hintergründe erst, nachdem sich Herr Jock beruhigt hat.

So wenden Sie Ihre Kenntnisse an

Ignorieren Sie Provokationen

Jemand, der sich über Sie geärgert hat, wird alles tun, damit Sie sich auch ärgern.
Dazu ist ihm unter Umständen jedes Mittel Recht. Er wird Sie persönlich angreifen,
Ihnen etwas Absurdes unterstellen, alte Geschichten aufwärmen usw. Alles zu dem
Zweck, Sie aus der Fassung zu bringen. Da Sie aber wissen, warum er das tut, brauchen Sie sich lediglich zu entscheiden, nicht darauf einzugehen. Am besten schreiben Sie jede Gemeinheit seiner großen Erregung zu. Entschuldigen Sie seine Angriffe großmütig.

Verteidigen Sie sich nicht

Sollten Sie etwas falsch gemacht haben, dann entschuldigen Sie sich. Aber verteidigen Sie sich nicht. Der andere wird Ihnen nicht zuhören, wenn er erregt ist. Benut-

zen Sie keine Killerphrasen wie „Das haben wir schon immer so gemacht!" „Typisch Mann!" oder „Sie stellen sich das so einfach vor!", Auch „Darüber reden wir ein anderes Mal!" ist keine gute Antwort. Diese Sätze zeigen nur, dass Sie keine Argumente haben. Sie machen den anderen noch wütender.

Helfen Sie, Dampf abzulassen

Wenn Sie gelassen reagieren, wird Ihre Freundlichkeit den anderen vermutlich zunächst noch mehr aufregen, weil seine Taktik ins Leere geht. Auch das sollten Sie aushalten – es sei denn, Sie freuen sich seit Tagen auf eine Auseinandersetzung. Der Ärger ist eine Kommunikationsstörung und die muss erst beseitigt werden.

Sprechen Sie den anderen auf seine Emotionen an

Wenn der andere sicher ist, dass seine Botschaft „Ich bin ärgerlich!" bei Ihnen angekommen ist, kann er sich beruhigen. Zeigen Sie ihm, dass Sie seinen Ärger wahrnehmen. Möglicherweise haben Sie ja sogar Verständnis dafür.

Warten Sie, bis der Ärger verraucht ist

Wenn der andere sich weitgehend abreagiert hat, wenn er wieder ruhiger atmet und Sie wieder besser wahrnimmt, dann erst ist der richtige Moment für Erklärungen. Und zwar unabhängig davon, ob Sie im Recht sind oder nicht. Jetzt erst wird Ihr Gegenüber Ihnen zuhören und Sie können mit ihm eine Lösung finden.

Fakten & Hintergründe

Störfaktoren

Egal, wie sehr man sich um eine gute Gesprächsatmosphäre bemüht, manchmal lässt der andere eine Einigung einfach nicht zu. Da wird verallgemeinert, unterstellt oder alter Ärger reaktiviert. Das Repertoire persönlicher Angriffe ist groß, die dazu passenden typischen Entgegnungen sind vielfältig. Das Enttarnen einer unfairen Taktik gehört zum wichtigsten Handwerkszeug in Streitgesprächen und Diskussionen: Wechseln Sie die Ebene. Sprechen Sie die Taktik an. Hier einige Beispiele.

Reizthemen

Mit Ihnen will ja kein Kollege mehr auf Klassenfahrt, weil Sie immer so ein Durcheinander veranstalten.

Typische Antwort: *Das ist ja überhaupt nicht wahr. Bei meinen Klassenfahrten geht es sehr harmonisch zu, im Gegensatz zu Ihren.*

Gute Antwort: *Was hat das eine mit dem anderen zu tun? Jetzt lassen Sie uns nicht vom Thema abkommen. Es geht um den Chemiesaal.*

Der Angreifer lenkt ab. Ihm gehen die Argumente aus, also sucht er sich ein Reizthema, um den Gegner zu emotionalisieren und seine Position zu schwächen. Das geht ganz einfach: Dem Pedanten wirft er vor, dass er es nicht genau nimmt, und dem Perfektionisten, dass er sich zu wenig Mühe gibt. Er selbst steht natürlich eindeutig besser da.

Abwehr: Erkennen und Enttarnen der Taktik. Wer auf die Beziehungsebene wechselt, lässt sich nicht in die Enge treiben und vermeidet es, sich in die Verteidigungshaltung zu begeben.

Verallgemeinerungen

An meiner alten Schule hat es so einen Ärger nie gegeben. Da hat das reibungslos geklappt.

Typische Antwort: *Wahrscheinlich haben Sie sich da nicht getraut, so ein Chaos zu veranstalten.*

Gute Antwort: *Sind Sie sicher, dass sich das übertragen lässt? So viel ich weiß, gab es da mehrere Chemiesäle. Aber hier geht es jetzt um unsere Schule.*

Diskussionsteilnehmer reden gern über andere Fälle, in denen sie ähnliche Erfahrungen gemacht haben. Diese Erfahrungen können durchaus nützlich sein, aber sie sind keine Gewähr dafür, dass es dieses Mal wieder so ist.

Abwehr: Wechsel auf die Metaebene, Enttarnen der Taktik und Zurückleiten der Gesprächsrunde zum aktuellen Thema.

Unterstellungen

Sie wollen also sagen, dass der Hausmeister Ihnen erlaubt hat, den Chemiesaal ganz allein zu beanspruchen?

Typische Antwort: *An diesem Tag stand mir der Chemiesaal tatsächlich ganz allein zu.*

Gute Antwort: *Sie wissen genau, dass er das nicht gesagt hat. Es ging um eine Ausnahme an diesem Tag.*

Anstatt zunächst einmal anzunehmen, was der andere sagt, und ihm einen guten Willen zu unterstellen, wird interpretiert, was der andere für einen Unsinn erzählt.

Abwehr: Wer die Taktik aufdeckt und sie anspricht, bleibt Herr der Lage.

Unterschieben von Begriffen

Ihr kreatives Chaos mag ja für Sie anregend sein. Aber im Fach Chemie ist das absolut unangebracht.

Typische Antwort: *Mein Gott sind Sie ein Pedant. So ein bisschen Chaos kann tatsächlich befruchtend sein.*

Gute Antwort: *Von kreativem Chaos habe ich doch überhaupt nicht gesprochen. Im Chemieunterricht hat das Wort Chaos nichts verloren.*

Wer die Wendung „kreatives Chaos" für den unaufgeräumten Chemiesaal akzeptiert, gibt dem anderen die Möglichkeit, sie gegen ihn zu verwenden. War das wirklich ein kreatives Chaos? Wer das Wort „Untergebene" für Mitarbeiter akzeptiert oder sich einreden lässt, seine „Probleme" seien nur „Herausforderungen", der ist schon halb überzeugt, denn er spricht mit den Worten seines Gegenübers. Wer nicht die eigene Sprache spricht, tut sich hart mit eigenen Argumenten.

Abwehr: Die falschen Begriffe aufgreifen und mit dem Kollegen klären, dass man sich nichts unterschieben lässt. Bei einem Chef nachfragen, warum er diesen Begriff verwendet.

Emotionale Probleme

Mir haben Sie gestern vorgeworfen, meine Methoden wären total veraltet. Und jetzt führen Sie das Durcheinander als neues Prinzip ein oder wie?

Typische Antwort: *Das ist ja wohl ganz etwas anderes!*

Gute Antwort: *Ich finde es schade, dass Sie unser Gespräch gestern als Vorwurf empfunden haben, und ich wünsche mir, dass wir darüber noch mal sprechen. Können wir das anschließend tun?*

Hat man mit einem Diskussionsteilnehmer ungelöste Probleme, wirkt sich das automatisch negativ auf das Gespräch aus. Es ist wichtig, diese Probleme vom Gespräch zu trennen und einen Zeitpunkt für ihre Klärung zu vereinbaren.

Abwehr: Trennen Sie strikt das Alte vom Neuen und klären Sie eventuelle Störfaktoren möglichst sofort.

Bewertungen

Ihre Behauptung bringt uns hier nicht weiter.

Typische Antwort: *Das finde ich schon, dass uns das weiterbringt.*

Gute Antwort: *Warum bewerten Sie, was ich sage? Dass meine Behauptung uns nicht weiter bringt, ist Ihre persönliche Meinung, aber keine Tatsache. Sagen Sie mir, wo Sie anderer Meinung sind.*

Besonders die starken Mitglieder einer Gruppe bewerten gerne, was die anderen gesagt haben und drücken sich so darum, auf den Inhalt einzugehen.

Abwehr: Verbitten Sie sich die Bewertung und lassen Sie sich in keine Diskussion verwickeln. Drängen Sie darauf, dass sich der andere mit ihrem Beitrag inhaltlich auseinander setzt.

Schlagfertigkeit – was ist das eigentlich?

Vielen Menschen fällt immer erst auf dem Nachhauseweg ein, was sie auf einen Angriff am besten gesagt hätten. Deswegen wünschen sie sich, schlagfertiger zu sein. Das würde ihre Reaktionszeit stark verkürzen. Aber ist Schlagfertigkeit wirklich immer so erstrebenswert?

Schlagfertigkeit ist eine Form zu kommunizieren, bei der es sehr oft Gewinner und Verlierer gibt. Und das ist schädlich für Ihre Beziehung zum anderen. Wie wäre es denn mit der Entscheidung, gar nicht schlagfertig sein zu wollen? Oder anders gesagt: Wahre Schlagfertigkeit hat weniger mit „Schlagen" als mit „Fertigkeit" zu tun. Denn die wirklich schlagfertige Antwort ist meistens nicht die gemeinste, frechste oder witzigste, sondern die klügere. Und wenn jemand entspannt ist, dann fällt ihm die auch ein.

Was tun?

* Wenn jemand einen netten kleinen Witz auf meine Kosten macht? Ich lache mit und gönne ihm den Triumph. Das wird ihm gefallen.
* Wenn sich jemand auf meine Kosten lustig macht? Ich lächle ihn milde an. Jetzt bemerken auch die anderen den Kalauer.
* Wenn jemand einen richtig blöden Witz auf meine Kosten macht? Ich bitte ihn, den Satz zu wiederholen. Dann ist er aus dem Zusammenhang gerissen und nicht mehr witzig.
* Wenn der andere eine boshafte Bemerkung auf meine Kosten macht? Ich nehme das Gesagte ernst und paraphrasiere es. Das wird ihm peinlich sein.
* Wenn der andere unverschämt wird? Das überhöre ich einfach! Er will mich offenbar provozieren. Oder ich frage, ob er mich provozieren wolle und warum. Dann muss er Stellung zum Inhalt beziehen.

Situation 6: Kritikgespräche führen

Etwas zu kritisieren ist ganz einfach, wenn es egal ist, wie es danach weitergeht. Aber mit Kollegen oder Mitarbeitern muss man hinterher ja weiter zusammenarbeiten. Das hinzubekommen – Kritik zu üben, ohne die Beziehung zum anderen zu stören –, ist eine wirklich schwierige Aufgabe. Die Tatsache, dass wir selbst manchmal sehr unsanft kritisiert werden, sollte uns nicht davon abhalten, einen neuen Weg zu beschreiten. Sehen wir uns verschiedene Möglichkeiten an: Der letzte Brief von Frau Mohn war nicht gerade ein rhetorisches Meisterwerk. Das muss Herr Ludwig ihr unbedingt sagen, und zwar am besten so, dass so etwas nie mehr vorkommt.

Dialog 1: Eine einzige Katastrophe

Herr Ludwig hat sich hinter seinem Schreibtisch aufgebaut. Vor ihm sitzt Frau Mohn.

Ludwig: Frau Mohn, ich muss dringend mit Ihnen sprechen.

Mohn: (*schuldbewusst*) Sie meinen den Brief ...

❶ **Ludwig:** Natürlich meine ich den Brief. Der ist eine Katastrophe.

Mohn: So schlimm finde ich ihn nun auch wieder nicht.

❷ **Ludwig:** Aber ich, Frau Mohn. Ich finde ihn sogar sehr schlimm.

Mohn: (*zerknirscht*) Na ja, ein paar Dinge sind mir dann auch aufgefallen.

Ludwig: Zu spät, Frau Mohn. Zu spät. Stellen Sie sich vor, so was geht an den Kunden raus.

Mohn: Ja, ich hätte das schon noch einmal überarbeitet!

Ludwig: Bitte wann denn? Was glauben Sie, was der Chef dazu sagt?

Mohn: Ich werde mir in Zukunft mehr Mühe geben.

Ludwig: Heißt das, dass Sie sich bisher keine Mühe gegeben haben?

❸ **Mohn:** Doch! Aber gestern war so viel los, andauernd irgendwelche Lieferungen, kein Moment Ruhe.

Ludwig: Ach was!

Mohn: Dann ist auch noch der Computer abgestürzt.

❹ **Ludwig:** Gestern war doch auch nicht mehr los als sonst!

❺ **Mohn:** Ich habe so darauf geachtet, dass der Brief klar gegliedert ist und nicht zu viel auf jeder Seite steht.

Ludwig: Das haben Sie ja auch alles wunderbar gemacht.

Wie bewerten Sie die Vorgehensweise von Herrn Ludwig?

○ sehr überzeugend ○ ganz gut ○ mittelmäßig ○ schlecht!

So bewertet der Experte

Ist das Problem so wirklich gelöst? Wie fühlt sich Frau Mohn nach diesem Gespräch. Versuchen Sie einmal, sich in sie hineinzudenken.

❶ ... meine ich den Brief. Der ist eine Katastrophe.
Herr Ludwig kritisiert allgemein anstatt konkret. Ein paar Fehler machen den Brief ja nicht in jeder Hinsicht unbrauchbar.

❷ *Ich finde ihn sogar sehr schlimm ... Zu spät, Frau Mohn. Zu spät ...*
Herr Ludwig lässt ihr keine Möglichkeit, ihr Gesicht zu wahren. Frau Mohn wird sofort alles versuchen, um es Herrn Ludwig recht zu machen. Nicht weil sie seine Argumente einsieht, sondern aus Angst.

❸ *Aber gestern war so viel los ... Dann ist auch noch der Computer abgestürzt.*
Frau Mohn versucht, sich zu verteidigen, und kämpft darum, ihre Selbstachtung zu erhalten. Sie versucht, Gründe zu finden, warum der Brief so viele Fehler hat.

❹ *Gestern war doch auch nicht mehr los als sonst!*
Herr Ludwig akzeptiert die Erklärungen oder Entschuldigungsversuche von Frau Mohn nicht. Sie hat den Fehler gemacht und basta. Dadurch wird die Situation für Frau Mohn immer peinlicher.

❺ *Ich habe so darauf geachtet, dass der Brief klar gegliedert ist ...*
Frau Mohn hat sich offenbar Mühe gegeben. Sie hatte genaue Anweisungen bekommen und versucht, sie gewissenhaft umzusetzen. Vor lauter Formalien hat sie wahrscheinlich die Gesamtwirkung des Briefs außer Acht gelassen und inhaltliche oder stilistische Fehler gemacht.

Was hat Herr Ludwig falsch gemacht?

- Er droht Frau Mohn und zwingt sie zur Rechtfertigung.
- Er kritisiert nicht konkret, sondern allgemein.
- Er akzeptiert weder Erklärungen noch eine Entschuldigung.

Dialog 2: Tun Sie dieses und das auch!

Hören wir zu, wie das Gespräch zwischen Herrn Ludwig und Frau Mohn weitergeht. Frau Mohn ist noch immer dabei, sich zu verteidigen.

Mohn: Glauben Sie mir, ich habe alles beachtet, was Sie mir gesagt haben.

❶ **Ludwig:** Ja, ja, **aber** Sie müssen auch das beachten, was ich Ihnen nicht gesagt habe.

Mohn: Ja, es war halt irgendwie nicht mein Tag.

Ludwig: Das ist keine Entschuldigung, Frau Mohn.

Mohn: Es wird nicht wieder vorkommen, Herr Ludwig.

❷ **Ludwig:** Das **reicht** mir nicht. Sie werden sich jetzt mal alle meine Briefe der letzten Jahre ansehen und sich die Formulierungen einprägen. Da können Sie eine Menge darüber lernen, wie man Kunden anspricht.

Mohn: Ja, in Ordnung. Das ist sicher sehr hilfreich.

Frau Mohn will so schnell wie möglich gehen. Aber Herr Ludwig hält sie auf. Er ist noch nicht fertig.

Ludwig: Sofort! Sie legen mir bitte in den nächsten zwei Wochen jeden Brief vor, bevor er rausgeht.

Mohn: Gut, das mache ich.

❸ **Ludwig:** Und Ihren Brief habe ich korrigiert. Wenn Sie ihn bitte neu schreiben.

Mohn: (*eilig*) Sie können ihn dann gleich unterschreiben.

Wie bewerten Sie die Vorgehensweise von Herrn Ludwig?

O sehr überzeugend   O ganz gut   O mittelmäßig   O schlecht

So bewertet der Experte

Herr Ludwig glaubt, das Problem zufrieden stellend gelöst zu haben. Frau Mohn hat seine Argumente eingesehen und er hat gegen weitere Fehler eine zusätzliche Sicherung eingebaut. Aber die Nachteile überwiegen: Frau Mohn wird noch unselbstständiger werden, auf Herrn Ludwig wird viel zusätzliche Arbeit zukommen und Frau Mohn hat nichts gelernt. Die Fehlerzahl wird in Zukunft eher steigen. Das war kein gutes Gespräch.

❶ *Ja, ja, aber Sie müssen auch das beachten, was ich Ihnen nicht gesagt habe.*
Das ist eine paradoxe Anweisung. Kein Mensch kann etwas befolgen, das ihm nicht gesagt worden ist. Herr Ludwig appelliert nicht an den gesunden Menschenverstand, sondern an das Befolgen seiner Anweisungen.

❷ ... *sich die Formulierungen einprägen ... Da können Sie viel lernen ... Sie legen mir* bitte in den nächsten zwei Wochen *jeden Brief vor, bevor er rausgeht.*

Frau Mohn fühlt sich zu Recht gegängelt und gedemütigt. Jetzt ist ihr Freiraum viel kleiner geworden, denn sie muss mit jedem ihrer Briefe zu Herrn Ludwig. Sie wird selbstständiges Denken und Eigeninitiative in jedem Fall vermeiden. Möglicherweise wird sie Herrn Ludwig auch nicht darauf hinweisen, wenn er einen Fehler macht, weil sie ihm die gleiche Predigt vom Chef wünscht, die sie von ihm erhalten hat.

❸ *Und Ihren Brief habe ich korrigiert. Wenn Sie ihn bitte neu schreiben.*

Zuletzt hat Herr Ludwig Frau Mohn noch die Chance genommen, ihre Fehler selbst zu beheben. Auch das schwächt ihre Selbstachtung. Wenn sie hätte zeigen können, dass ihr inzwischen auch eine Menge stilistischer Ungereimtheiten aufgefallen sind, wäre das Problem schon halb behoben.

Was hat Herr Ludwig falsch gemacht?

* Er stellt seine Anweisungen in den Vordergrund.
* Er hofft, dass Frau Mohn lernt, indem er immer umfangreichere Anweisungen gibt und die Kontrolle verstärkt.
* Er korrigiert ihre Fehler selbst.

Dialog 3: Sie können mir doch sagen ...

Geben wir Herrn Ludwig eine zweite Chance. *Er kommt mit dem Brief in der Hand zu Frau Mohn.*

❶ **Ludwig:** Frau Mohn, ich würde gerne mit Ihnen sprechen.
Mohn: Was gibt es? Geht es um den Brief?

❷ **Ludwig:** Ja. Ich habe das Gefühl, da stimmt einiges nicht.
Mohn: *(schuldbewusst)* Na ja, da sind mir jetzt auch noch ein paar Schönheitsfehler aufgefallen.

❸ **Ludwig:** Und warum haben Sie die nicht korrigiert?
Mohn: *(hektisch)* Sie wollten ihn unbedingt noch am Vormittag haben, hier war aber so viel los und da hatte ich keine Zeit, ihn noch mal durchzulesen.
Ludwig: Aber Sie können mir doch sagen, wenn Ihnen die Zeit nicht reicht. So möchte ich ihn jedenfalls nicht rausschicken.
Mohn: Ja, ich habe mich nicht getraut. Sie hatten es damit so eilig.
Ludwig: Wenn Sie mehr Zeit brauchen, dann sagen Sie mir das bitte in Zukunft.

❹ **Mohn:** Also, eigentlich würde ich mir jeden Brief gern mit ein bisschen Abstand noch mal durchlesen. Da fällt einem viel mehr auf.
Ludwig: Dann sehen Sie ihn sich jetzt noch einmal an.
Mohn: Sie meinen „kurzfristig" und „ ... findet in der Stadt statt."
Ludwig: Ja, und die Kommata hätten auch noch einen Blick verdient.
❺ **Mohn:** Ich werde ihn gleich noch mal überarbeiten, Herr Ludwig.
Ludwig: Gut.

Wie bewerten Sie die Vorgehensweise von Herrn Ludwig?

O sehr überzeugend   O ganz gut   O mittelmäßig   O schlecht

So bewertet der Experte

Dieses Mal hat Frau Mohn ihre Selbstachtung behalten und geht viel lieber an ihre Arbeit als im ersten Fall. So war das Gespräch sehr wirksam.

❶ Frau Mohn, ich würde gerne mit Ihnen sprechen.
Kein Druck, keine Aufregung, keine Entrüstung. Herr Ludwig hat das Problem angesprochen, ohne Frau Mohn abzuwerten.

❷ *Ja. Ich habe das Gefühl, da stimmt einiges nicht.*
Herr Ludwig sendet eine Ich-Botschaft. So kann Frau Mohn viel leichter zugeben, dass sie etwas falsch gemacht hat. Sie fühlt sich nicht angegriffen.

❸ *Und warum haben Sie die nicht korrigiert?*
Dieses Mal will Herr Ludwig klären und nicht schimpfen. Für ihn ist es interessant, warum der Fehler aufgetreten ist.

❹ *... eigentlich würde ich mir jeden Brief gern mit ein bisschen Abstand noch mal durchlesen.*
Das Problem wird gemeinsam gelöst. Neue Fehler werden verhindert. Dabei kommt die Lösung von Frau Mohn und wird ihr nicht vorgeschrieben.

❺ *Ich werde ihn gleich noch mal überarbeiten ...*
Zuletzt hat Frau Mohn die Möglichkeit, den Brief zu überarbeiten. Wenn sie dazu Hilfe braucht, wird sie sich die suchen, vielleicht sogar bei Herrn Ludwig.

Was hat Herr Ludwig gut gemacht?

- Er hat versucht zu klären, wie die Fehler passieren konnten.

- Er hat Ich-Botschaften gesendet, auch wenn ihm die Fehler völlig klar waren.
- Er hat oft nachgefragt und Frau Mohns Argumente immer ernst genommen.
- Er gibt Frau Mohn Zeit, sich eine Lösung zu überlegen, und er gibt ihr die Chance, ihre Fehler selbst zu korrigieren.

Dialog 4: Machen Sie einen Vorschlag

Die dritte Variante: Was wäre, wenn Frau Mohn ihre Fehler nicht einsehen würde?

❶ **Herr Ludwig:** (*freundlich*) Frau Mohn, ich habe das Gefühl, in diesem Brief stimmt einiges nicht.
Mohn: Wieso? Ich finde den in Ordnung.
Ludwig: Kann es sein, dass Sie „kurzfristig" und „kurzzeitig" verwechseln?
Mohn: Ach, ja stimmt, jetzt fällt es mir auch auf.
Ludwig: Und hier: „... findet in der Stadt statt." Das hört sich nicht sehr schön an.
Mohn: Ach, geben Sie her, ich mach das noch mal.
Ludwig: Frau Mohn, es ist mir sehr wichtig, dass Sie diese Briefe sorgfältig formulieren.
Mohn: (leicht) Das kann doch jedem mal passieren.
❷ **Ludwig:** Ist es Ihnen passiert oder sehen Sie solche Fehler nicht?
Mohn: So was sieht doch jeder!
Ludwig: Ich will nur wissen, wie wir das zukünftig verhindern können.
Mohn: Na ja, (Pause) so was wird immer wieder mal vorkommen.
Ludwig: (ernst) Mir ist es wichtig, dass es nicht mehr passiert. Haben Sie eine Idee, wie wir das hinkriegen könnten?
Mohn: (ratlos) Nein.
❸ **Ludwig:** Sehen Sie sich den Brief noch mal an, ob Sie noch etwas finden. Und machen Sie bitte einen Vorschlag, wie wir solche Fehler künftig abstellen können.

Wie bewerten Sie die Vorgehensweise von Herrn Ludwig?

O sehr überzeugend   O ganz gut   O mittelmäßig   O schlecht

So bewertet der Experte

Auch hier war das Gespräch, das Herr Ludwig geführt hat, wieder wirksam. Frau Mohn ist keinem Druck ausgesetzt und wird ihr Bestes geben. Wenn ihr Bestes weiterhin nicht reicht, dann muss ihr Chef darüber nachdenken, ob sie am richtigen Arbeitsplatz ist. Vielleicht muss er sie mit anderen Arbeiten betrauen, weil sie fehlerfreie Briefe nicht hinbekommt, vielleicht muss er alles kontrollieren oder vielleicht muss er Frau Mohn eine Fortbildung finanzieren.

Ob die Fehler klein oder groß sind, ob Frau Mohn sie einsieht oder nicht und ob es eine offensichtliche Lösung gibt oder nicht, das ist ganz egal. So ein Kritikgespräch verlangt eine ruhige Atmosphäre ohne jeden Druck. Es sind Fragen nötig, um zu klären, wodurch der Fehler entstehen konnte.

❶ ... ich habe das Gefühl, in diesem Brief stimmt einiges nicht.
Er weiß, dass das vieles nicht stimmt, aber er ist vorsichtig, um Frau Mohn nicht gleich in eine Abwehrrolle zu drängen.

❷ Ist es Ihnen passiert oder sehen Sie solche Fehler nicht?
Dieses Mal will Herr Ludwig der Sache auf den Grund gehen. Es geht nicht um Kritik oder Bestrafung, sondern um die Klärung des Problems für die Zukunft.

❸ ... machen Sie bitte einen Vorschlag, wie wir solche Fehler künftig ...
Der Vorschlag soll von Frau Mohn kommen. Eine viel wirkungsvollere Lösung, als wenn Herr Ludwig seiner Angestellten vorschreibt, was sie in Zukunft zu tun hat.

Was hat Herr Ludwig gut gemacht?
* Er übt keinen Druck aus.
* Er versucht, dem Problem auf den Grund zu gehen.
* Er belässt die Lösung des Problems zunächst einmal bei Frau Mohn und gibt ihr die Chance, über den Fehler nachzudenken.

Dialog 5: Dass ich nicht lache!

Ein anderes Szenario: Nach dem Kundengespräch hält Herr Nagel seine Kollegin, Frau Ortman, auf dem Flur vor dem Besprechungsraum auf.

❶ **Nagel:** Moment mal, Frau Ortman.
Ortman: Ja?
❷ **Nagel:** Frau Ortman. Können Sie das nicht mal sein lassen?
Ortman: (*erstaunt*) Was meinen Sie?
Nagel: Wie Sie sich immer in Szene setzen. Sie haben den Kunden ja tot geredet.
Ortman: Das stimmt ja gar nicht. Ich habe ihm alles in Ruhe erklärt.
❸ **Nagel:** Dass ich nicht lache. Der war ja völlig fertig.
Ortman: (*ruhig*) Sie hätten doch auch was sagen können. (*ärgerlicher*) Aber Sie sitzen ja die ganze Zeit nur rum und lassen mich machen.

Nagel: Merken Sie eigentlich nicht, wie Sie allen auf die Nerven gehen mit ihrem ewigen „die neuesten Trends", „die Marktforschung zeigt" ...

Ortman: Was wollen Sie jetzt damit sagen?

❹ **Nagel:** Der Kunde hat mich schon letztes Mal darauf angesprochen, dass Sie sich immer so in den Vordergrund spielen.

Ortman: Wenn Sie dasitzen, stumm wie ein Fisch, dann muss ich ja die Leitung des Gesprächs übernehmen. (*begreift erst jetzt, was er da gerade gesagt hat, wütend*) Und ich finde es einen ... äh ... eine Unverschämtheit, dass Sie mein Gesprächsverhalten mit dem Kunden diskutieren.

Nagel: Der Kunde hat das mit mir diskutiert. Keine Sorge, ich habe Sie natürlich gleich verteidigt.

Wie beurteilen Sie das Verhalten von Frau Ortman?

O sehr überzeugend   O ganz gut   O mittelmäßig   O schlecht

So bewertet der Experte

Können Sie sich vorstellen, wie das nächste Kundengespräch ablaufen wird? Frau Ortman wird jedes weitere Gespräch mit diesem Kunden peinlich sein und sie wird sich wahrscheinlich viel mehr heraushalten, als es sinnvoll wäre. Schließlich will sie sich an Herrn Nagel rächen. Vielleicht wollte Herr Nagel sie ja nur ärgern. Wenn er aber ein besseres Gesprächsklima bei den Kundengesprächen erreichen wollte, dann hat er das falsch angefangen.

❶ *Moment mal, Frau Ortman.*
Das ist ein Überfall. Frau Ortman wird völlig überfahren, noch dazu nach dem Kundengespräch, das womöglich anstrengend war und ihre ganze Konzentration erforderte.

❷ *Können Sie das nicht mal sein lassen?*
Herr Nagel ärgert sich über den Verlauf des Kundengesprächs. In so einer Stimmung führt man besser kein konstruktives Gespräch. Die Versuchung, den Ärger am anderen auszulassen, ist viel zu groß.

❸ *Dass ich nicht lache. Der war ja völlig fertig.*
Da werden Frau Ortmans Argumente lächerlich gemacht. Das ist keine sachliche Diskussion, Herr Nagel will sie hier eindeutig ärgern. Sie lässt das zu und reagiert mit Rechtfertigungen und Erklärungen.

❹ *Der Kunde hat mich schon letztes Mal darauf angesprochen ...*

Auch wenn das wirklich so war, sollte Herr Nagel diese Information für sich behalten. Bei einem Kritikgespräch beziehe ich am besten nicht die Meinung anderer mit ein. Der Kritisierte schämt sich doppelt.

Was hat Herr Nagel falsch gemacht?

* Er hat Frau Ortman überfallen.
* Er ging mit Ärger in das Gespräch.
* Er hat Frau Ortman lächerlich gemacht.
* Er erzählt, dass er mit dem Kunden über sie gesprochen hat.
* Er verbirgt, warum ihn Frau Ortmans Redefluss ärgert.

Dialog 6: Mein Kollege stinkt mir

Kurze Zeit später findet Frau Ortman die Gelegenheit zur Rache. Frau Ortman setzt sich in der Kantine neben Herrn Nagel. Die beiden essen. Dann atmet Frau Ortman tief ein.

❶ **Ortman:** Herr Nagel, was ich Ihnen immer schon mal sagen wollte: Sie haben ständig einen sehr starken Körpergeruch.
Nagel: (völlig verdattert) Was?
❷ **Ortman:** Es tut mir Leid, aber Sie riechen immer sehr stark nach Schweiß.
❸ **Nagel:** Ja, ich schwitze sehr leicht. Und letzte Woche war ich zweimal spät dran und musste mich ziemlich beeilen, noch rechtzeitig ins Büro zu kommen.
Ortman: Na ja, Herr Nagel, Sie riechen aber immer so ...
Nagel: Möglicherweise sind es diese neuen Kunststoffhemden, die ich mir da gekauft habe ...
❹ **Ortman:** ... Ihnen gehen ja schon alle aus dem Weg.
Nagel: Mir gehen alle ...? Das heißt alle Kollegen sind der Meinung, ich stinke?
Ortman: Klar fällt es allen auf. Nur sagen traut sich's keiner.
Nagel: Na, danke. Ich bin also seit Wochen Gesprächsthema. Wird ja immer schöner! Und Sie sind also regelrecht abkommandiert worden, mir das beizubiegen. Kann man mit mir denn nicht reden?
❺ **Ortman**. Warum regen Sie sich denn so auf? Seien Sie doch froh, dass Sie Bescheid wissen. Jetzt können Sie ja etwas dagegen tun, sich häufiger waschen.
Nagel: Dagegen tun? Den Teufel werd ich! Ist mir nur recht, wenn sich keiner in meine Nähe wagt. Ihr könnt Euch doch alle selber nicht riechen ...

Wie bewerten Sie die Vorgehensweise von Frau Ortman?

○ sehr überzeugend ○ ganz gut ○ mittelmäßig ○ schlecht

So bewertet der Experte

Gewirkt haben Frau Ortmanns Worte, aber das Gespräch war furchtbar: Das Verhältnis von Herrn Nagel zu den Kollegen ist stark beschädigt.

❶ Herr Nagel, was ich Ihnen immer schon mal sagen wollte ...
Das Problem besteht schon länger. Selbst wenn Herr Nagel es jetzt abstellt, bleibt ihm die Peinlichkeit, dass Frau Ortman ihn monatelang „ertragen" hat. Es besteht keine Notwendigkeit, die Dauer des Problems ins Spiel zu bringen.

❷ ... Sie riechen immer sehr stark nach Schweiß.
Diese Du-Botschaft ist sehr kompromisslos und muss Gegenwehr auslösen. Dass Frau Ortman sich nicht zu ihm setzt, weil sie ihn mag, sondern um ihm etwas Unangenehmes zu sagen, muss Herr Nagel erst einmal verarbeiten.

❸ Ja, ich schwitze sehr leicht ... Möglicherweise sind es diese neuen Kunststoffhemden ...
Natürlich sucht Herr Nagel nach Ausreden. Er weiß, dass es daran nicht liegt, aber er möchte vor Frau Ortman besser dastehen. Leider lässt sie das nicht zu.

❹ ... Ihnen gehen ja schon alle aus dem Weg.
Alle anderen sind mit einbezogen worden, bevor jemand mit Herrn Nagel gesprochen hat. Das kränkt ihn. Kein Wunder, dass er wütend wird.

❺ *Jetzt können Sie ja etwas dagegen tun, sich häufiger waschen.*
Woher weiß sie, dass das die Ursache ist? Der Tipp macht Herrn Nagel zu einem dummen Jungen, der nicht weiß, dass man sich wäscht.

Was hat Frau Ortman falsch gemacht?

* Sie hat das Problem nicht gleich angesprochen.
* Sie sendet Du-Botschaften. ——
* Sie gibt Herrn Nagel keine Möglichkeit, besser dazustehen.
* Sie gibt ihm die Lösung vor.
* Sie hat vor dem Gespräch mit ihm Dritte einbezogen.

Dialog 7: Es fällt mir schwer

Die zweite Variante:. *Frau Ortman setzt sich in der Kantine zögerlich neben Herrn Nagel.*

Nagel: Ist irgendwas?

Ortman: Ja, Herr Nagel, ich wollte mal mit Ihnen reden.

Nagel: Das klingt ja sehr ernst.

❶ **Ortman:** Es fällt mir schwer. Ich weiß nicht, wie ich es Ihnen sagen soll.

Herr Nagel schaut sie schweigend an.

Ortman: Es ist mir letzte Woche aufgefallen, dass Sie zweimal starken Körpergeruch hatten. Ich bin da vielleicht überempfindlich, aber ...

Nagel: (*erschrocken*) Mein Gott, wissen Sie noch, wann?

❷ **Ortman:** Ich hatte vor allem am Montag den Eindruck. Es war mir nur wichtig, Ihnen das zu sagen.

❸ **Nagel:** Vielen Dank, Frau Ortman. Ich trage jetzt manchmal solche neuen Hemden aus Kunststoff. Vielleicht liegt es daran.

Ortman: Möglicherweise, ich kenne mich da nicht so aus. Ich fände es nur schade, wenn unser Verhältnis darunter leidet.

Nagel: Hat sich sonst noch jemand beschwert?

❹ **Ortman:** Warum sollte derjenige zu mir kommen? Es ist mir aufgefallen, also sage ich es Ihnen.

Nagel: Ich muss einfach wieder Baumwollhemden tragen. Bitte sagen Sie mir, wenn das noch mal vorkommt.

Wie bewerten Sie die Vorgehensweise von Frau Ortman?

O sehr überzeugend   O ganz gut   O mittelmäßig   O schlecht

So bewertet der Experte

Ein derartiges Gespräch verbessert das Verhältnis zwischen Herrn Nagel und Frau Ortman. Er hat das Gefühl, ihr vertrauen zu können. Sie hat sich Mühe gegeben, ihn nicht zu verletzen. Das fasst er sehr richtig als Kompliment auf. Sie würde das nicht tun, wenn er ihr gleichgültig wäre.

❶ Es fällt mir schwer. Ich weiß nicht, wie ich es Ihnen sagen soll.

Frau Ortman sendet wiederholt Ich-Botschaften. Sie beschreibt ihr Problem, etwas Unangenehmes sagen zu müssen. Sie möchte unbedingt die Beziehung zu ihm aufrechterhalten, auch wenn die beiden ein sachliches Problem haben.

❷ Ich hatte vor allem am Montag den Eindruck.
Frau Ortman wird konkret. Was sollte Herr Nagel auch damit anfangen, dass er „immer" Körpergeruch habe.

❸ Ich trage jetzt manchmal solche neuen Hemden aus Kunststoff.
Auch wenn das eine plumpe Ausrede sein sollte, nimmt Frau Ortman sie ernst. Sie hätte doch nichts davon, Herrn Nagel zu demütigen.

❹ Es ist mir aufgefallen, also sage ich es Ihnen.
Frau Ortman hat keine Dritten involviert. Sie sollte nur dann für die ganze Belegschaft sprechen, wenn das Problem auf Dauer nicht zu lösen ist.

Was hat Frau Ortman gut gemacht?

* Sie macht gleich klar, dass es ein wichtiges Problem gibt, und sendet Ich-Botschaften – spricht also zuerst von ihren Gefühlen. Auch die Kritik selbst formuliert sie als Ich-Botschaft.
* Sie wird möglichst konkret und kritisiert nicht pauschal.
* Sie verzichtet darauf, den anderen zu demütigen – durch Bloßstellung oder indem sie Dritte mit einbezieht.

So wenden Sie Ihre Kenntnisse an

Geben Sie statt Kritik lieber ein Feedback. Dieses ist von großer Bedeutung in der Zusammenarbeit mit Kollegen und Chefs. Wer keine Rückmeldung zu seiner Arbeit bekommt, der arbeitet schlechter und entwickelt auf Dauer das Gefühl, niemand interessiere sich für ihn.

Feedback sollte sofort gegeben und nicht zu groß aufgehängt werden

Wenn Sie Schwierigkeiten aus irgendeinem Grund nicht sofort ansprechen, ist das Ihr Problem. Belasten Sie den Verursacher nicht damit. Sie haben sich entschieden, ein Problem zu dem Zeitpunkt anzusprechen, an dem Sie es nicht mehr ignorieren möchten. Und das ist genau heute und jetzt.

Wenn Sie ein Feedback zwei Wochen lang ankündigen, beim Gespräch alle Türen sorgfältig schließen und den Mitarbeiter zunächst ausführlich loben, bekommt der es mit der Angst. Je selbstverständlicher das Gespräch ist, desto offener ist der Mitarbeiter für Ihr Anliegen.

Feedback sollte immer konkret sein

Vermeiden Sie Rundumschläge. Sie müssen nicht alles bis in jede Einzelheit belegen können. Konkrete Beispiele aber helfen dem anderen, Ihre Worte zu akzeptieren. Ein Satz wie „Du bist immer so schlecht gelaunt", führt nicht zur Klärung, sondern fordert sofort Widerstand heraus.

In unserem Dialog stimmt der Satz „Der Brief ist eine Katastrophe", nicht. Ein Brief mit drei Fehlern ist keine Katastrophe. Wenn sich der so Kritisierte jetzt gegen die „Katastrophe" wehrt, indem er den gelungenen Einstieg in den Brief verteidigt, reden beide aneinander vorbei. Wer die Fehler konkret benennt, gibt anderen die Möglichkeit, sie zu lösen, und behält den Spielraum, auch Gutes zu erwähnen.

Feedback enthält weder Druck noch Vorwurf

In einer Atmosphäre der Angst sinkt die Leistung. Außerdem wird der andere unter Druck eher auf Rache sinnen, als sich um die Korrektur der Fehler zu kümmern. Äußern Sie Ihre Wünsche, aber fordern Sie nichts.

Feedback enthält keine Abwertung

Schon das kritische Hochziehen der Augenbrauen oder ein tiefer Seufzer beim Anblick eines Fehlers kann einen Menschen tagelang von der Arbeit abhalten. Wir sind für solche Zeichen oder Bemerkungen sehr sensibel. Wenn aber das persönliche Verhältnis gestört ist, hat sich der ursprüngliche Fehler zu einem Riesenproblem ausgeweitet. Beschreiben Sie die betreffenden Punkte, ohne sie zu bewerten. Sie geben dem anderen damit das Gefühl, gemocht zu werden.

Feedback enthält Ich-Botschaften

Ein Problem, das der andere nicht kennt, kann er nicht lösen. Äußern Sie, was Sie empfinden. Ändern können Sie den andern nicht, aber Sie können dafür sorgen, dass beide Rücksicht nehmen. Je diffiziler das Gespräch für Sie ist, desto offener sollten Sie diese Schwierigkeiten artikulieren. Für Vorgesetze gilt: Der Mitarbeiter sollte genau wissen, was Sie persönlich von seiner Arbeit halten. Viele Dinge kann man aus verschiedenen Blickwinkeln sehen. Trennen Sie Gefühle von den Fakten.

Feedback bemüht sich um Verständnis und fragt nach

Die Bemerkung, dass Sie für so etwas kein Verständnis hätten, ist die schlechteste Art mit Fehlern umzugehen. Ein Fehler ist etwas, das uns gegen unseren Willen passiert, und wenn Sie dafür kein Verständnis haben, dann dürfen auch Sie keine machen. Nur wenn jemand mit Absicht Fehler macht, brauchen Sie dafür kein Einfühlungsvermögen zu entwickeln.

Feedback schafft Gemeinsamkeit

Geben Sie dem Kollegen das Gefühl, dass das Problem gemeinsam gelöst werden sollte. Dann stehen Sie beide nicht auf verschiedenen Seiten, sondern Sie stehen beide demselben Problem gegenüber – miteinander statt gegeneinander.

Feedback enthält keine Lösungen

Ziel eines Feedbacks ist nie die Lösung des Problems. Fehler anzusprechen hat nämlich noch nichts mit deren Beseitigung zu tun. Erwarten Sie also im Gespräch noch keine Lösung. Die braucht Zeit und Abstand.

Feedback leistet Hilfe zur Selbsthilfe

Der Verursacher des Problems weiß am besten, wo der Hase im Pfeffer liegt. Ohnehin können Sie als Außenstehender selten ein vielschichtiges Problem auf Anhieb lösen. Im Gegenteil: Mischen Sie sich ein, erschwert das in den meisten Fällen die Lösungsfindung. Machen Sie also nicht die Arbeit der andern, sondern helfen Sie ihnen nur soweit, dass sie alleine zurechtkommen. Wer für den Fehler verantwortlich ist, ist auch verantwortlich für seine Beseitigung.

Feedback gibt die Möglichkeit zur Korrektur

Es ist sehr verführerisch, besonders unter großem Zeitdruck, das Problem jetzt und sofort und selbst zu lösen. Aber Sie verbauen den anderen die Chance, den Fehler wenigstens zum Teil wieder gutzumachen. Das ist aber wichtig für das Selbstwertgefühl. Mitarbeiter, die glauben, dass nur Sie als Chef, als Teamleiter, als Kollege, die nötige Kompetenz haben, machen Ihnen unendlich viel Arbeit. Sie werden sich an die Hilfe von außen sehr schnell gewöhnen.

Fakten & Hintergründe

Fehlerkultur

Niemand macht freiwillig Fehler. Aber sie passieren und das ständig. Nur wie geht man damit um? Man stelle sich eine Krankenschwester in einem großen Krankenhaus mit Fehlerkultur vor. Über Fehler wird offen gesprochen, es werden ständig Fortbildungen angeboten, man richtet Arbeitskreise ein und zeigt Mitarbeitern, wie sie im Falle eines Fehlers vorzugehen haben. Wenn diese Krankenschwester einen Fehler begeht, dann wird sie sofort zum nächsten Arzt laufen und ihm berichten, dass sie einen Fehler gemacht hat. Der Arzt wird alles tun, den Fehler zu korrigieren. Dagegen steht Krankenhaus Nummer zwei: Dort werden keine Fehler gemacht. Fehler stehen unter strengen Strafen, überall hängen Verbotstafeln, über Fehler spricht man nicht. Fehler sind noch nie vorgekommen. Auch hier macht die Krankenschwester einen Fehler. Möglicherweise sogar einen lebensbedrohlichen. Ja, Sie vermuten richtig: Sie wird alles tun, den Fehler zu vertuschen. Es ist keine Frage, in welches Krankenhaus man im Notfall lieber eingewiesen werden möchte.

Tipp: Mit Fehlern umgehen

- Entwickeln Sie immer mehrere Optionen zur Lösung eines Problems, verlassen Sie sich nie auf einen Lösungsweg.
- Wer Fehler unter allen Umständen vermeiden will, macht mehr Fehler.
- Streiten Sie Ihre Fehler nicht ab, analysieren Sie sie lieber bis ins Detail, damit Sie Ihnen nicht wieder unterlaufen.
- Besprechen Sie entstehende Risiken mit Ihren Kollegen oder Ihrem Chef.
- Akzeptieren Sie, dass Sie Fehler machen, dann werden auch andere akzeptieren, dass Sie nicht fehlerlos sind.
- Nobody is perfect: Nehmen Sie Fehler als Chancen für Veränderungen, für Entwicklung. Daran merken Sie, was Sie verbessern können.
- Wer wiederholt viele Fehler macht, ist an der falschen Stelle oder schlecht ausgebildet.
- Die meisten schlechten Eigenschaften sind an anderer Stelle positive Eigenschaften

---

Lob

Was hat Lob im Kapitel über Kritik zu suchen? Vieles: Es ist nämlich eine besondere Form der Kritik. Von Ephraim Kishon stammt der schöne Dialog: „Wie ist es Dir gelungen, ihn fertig zu machen?" „Mit Lob!"

W0er vom Lob anderer abhängig ist, hat ein zu geringes Selbstwertgefühl. Er lebt in der ständigen Angst, keine Anerkennung mehr zu erhalten. Lob verdeutlicht die Machtverhältnisse: Nach unten wird gelobt, nach oben wird geschwiegen. Die positiven Äußerungen sind nur sinnvoll, wenn sie umkehrbar sind. Wenn derjenige, den man lobt, nicht zurückloben darf, dient es oft der Manipulation: Er soll mehr leisten. Lob sollte aber nicht Mittel zum Zweck sein.

Eine Belohnung sollte ich – ähnlich wie die Kritik – gemeinsam mit dem Mitarbeiter besprechen. Stellen wir uns folgende Belohnung vor:

„Herr Meier, Sie werden am Dienstagnachmittag frei haben und dann ins Kino gehen. Die Karte liegt für Sie an der Kasse, die Geschäftsleitung hat sie bezahlt. Danach dürfen Sie thailändisch essen gehen, die Leitung hat Ihnen Hühnchen-Curry bestellt und zum Nachtisch gebackene Bananen. Ist alles schon bezahlt. Na, freuen Sie sich?"

Lob darf nicht als Einleitung zu Kritik benutzt werden. Die meisten Menschen reagieren auf das „aber", das nach einem Lob kommt, außerordentlich heftig, sodass die ganze positive Wirkung verpufft. Schon die Erwähnung des Wortes „aber" in diesem Zusammenhang erhöht den Pulsschlag des Gegenübers. Folgende Regeln sollten Sie deshalb beachten: Lob ...

- muss rechtzeitig erfolgen,
- sollte keine Floskeln enthalten,
- sollte nicht pauschal sein, sondern individuell,
- muss echt sein, keine Übertreibungen,
- braucht Zeit – im Vorbeigehen kommt es nicht an,
- sollte nicht manipulativ sein,
- für Leistungen, nicht für Menschen,
- kann nicht delegiert werden,
- von anderen sollte weitergegeben werden.

Kritik annehmen

Wenn Sie selbst Kritik annehmen müssen und Ihr Kritiker mit der Tür ins Haus fällt, finden Sie hier wichtige Tipps, wie Sie damit souverän umgehen.

- Suchen Sie sich Raum und Zeitpunkt aus: Wir sind nicht immer offen für ein Kritikgespräch. Nehmen Sie sich die Freiheit, es jederzeit zu vertagen. Nach einer misslungenen Präsentation oder an einem Freitagnachmittag müssen Sie sich nicht auch noch eine persönliche Kritik anhören. Bitten Sie höflich um eine Verschiebung.

- Seien Sie für jede Kritik dankbar. Denn Kritik erfordert Mut und Aufrichtigkeit. Außerdem gewinnen Sie dadurch wertvolle Informationen, auf die Sie ja auch in Zukunft nicht verzichten möchten.
- Überlegen Sie gut, was Sie annehmen: Sie müssen sich nur nach dem richten, was der andere sagt, wenn Sie den Fehler einsehen. Lassen Sie sich also durch Kritik nicht manipulieren.
- Hören Sie zu: Wer Kritik sofort beantworten will, überhört vielleicht das Wichtigste. Anstatt sich sofort zu verteidigen, ermuntern Sie den anderen lieber, weiter zu reden.
- Fragen Sie nach: Wenn Sie die Kritik überhaupt nicht nachvollziehen können, finden Sie heraus, was gemeint ist, anstatt sich aufzuregen. Vielleicht steckt hinter dem Vorwurf, Sie seien immer unfreundlich, ein konkretes Beispiel? Vielleicht haben Sie ein paar Mal vergessen, den Kollegen zu grüßen?
- Wenn Sie etwas trifft, dann sagen Sie es: Sie müssen weder stumm dasitzen, noch sofort alles einsehen. Das wäre dem anderen ohnehin verdächtig.
- Rechtfertigen Sie sich nicht: Je schneller Sie sich rechtfertigen, desto weniger nehmen Sie auf, was der andere Ihnen sagen will. Sie können der Kritik auch zuhören, ohne zu erklären, warum und wieso.

Ich-Botschaften, Du-Botschaften

Ich-Botschaften zu versenden ist eine der wichtigsten Voraussetzungen, um schwierige Gespräche zu meistern. Denn in ihnen steckt eigentlich eine Bitte um Hilfe: Der Sprecher will den anderen besser verstehen. Eine Bitte kann man schwer ablehnen. Ich-Botschaften weisen dem anderen keine Schuld zu, rühren nicht an seinem Selbstwertgefühl, regen nicht zu Widerspruch an, fordern keine Rache heraus. Das erklärt ihre große Wirksamkeit.

Eine Ich-Botschaft besteht aus drei Elementen
- Der Sachverhalt: Was stört mich?
- Meine Gefühle dabei: Wie geht es mir, wenn es so ist?
- Die Konsequenzen: Was tue ich, wenn es so ist?

Eine Ich-Botschaft ist positiv formuliert
- anstatt: Ich denke nicht daran, deine Verspätung zu tolerieren.
  besser: Ich weiß nicht, wie ich damit umgehen soll.
- anstatt: Ich will hier keine Getränke mehr sehen.
  besser: Ich ärgere mich sehr, wenn hier getrunken wird.

Eine Ich-Botschaft ist kein versteckter Angriff

- anstatt: Ich fühle mich von Dir ausgenutzt.
  besser: Im Moment bin ich total enttäuscht.
- anstatt: Für mich hast du uns alle reingelegt.
  besser: Im Moment schleppe ich eine Menge Ärger mit mir rum.

Eine Du-Botschaft

- weist dem anderen die Schuld zu,
- rührt am Selbstwertgefühl des anderen,
- kann als Ablehnung und Herabsetzung empfunden werden,
- regt zu Widerspruch an,
- fordert Rache heraus.

Situation 7: Fehler zugeben

Schon mitzuteilen, dass etwas schief gegangen ist, gestaltet sich extrem schwierig. Aber wenn man den Fehler auch noch selbst verschuldet hat? Auch wenn es Ihnen dann lieber wäre, das Problem per E-Mail oder Brief zu erledigen, vielleicht sogar noch per Telefon, so ist ein persönliches Gespräch mutiger und effektiver – und es ist gar nicht so schwer, wenn man es richtig anfängt. Herr Teck muss dem Chef etwas beichten. Er hat vergessen, ein ganz wichtiges Angebot zu verschicken, und ob er will oder nicht, sein Chef muss es heute von ihm erfahren – sonst erfährt er es womöglich von einem anderen.

Dialog 1: Da wäre noch etwas

Herr Teck sitzt in bester Laune im Büro des Chefs und hat mit ihm ein paar Kleinigkeiten besprochen. Eigentlich ist das Gespräch bereits zu Ende.

Chef: Gut, Herr Teck, dann sehen wir uns morgen wieder.

❶ **Teck:** *(druckst herum)* Da ... wäre noch eine Kleinigkeit.

Chef: Ja?

❷ **Teck:** Sie hatten mich doch vor vierzehn Tagen gebeten, ein Angebot an die Firma Urbach zu schicken. Das habe ich mir auch extra aufgeschrieben. Und ich hatte auch schon damit angefangen, aber ...

Chef: Was aber?

❸ **Teck:** Wir haben heute einen wütenden Brief bekommen, dass sie immer noch auf das Angebot warten. *(eilig)* Ich werde das aber sofort erledigen. Machen Sie sich keine Sorgen, ich kümmere mich persönlich darum.

Chef: Was heißt hier, keine Sorgen machen? Das ist ein Riesenauftrag und Sie sagen, ich soll mir keine Sorgen machen?

Teck: Ja, ich dachte mir, ich fahre da persönlich vorbei, dann werde ich das schon wieder einrenken.

❹ **Chef:** Ach ja? Das dachten Sie? Das ist ja auch kein Problem, das so einfach wieder hinzukriegen. Mein Gott, kann man sich denn hier auf niemanden mehr verlassen?

Teck: Das können Sie ja nun wirklich nicht sagen, ich bin immer sehr zuverlässig gewesen.

Chef: Außer beim wichtigsten Auftrag dieses Jahres. Den haben Sie einfach verbummelt.

Teck: Ich habe ihn nicht verbummelt. Es war einfach so, dass ich ...

Wie bewerten Sie die Vorgehensweise von Herrn Teck?

O sehr überzeugend   O ganz gut   O mittelmäßig   O schlecht

So bewertet der Experte

Der Chef kennt den Fehler zwar jetzt und Herr Teck muss sich die Kritik gefallen lassen. Aber so ganz ideal hat er das nicht hinbekommen.

❶ Da ... wäre noch eine Kleinigkeit.
Fehler von anderen kann man herunterspielen, die eigenen Fehler herunterzuspielen, ist ungünstig. Der Chef muss ja den Eindruck bekommen, als seien Herrn Teck seine Aufgaben nicht so wichtig.

❷ Das habe ich mir auch extra aufgeschrieben ... ich hatte auch schon ..., aber ...
Herr Teck verteidigt sich schon, bevor der Chef weiß, was los ist.

❸ Ich werde das aber sofort erledigen. ... ich kümmere mich persönlich darum.
Um die Standpauke zu verkürzen, ist Herr Teck gleich bei der Lösung, die er natürlich schon mitgebracht hat. Aber dafür ist der Chef in diesem Moment noch nicht aufnahmefähig.

❹ ... kann man sich denn hier auf niemanden mehr verlassen? ... Den haben Sie einfach verbummelt.
Da Herr Teck so gelassen auftritt, greift der Chef ihn persönlich an. Vermutlich weiß er, dass dies ungerecht ist, möchte Herrn Teck aber aufrütteln. Dieser ist beleidigt und verteidigt sich.

Was hat Herr Teck falsch gemacht?

- Er spielt den eigenen Fehler herunter.
- Er verteidigt sich viel zu früh.
- Er kommt viel zu früh mit der Lösung des Problems.
- Er nimmt den persönlichen Angriff des Chefs ernst.

Dialog 2: Es tut mir Leid

Zweite Variante: Herr Teck versucht dieses Mal, das Gespräch nicht so aggressiv enden zu lassen. Er kommt zum Chef und spricht das Problem gleich als Erstes an.

Chef: Herr Teck, gut dass Sie kommen, wir sollten noch mal über morgen reden.

❶ **Teck:** Das sollten wir, aber vorher gibt es noch ein Problem. Ich habe der Firma Urbach das Angebot immer noch nicht geschickt, das Sie ihnen vor 14 Tagen zugesagt haben. Die haben heute einen wütenden Brief geschrieben und werden Sie wohl auch noch anrufen.

Chef: Das ist nicht Ihr Ernst!

Teck: Leider doch.

❷ **Chef:** Ja, kann man sich denn hier auf niemanden mehr verlassen. Mein Gott, Herr Teck, was ist denn nur los mit Ihnen?

Teck: Es tut mir Leid.

❸ **Chef:** Dafür kann ich mir jetzt auch nichts kaufen. Wie konnte das nur passieren?

Teck: Ich habe es vergessen. Sie haben mir das im Vorbeigehen gesagt und ich habe mir das nicht aufgeschrieben.

Chef: Muss ich Ihnen jetzt alles zweimal sagen?

Teck: Nein.

Chef: Das ärgert mich sehr.

Teck: Es ärgert mich auch, das können Sie mir glauben.

Chef: Und was machen wir jetzt?

❹ **Teck:** Ich dachte, ich fahre gleich mal mit dem Angebot bei denen vorbei.

Wie war die Vorgehensweise von Herrn Teck dieses Mal?

O sehr überzeugend   O ganz gut   O mittelmäßig   O schlecht

So bewertet der Experte

Dieses Mal war die Standpauke kürzer und das Gespräch lief viel besser.

❶ *... vorher gibt es noch ein Problem.*
Erst spricht Herr Teck das Problem an. Der Chef muss an seiner ernsten Miene sofort merken, dass irgendetwas Schwerwiegendes vorliegt.

❷ *Ja, kann man sich denn hier auf niemanden mehr verlassen? Mein Gott, Herr Teck, was ist denn nur los mit Ihnen?*

303

Herr Teck ignoriert die persönlichen Angriffe des Chefs einfach. Er lässt sich nicht provozieren. Indem er ihm zunächst Recht gibt und seinen Ärger anerkennt, kann dieser sich schneller beruhigen.

❸ *Wie konnte das nur passieren? ... Ich habe es vergessen.*
Die Erklärung kommt erst, nachdem der erste Ärger verraucht ist. Auch wenn Herrn Teck keinerlei Schuld treffen sollte, so würde der Chef nicht zuhören, wenn er aufgebracht ist.

❹ *Ich dachte, ich fahre gleich mal mit dem Angebt bei denen vorbei.*
Erst ganz am Ende, wenn der Chef sich beruhigt hat, bringt er seine Lösung vor – dadurch wirkt sie nicht wie der Versuch, das Problem zu bagatellisieren.

Was hat Herr Teck richtig gemacht?

- Er kommt gleich zur Sache.
- Er ignoriert jeden persönlichen Angriff.
- Er wartet mit Erklärungen und Entschuldigungen, bis der Chef sich beruhigt hat.
- Als der Chef ihm wieder zuhören kann, präsentiert er eine Lösung des Problems und übernimmt Verantwortung.

So wenden Sie Ihre Kenntnisse an

Kommen Sie gleich zur Sache

Keine lange Einleitung, keine ewig langen Erklärungen, bevor der andere überhaupt weiß, worum es geht. Machen Sie schon durch Körpersprache, Blick und Tonfall klar, dass es um ein ernstes Problem geht. Wenn Sie erst mit jemandem locker vom letzten Golfturnier schwärmen, bevor Sie ihm zerknirscht mitteilen, dass Sie sein Auto zu Schrott gefahren haben, vergrößern Sie das Problem.

Lassen Sie dem anderen Zeit

Egal, welche Gefühle Ihre schlechte Nachricht beim anderen auslöst, er braucht Zeit, diese zu verarbeiten. Hören Sie ihm zu, ermuntern Sie ihn, darüber zu sprechen, aber mischen Sie sich möglichst wenig ein. Wenn der andere wütend wird, denken Sie daran, dass er nur seinen Ärger loswerden möchte. Später wird er vielleicht bereuen, Ihre und seine Grenzen überschritten zu haben.

Erklären Sie anschließend

Sollte es etwas zu erklären oder klarzustellen geben, fangen Sie erst damit an, wenn der andere seine Gefühle schon weitgehend verarbeitet hat. Jemand, der vor Wut kocht, interessiert sich nicht dafür, warum Sie den Fehler ausgerechnet gestern gemacht haben. Erklären Sie möglichst sachlich und streiten Sie nicht um Details. Wenn der andere das Gefühl hat, Sie wollen sich drücken oder herauswinden, wird er alles daran setzen, ihre Schuld zu beweisen.

Lösungen zuletzt

Auch wenn Sie die ganze Zeit schon eine wunderbare Lösung für das Problem mitgebracht haben, gehört diese an den Schluss des Gesprächs. Ist der andere erregt, wird er nämlich an jedem Ihrer Vorschläge etwas auszusetzen haben. Erst wenn er das Problem erfasst und verarbeitet hat, sollten Sie eine Lösung vorschlagen. In den meisten Fällen wird diese hochwillkommen sein.

Fakten & Hintergründe

Der Unterton

Die Art wie Menschen miteinander kommunizieren ist sehr vielschichtig und kompliziert. Auf den ersten Blick sieht es so aus, als ob wir mittels der Worte kommunizieren, die wir sprechen, aber das ist nur zum Teil richtig. Denn bevor in der Menschheitsgeschichte die hörbare verbale Sprache entwickelt wurde, gab es die hörbare nonverbale Kommunikation aus einfachsten Lauten in verschiedensten Tonhöhen und Tonlagen. Viele Laute dieser Ursprache gelten über die Sprachgrenzen hinaus, deshalb versteht man auch ohne Sprachkenntnisse, ob der indische Taxifahrer höflich ist oder wütend.

Nehmen wir einmal den Satz „Das haben Sie wirklich prima gemacht!" Geschrieben ist das klar und eindeutig ein Lob, der Mitarbeiter freut sich, den Satz zu hören. Jetzt stellen wir uns aber mal vor, der Chef sagt den Satz mit einem Grinsen und einem süffisanten Unterton. Schon bedeutet er das Gegenteil.

Wenn wir kommunizieren, senden wir viele Signale: Wir formulieren Wörter, Ausdrücke, Sätze – und senden zusammen mit diesen verbalen Äußerungen noch andere stimmliche Signale (und natürlich Mimik und Gestik, siehe dazu Seite 326). Diese äußern sich in der Betonung, im Sprechrhythmus, in der Melodie und natürlich im Sprechtempo und der Stimmhöhe. Das umgangssprachlich als Unterton bezeichnete Phänomen besteht aus all diesen Faktoren, die sozusagen über die

Buchstaben, Wörter und Sätze gelegt werden – sobald wir etwas sagen. Erst alles zusammen macht unsere Kommunikation aus.

Ein Teil dieser Merkmale spiegelt die Einstellung des Sprechers zu dem, was er gerade sagt, sowie seine Einstellung gegenüber dem Gesprächspartner wider. Man kann den Satz „Kommen Sie bitte herein!" mit einem Unterton versehen, der dem anderen signalisiert: „Ich freue mich, dass Sie da sind!", oder mit einem Unterton, der andeutet: „Nun lassen Sie uns das Gespräch schnell hinter uns bringen." Mit jeder Äußerung sagen wir also im Grunde genommen verschiedene Dinge. Dafür noch einige typische Beispiele. Den Satz „Ich mache das Protokoll für die Sitzung" kann man mit völlig unterschiedlichen stimmlichen Signalen sagen, je nach Sprechmelodie, die wir dabei verwenden. Die Wirkung: Er bekommt eine völlig andere Bedeutung.

- Verbunden mit tiefem Atmen oder Stöhnen: Natürlich schon wieder ich.
- Energiegeladen: Völlig klar, ich bin jetzt dran.
- Achselzuckend, gleichgültig: Mir macht das nichts aus.

Das gleiche geht mit einem Satz wie „In der Vorlage stimmt einiges nicht." Er kann je nach den stimmlichen Begleitsignalen bedeuten:
- Mein Gott, machen Sie denn gar nichts richtig?
- Über ein paar Kleinigkeiten müssen wir noch reden.
- Ich bin mir da selbst noch nicht ganz sicher.

Wenn jemand die erste Variation sagt, dann würde jeder wahrscheinlich sofort in eine Abwehrhaltung gehen. Bei der zweiten Variante ist man wahrscheinlich eher abwartend und gespannt, was der andere denn eigentlich daran auszusetzen hat. Man wartet auf die nähere Erläuterung. Bei der dritten Variation fordert der Gesprächspartner mich eigentlich zu einem Gespräch über die Vorlage auf. Er weiß auch noch nicht, was es ist, aber er ist nicht ganz glücklich. Möglicherweise lässt man sich jetzt auf eine Diskussion zur Verbesserung der Vorlage ein. In allen Varianten war es derselbe Satz, aber die Informationen waren sehr unterschiedlich. Oft neigen wir aber dazu, die Informationen, die im Subtext oder im Unterton liegen, nicht wahrzunehmen.

Den Unterton ganz wegzulassen, das gelingt uns nur, wenn wir uns bewusst darum bemühen. Nachrichtensprecher machen das zum Beispiel. Wenn sie uns jeden Toten mit einem anklagenden oder verzweifelten Unterton und jede gute Nachricht mit glückseligem Augenaufschlag vorlesen würden, bekämen wir nicht mehr die Nachrichten zu hören, sondern deren Interpretation. Auch jemand, der Börsenkurse ansagt oder Lottozahlen, muss sich um Sachlichkeit bemühen.

Stimmprobleme

Der Mensch hat kein ausgesprochenes Stimmorgan. Er benutzt drei verschiedene Organe bzw. Organgruppen, um Laute zu erzeugen. Und diese Organe haben eigentlich ganz andere Aufgaben. Die Mundwerkzeuge werden in erster Linie zum Zerkleinern der Nahrung verwendet, der Kehlkopf ist dazu da, die Luftröhre beim Schlucken zu verschließen und die Atemorgane versorgen den Körper mit Sauerstoff. Außerdem ist, entwicklungsgeschichtlich gesehen, die Verständigung mittels der Stimme sehr jung, man schätzt ca. 80.000 Jahre, bei einer Menschheitsentwicklung von etwa zwei Millionen Jahren.

Die meisten Menschen haben im Alltag keine Stimmprobleme. Sie sind nach dem Besuch eines lauten und verrauchten Restaurants vielleicht einmal heiser oder die Kehle ist nach einer Nacht in einem überheizten Raum trocken. Allerdings können Stimmprobleme auch durch schwierige und unangenehme Situationen hervorgerufen werden. Denn es gibt zwischen Stimme und Psyche einen engen Zusammenhang. Sehr viele Begriffe, die wir gebrauchen, belegen das: mit brüchiger Stimme sprechen, mit gebrochener Stimme, mit tonloser Stimme, die Stimme versagte ihm usw. Unterdrückte Wut oder Trauer, ein Leben, das subjektiv als zu schwer empfunden wird, beruflicher oder privater Druck, ein Abkapseln von der Umwelt oder ein übertriebenes Geltungsbedürfnis können Spuren in der Sprechweise hinterlassen. Im Folgenden einige Phänomene:

* Hinten sitzende Stimme
  Eine Stimme, die „hinten sitzt", also eine Stimme, die den Kehlkopf bei der Resonanzbildung sehr stark einbezieht, klingt wesentlich härter und metallischer. Wir sprechen auch von „knödeln". Die „keifende Alte" ist ein treffendes Bild für diese Art zu sprechen. Auch im Streit rutscht die Stimme sehr leicht nach hinten. Je mehr Emotionen ins Spiel kommen, desto lautstarker und vor allem schärfer wird gestritten.
  Besser: Im Zweifelsfalle leiser sprechen, ohne Druck und Schärfe. Wer sich anstrengt, hat verloren. Man hört Ihnen nicht gerne zu, wenn Sie keifend und mit stimmlicher Schärfe diskutieren. Wer souverän ist, spricht leise und ruhig.
* Verhauchte Stimme
  Manche Menschen benutzen zum Sprechen zu viel Luft. Die Stimme klingt dann verhaucht und durch den größeren Luftverbrauch sind Sie gezwungen, wesentlich häufiger zu atmen. Je nach Geschmack bezeichnet man eine solche Sprechweise als eine Stimme mit schönem Schmelz oder als affektiert. Manche Männer halten sich für anziehend, wenn sämtliche Resonanzräume beim Sprechen vibrieren.

Besser: Sprechen Sie nicht schön! Kommunizieren Sie, anstatt andere mit Ihrer Stimme zu beeindrucken. Vorsicht bei dem „Therapeuten-Ton", der den anderen bewusst beruhigen soll. Wenn Sie es übertreiben und Ihr Gegenüber die Absicht spürt, erreichen Sie das Gegenteil.

- Nasale Stimme

Ein leicht nasaler Klang, wie wir ihn bei einem vornehmen Engländer finden, wird meist benutzt, weil dem Sprecher das unter Umständen gefällt. Unter Intellektuellen ist es als besondere Art des Ausdrucks sehr verbreitet. Man spricht leise in der Nase und gibt sich damit einen besonderen Touch. Subjektiv fühlt sich das gut an, der gesamte Nasenbereich brummt angenehm.

Besser: Sprechen Sie klar, deutlich und fest. Wenn Ihre Sprechweise ästhetischen Gesichtspunkten gehorcht, nimmt Ihnen das einen Teil Ihrer Souveränität. Jede bewusste Schönfärberei lenkt vom Inhalt dessen ab, was Sie sagen wollen.

- Fester Unterkiefer

Der Mund wird beim Sprechen nur minimal geöffnet und die Muskeln des Unterkiefers sind stark angespannt. Es ist, als sprächen Sie mit zusammengebissenen Zähnen. Der prägnanteste Ausdruck für diese Sprechweise scheint mir der Ausdruck „die Klappe halten" zu sein. Er hält im wahrsten Sinne dieses Wortes den Unterkiefer fest. Aber auch jemand, der „die Zähne zusammenbeißt", um irgendetwas auszuhalten, fällt in diese Kategorie.

Besser: Je lockerer und entspannter Sie sind, desto besser. Treiben Sie Sport, entspannen Sie sich und versuchen Sie, Ihre Muskeln zu lockern. Mit grimmigem Gesicht und festem Unterkiefer können Sie noch so interessante Dinge sagen. Alle sehen nur Ihre Anspannung.

Tipp: Bei Stimmproblemen können Sie sich folgende Fragen stellen:
- Wenn Ihre Stimme hart und kehlig klingt und nach kurzer Zeit weh tut:
  Bin ich gerade überfordert? Unterdrücke ich gerade Wut oder Ärger?
- Wenn Ihre Stimme weich und verhaucht klingt und Sie oft leise sprechen:
  Möchte ich bewusst sanft wirken? Will ich den Gesprächspartner beruhigen?
- Wenn Ihr Unterkiefer sehr fest ist und Sie oft undeutlich sprechen:
  Unterdrücke ich bestimmte Emotionen? Beiße ich mich gerade durch?
- Wenn Ihre Stimme einen nasalen Klang hat und maniriert wirkt:
  Genieße ich meine Art zu sprechen? Finde ich die Vibration angenehm?

Situation 8: Nein sagen

Nein zu sagen, scheint ganz einfach zu sein. Aber wenn der andere ahnt, dass wir nicht wollen, macht er es uns richtig schwer. Er fängt an, uns zu belagern und zu überreden, er fleht, droht, diskutiert und versucht, ein Ja zu bekommen. Wir verteidigen uns, rechtfertigen uns, gehen in Verteidigungshaltung und geraten in die schlechtere Position. Und sagen dann womöglich doch Ja. Gibt es eine Möglichkeit, Nein zu sagen, ohne den Kollegen oder Vorgesetzen zu verärgern? Dieter versucht immer wieder, hart zu bleiben. Aber egal ob es sein Freund Curt oder sein Chef ist, er bleibt nicht standhaft. Oder doch?

Dialog 1: Heute geht es wirklich nicht

Curt passt Dieter auf dem Flur ab und stoppt ihn.

Curt: Dieter, du, ähm, könntest du kurz 'nen Blick auf meine Abrechnung werfen?
Dieter: Du, ich wollte gerade gehen.
Curt: Bitte, es dauert nicht lang. Du bist da doch echt fit.
❶ **Dieter:** (*flehend*) Tut mir Leid, aber heute geht es wirklich nicht.
Curt: Ach komm, lass mich nicht hängen. Ich quäl mich schon den ganzen Tag damit.
❷ **Dieter:** Sorry, aber ich hab heute Abend eine wichtige Verabredung, es geht nicht. Außerdem muss ich noch einkaufen.
Curt: Einkaufen? Das kannst du auch morgen machen.
Dieter: Ehrlich, ich schaffe das heute nicht.
Curt: Komm schon, in 'ner halben Stunde sind wir fertig.
❸ **Dieter:** Wirklich nicht, Curt. Bitte! Ich hatte einen anstrengenden Tag. Ich helfe dir immer gerne, aber ich habe heute Abend noch was Wichtiges vor.
❹ **Curt:** Wenn ich einmal deine Hilfe brauche ...
Dieter: Ich treffe mich mit jemand, der mir ... sehr wichtig ist.
Curt: Dieter, ich bin echt im Druck. Wenn dir unsere Freundschaft wirklich was bedeuten würde, dann könntest du dir doch jetzt ein bisschen Zeit nehmen
Dieter: Ja, o. k, aber nur eine halbe Stunde. Dann muss ich wirklich gehen.

Wie bewerten Sie die Vorgehensweise von Dieter?

O sehr überzeugend   O ganz gut   O mittelmäßig   O schlecht

So bewertet der Experte

Das hat gar nicht geklappt. Dieter hilft, ohne es zu wollen. Die Wahrscheinlichkeit ist groß, dass Curt Dieters geringe Gegenwehr ausnutzt und ihn festhält, bis die Abrechnung fertig ist und Dieter zu spät kommt. Könnte Dieter sein Nein nicht besser verteidigen? Will Dieter wirklich Nein sagen?

❶ Tut mir Leid, aber heute geht es wirklich nicht.
Hier bekommt Curt das erste Signal, dass Dieter überredet werden kann. Dieter sagt den Satz flehentlich und signalisiert damit, dass er sich schuldig fühlt bei seinem Nein. Das bedeutet, dass Curt ihn überreden kann.

❷ Außerdem muss ich noch einkaufen.
Zwei Begründungen machen immer verdächtig. Außerdem arbeiten Dieter und Curt seit längerer Zeit zusammen. Curt sieht, dass Dieter lügt. Wenn er es schafft, die Sinnlosigkeit des abendlichen Einkaufs zu beweisen, ist Dieter schon halb überredet.

❸ Ich hatte einen anstrengenden Tag. Ich helfe Dir immer gerne, aber ...
Da Curt nicht nachgibt, hat Dieter das Gefühl, sich ständig rechtfertigen zu müssen. Dadurch ist er wieder in der schlechteren Position, er verteidigt sich. Eigentlich müsste ja Curt gut begründen, warum er schon wieder Dieters Hilfe braucht, und nicht umgekehrt.

❹ Wenn ich einmal deine Hilfe brauche ... Wenn dir unsere Freundschaft wirklich etwas bedeuten würde ...
Curt greift den Kollegen persönlich an. Die unfaire Technik wirkt. Dieter, der den Freund nicht verlieren möchte, gibt sofort nach.

Was hat Dieter falsch gemacht?

- Er signalisiert von Anfang an, dass er zu überreden ist.
- Er rechtfertigt sich und bringt immer wieder neue Begründungen.
- Er lässt sich durch persönliche Angriffe provozieren und gibt nach.

Dialog 2: Ich kann nicht

Dieter kommt ins Büro seines Vorgesetzten, der ebenfalls eine Bitte an ihn hat.

Dieter: Sie wollten mich sprechen?

Ludwig: Schön, dass Sie gekommen sind. Sie ahnen, worum es geht.

Dieter: Nein, ich habe nicht die leiseste ...

Ludwig: Ich brauche am Wochenende noch jemanden für den Messestand.

❶ **Dieter:** Dieses Mal geht's nicht. Es gibt jede Menge Kollegen, die noch nie ihr Wochenende für die Messe geopfert haben. Ich habe am Sonntag einen unaufschiebbaren Termin von größter Wichtigkeit, den muss ich einhalten.

❷ *Der Vorgesetzte schaut ihn nur durchdringend an.*

Dieter: Der Termin ist in Hamburg. Ich habe fest zugesagt. Ich kann nicht ...

❸ **Ludwig:** Sie sind immer so schrecklich unflexibel. Sie können doch noch nach der Messe nach Hamburg!

Dieter: Nein, dann komme ich vielleicht zu spät.

Ludwig: Ich würde Sie nicht bitten, wenn ich nicht in Bedrängnis wäre. Auf Sie konnte ich mich doch immer verlassen.

❹ **Dieter:** Ich habe den Flug aber schon gebucht.

Ludwig: Den buche ich Ihnen um, auf Firmenkosten. Denken Sie jetzt mal nicht nur an sich.

Dieter: Okay. Aber nächstes Jahr macht das jemand anders.

Ludwig: Ich wusste, dass ich mich auf Sie verlassen kann.

Wie bewerten Sie die Vorgehensweise von Dieter jetzt?

○ sehr überzeugend   ○ ganz gut   ○ mittelmäßig   ○ schlecht

So bewertet der Experte

Nun ist Dieter wieder nicht bei seinem Nein geblieben. Sehen wir uns an, wie der Vorgesetzte dies erreicht hat.

❶ Es gibt jede Menge Kollegen ... Ich habe am Sonntag ...

Dieter hat sich einen Vortrag zurechtgelegt. Gerade das macht ihn verdächtig. Der „unaufschiebbare Termin, von größter Wichtigkeit" riecht förmlich nach vorbereiteter Verteidigung und wirkt nicht besonders glaubwürdig.

❷ Der Vorgesetzte schaut ihn nur durchdringend an.

Dieter wurde nicht provoziert, aber der Blick seines Vorgesetzten und dessen Schweigen verführen ihn dazu, sich weiter zu verteidigen.

❸ Sie sind immer so schrecklich unflexibel ... Denken Sie jetzt mal nicht nur an sich.
Der Vorgesetzte findet immer wieder neue Möglichkeiten, Dieter zu provozieren.
Erst hält er ihn für unflexibel, dann appelliert er an seine Zuverlässigkeit und wirft
ihm Egoismus vor.

❹ Ich habe den Flug aber schon gebucht.
Weil Dieter die Argumente ausgehen, nennt er eine Tatsache, die dagegen spricht.
Leider fällt es dem Chef jedoch leicht, diese Begründung auszuräumen.

Was hat Dieter falsch gemacht?

- Er versucht, sein Nein mit einer nicht sehr glaubwürdigen Geschichte zu begründen.
- Er lässt sich provozieren, obwohl er ahnen könnte, dass es dem Chef nur darum
  geht, ihn zu überreden.
- Er bringt immer wieder neue Begründungen, die dem Chef immer neue Gelegenheiten bieten, diese zu widerlegen.

Dialog 3: Ich möchte nicht

*Zweite Variante: Dieter hat dieses Mal den Messedienst bereits höflich, aber bestimmt
abgelehnt.*

❶ **Ludwig:** Ist das denn so schlimm, wenn Sie in diesem Jahr noch mal den Wochen-
enddienst auf der Messe machen?
Dieter: Ja.
Ludwig: Das kann doch nicht so wichtig sein, was Sie da am Wochenende vorha-
ben?
Dieter: Doch, für mich ist das schon wichtig.
❷ **Ludwig:** Sie sagen doch immer, wir brauchen die Fachleute auf der Messe.
Dieter: Die brauchen wir auch, das stimmt. Das hat aber doch damit nichts zu tun,
dass ich an diesem Wochenende nicht auf die Messe will.
Ludwig: Sie haben doch den ganzen Abend für sich.
Dieter: Ich möchte nicht.
Ludwig: Auf Sie konnte ich mich immer verlassen.
❸ **Dieter:** Das können Sie auch in Zukunft. Wenn ich etwas zusage, dann halte ich
Wort. Aber die Messe will ich nicht zusagen.
Ludwig: Dann sind wir erledigt. Ich habe niemand anderen. Sie müssen den Mes-
sedienst übernehmen.

❹ **Dieter:** Wenn Sie mich zwingen, Herr Ludwig, habe ich keine andere Wahl. Aber wenn Sie mich fragen, dann möchte ich nicht.
Ludwig: Nein, zwingen will ich Sie nicht. Ich verstehe ja, dass Sie das nicht schon wieder machen wollen.
Dieter: Es tut mir Leid, aber ich denke, ich habe das jetzt oft genug gemacht.

Wie bewerten Sie die neue Vorgehensweise von Dieter?

O sehr überzeugend   O ganz gut   O mittelmäßig   O schlecht

So bewertet der Experte

In diesem Gespräch hat sich Dieter nicht verteidigt, sondern der Vorgesetzte musste versuchen, ihn zu überzeugen.

❶ Ist das denn so schlimm, wenn Sie in diesem Jahr noch mal ...
Der Vorgesetzte versucht zwar alles, damit Dieter sich verteidigt. Aber dieser lässt sich nicht provozieren.

❷ Sie sagen doch immer ... Auf Sie konnte ich mich doch immer verlassen.
Dieter trennt die Provokation immer wieder von der Tatsache, dass er nicht auf die Messe will: Seine Ablehnung hat weder mit mangelnder Loyalität noch mit seiner Zuverlässigkeit zu tun, sondern einfach mit seinem Wunsch, den Dienst nicht zu machen.

❸ Das können Sie auch in Zukunft ...
Immer wieder versichert Dieter seinem Vorgesetzten, dass die Loyalität zu ihm und der Firma nicht gefährdet ist. Anordnungen wird er befolgen, er ist zuverlässig und steht zu seiner Meinung.

❹ Aber wenn Sie mich fragen, dann möchte ich nicht.
Dieter gibt keine langen Erklärungen ab, sucht nicht nach neuen Argumenten und rechtfertigt sich nicht. Er möchte den Dienst nicht übernehmen – das sagt er ganz klar.

Was hat Dieter gut gemacht?

* Er ignoriert Provokationen oder geht sachlich auf sie ein.
* Er macht immer klar, dass die persönliche Ebene nicht gestört ist.
* Er gibt keine langen Erklärungen ab.
* Er bringt keine neuen Argumente, die dem Vorgesetzten Ansätze zum Nachhaken liefern.

So wenden Sie Ihre Kenntnisse an

Lassen Sie sich nicht provozieren

Wenn jemand Sie wirklich hartnäckig überreden will, dann wird er auf jede erdenkliche Weise versuchen, Sie aus der Ruhe zu bringen. Er wird Sie angreifen, Ihnen etwas unterstellen, Sie verletzen, Sie anschweigen in der Hoffnung, Sie zu provozieren. Entweder sagen Sie Ihrem Gesprächspartner, wofür Sie sein Vorgehen halten: für plumpe Versuche, Sie zu überreden. Oder, wenn es sich um Ihren Vorgesetzten handelt, Sie gehen sachlich darauf ein, möglichst ohne Ihren Ärger zu zeigen.

Sagen Sie die Wahrheit

Lügen sind eine komplizierte Angelegenheit. Auch erfahrene Schauspieler können im Privatleben nur sehr laienhaft lügen. Versuchen Sie es gar nicht erst: Sie müssten schauspielern und sich auf Ihre Rolle konzentrieren. Automatisch würden Sie an Überzeugungskraft verlieren. Außerdem setzen Sie damit eine vielleicht langjährige Arbeitsbeziehung aufs Spiel, wenn Ihre Lüge entlarvt wird.

Stärken Sie die Beziehungsebene

Wie sehr der andere auch versucht, Sie in Erregung zu versetzen, betonen Sie immer wieder, wie wichtig Ihnen die Freundschaft oder das Arbeitsverhältnis ist. Dass Sie den anderen mögen, hat aber nichts damit zu tun, dass Sie eine bestimmte Aufgabe nicht übernehmen wollen. Senden Sie Ich-Botschaften, sagen Sie, wie unangenehm das Ganze für Sie ist, aber bleiben Sie entschieden bei Ihrer Meinung, wenn Sie keines der Gegenargumente einsehen.

Rechtfertigen Sie sich nicht

Auch ein privater Termin wäre nichts, wofür Sie sich verteidigen müssten. Wenn Sie sich entschieden haben, dass Sie etwas nicht tun möchten, dann nehmen Sie sich wichtig – das hat nichts mit Egoismus zu tun. Je mehr Sie sich verteidigen, desto mehr ahnt der andere, dass Sie zu überreden sind, und desto mehr Argumente fallen ihm ein. Wer sich rechtfertigt, ist immer in der schlechteren Position.

Fakten & Hintergründe

Lügen

Man muss nicht alles sagen, was man weiß. Aber was man sagt, sollte ehrlich sein. Lügen ist außerordentlich schwer. Muss man doch alle Botschaften von Mimik,

Gestik und Tonfall dem Gesagten anpassen. Das ist in den meisten Fällen eine Überforderung: Der Lügner entlarvt sich in den meisten Fällen selbst. Auch harmlose Lügen oder Tricks bei Gesprächen sind nicht zu empfehlen.

An folgenden Besonderheiten erkennen Sie, wenn jemand nicht ehrlich ist. Natürlich senden auch Sie selbst diese Signale, wenn Sie zu lügen versuchen:

- Beim Lügen kontrollieren wir uns stärker, machen also weniger unterstreichende Gesten. Lügner wirken oft steif.
- Berührungen im Gesicht wie Streicheln des Kinns, Reiben der Wange, Kratzen der Augenbrauen, ein Ziehen an Ohren oder Haaren können eine Lüge offenbaren. Berührungen am Mund sind verräterisch: Man würde ihn gern verschließen. Das Berühren der Nase kann verdächtig sein: Eigentlich will derjenige den Mund berühren, aber das erscheint ihm zu auffällig.
- Lügner wenden gern das Gesicht oder auch den ganzen Körper ab, damit man ihnen nicht in die Augen sehen kann. Sie wollen zudem nicht zu nahe sitzen oder den anderen berühren. Ursache ist ihre unbewusste Angst, man könnte die Lüge aus der Nähe besser erkennen.
- Die Augen sagen die Wahrheit. Schauspieler, die für die „Versteckte Kamera" hereingelegt werden sollten, erkannten dieses Vorhaben an den Augen des Kollegen.
- Wenn Mund und Wangen lächeln, aber der obere Teil des Gesichts starr bleibt, ist das Lächeln gespielt. Beim falschen Lächeln wird nur der Zygomaticus major benutzt, ein Muskel, der die Mundwinkel anhebt. Ist das Lachen echt, ziehen sich auch die Muskeln rund ums Auge zusammen.
- Lügen brauchen Zeit. Die gelogene Reaktion kommt leicht verspätet, weil im Kopf erst mehrere Signale verarbeitet werden müssen. Jemand, der sich über die Begegnung mit Ihnen freut, lächelt unmittelbar bei Ihrem Anblick. Der Lügner lächelt erst, wenn Sie ihm die Hand geben.
- Lügen dauern länger. Ein falsches Lächeln steht im Gegensatz zum echten Lächeln oft sekundenlang im Gesicht.
- Lügen drücken sich oft asymmetrisch aus, das heißt die linke und rechte Gesichtshälfte zeigen einen unterschiedlichen Ausdruck. So, als könnte sich derjenige nicht entschließen, seinen Gesichtsausdruck vollends zuzulassen.
- Beim Anblick von etwas Positivem weitet sich die Pupille. Schlechte Neuigkeiten ziehen die Pupille zusammen.

Die Lüge aus wissenschaftlicher Sicht

Wissenschaftler haben herausgefunden, dass wahre Erzählungen weniger Struktur haben als erfundene. Es geht hier vor allem um die Beurteilung von Zeugenaussagen vor Gericht. Hier ist gerade die nicht chronologische Erzählweise ein erstes Anzeichen für die Glaubwürdigkeit. Ein Zeuge, der seine Geschichte klar strukturiert ohne Nebensächlichkeiten und Abweichungen runterspult, gilt eher als unglaubwürdig. Eine logische Reihenfolge hat die frei erzählte Geschichte auch, aber sie ist weniger strukturiert.

Situation 9: Wahre Motive herausfinden

Wir können in der Regel rund 120 Wörter pro Minute sagen, aber wir könnten mehr als dreimal so viele aufnehmen. Wir haben also oft das Gefühl, mit Zuhören allein nicht ausgelastet zu sein. Doch wird ja auch über Stimme, Tonfall, Mimik, Gestik und Körperhaltung kommuniziert. Über sie erhalten Sie weit mehr Botschaften, als Ihnen vielleicht bewusst ist. Es empfiehlt sich also, sich beim Zuhören ganz zu konzentrieren. Frau Quest zeigt ihrem Gesprächspartner deutlich, dass etwas nicht stimmt. Herr Calwes hat sich fest vorgenommen, der Sache auf den Grund zu gehen.

Dialog 1: Was ist denn los?

Herr Calwes, Abteilungsleiter im Möbelhaus, hat Frau Quest zum Gespräch gebeten. Sie soll mit Herrn Sost in eine Arbeitsgruppe, aber sie will nicht.

Calwes: Sie haben mit Herrn Sost doch bisher gut zusammengearbeitet?
Quest: Das sieht nach außen nur so aus. Wir sind kein gutes Team. Bitte, Herr Calwes, lassen Sie das jemand anderen machen.
Calwes: Frau Quest, was ist denn los?
Quest: Die Chemie sollte doch stimmen in einem Team, noch dazu bei der Schaufenstergestaltung. Herr Sost ist immer so hektisch ...
❶ **Calwes:** Herr Sost ist überhaupt nicht hektisch. Das bilden Sie sich ein.
Quest: Was ist denn mit Frau Römer? Könnte die nicht ...
❷ **Calwes:** Frau Römer ist schon in dem Team für die Innendeko. Wo kommen wir denn da hin, wenn hier jeder nur mit dem arbeitet, den er mag.
❸ **Quest:** Der ist doch so eifers ... ich meine, selbst- (stottert fast) -bezogen, mit dem kann man doch kein Team bilden.
❹ **Calwes:** Hat Herr Sost Sie irgendwie belästigt?
Quest: Nein.
❺ **Calwes:** Was ist es dann?
Quest: Nichts ist, Herr Calwes, wirklich nicht. Ich möchte einfach nicht mit Sost arbeiten.
Calwes: Sie können es mir ruhig sagen.
Quest: Ich komme mit ihm nicht zurecht, ganz einfach.

> **Wie bewerten Sie die Vorgehensweise von Herrn Calwes?**
>
> O sehr überzeugend   O ganz gut   O mittelmäßig   O schlecht

So bewertet der Experte

Herr Calwes hat nichts aus seiner Mitarbeiterin herausbekommen, obwohl er ziemlich sicher ist, dass Frau Quest ihm nicht alles gesagt hat. Sehen wir uns an, warum das ein schlechtes Gespräch war.

❶ *Herr Sost ist überhaupt nicht hektisch.*
Wenn Herr Calwes widerspricht, wird Frau Quest ihm möglichst wenig wertvolle Informationen geben.

❷ *Wo kommen wir denn da hin ...*
Auch Vorwürfe sind nicht dazu geeignet, jemanden zum Sprechen zu bringen. Sie sorgen dafür, dass das Gegenüber sich zurückzieht.

❸ *Der ist doch so eifers ... ich meine, der ist so, so ...*
Versprecher können eine wertvolle Informationsquelle sein. Doch Herr Calwes hört nicht richtig zu.

❹ *Hat Herr Sost Sie irgendwie belästigt?*
Herr Calwes vermutet drauf los. So kann es Tage dauern, bis er herausfindet, was denn zwischen Frau Quest und Herrn Sost nicht stimmt.

❺ *Was ist es dann? ... Sie können es mir ruhig sagen.*
Herr Calwes versucht mit aller Gewalt, Frau Quest zum Sprechen zu bringen. Aber je mehr er drängt, desto weniger wird sie sich ihm offenbaren.

Was hat Herr Calwes falsch gemacht?

- Er widerspricht Frau Quest und macht ihr Vorwürfe, anstatt ihr zuzuhören.
- Er achtet nicht auf alle Signale, die Frau Quest sendet. So bemerkt er ihren Versprecher nicht.
- Er fragt ohne Anhaltspunkt beliebige Gründe ab und bombardiert Frau Quest mit Fragen – so wird das Gespräch zum Verhör.

Dialog 2: So hektisch?

Zweiter Versuch. Frau Quest hat die Arme verschränkt und fühlt sich sichtlich unwohl.

Quest: Herr Sost ist immer so hektisch.

❶ **Calwes:** Sie wollen nicht mit Herrn Sost arbeiten, weil er hektisch ist?

Quest: Ja. Der ist so selbstverliebt, mit dem kann man kein Team bilden.

❷ **Calwes:** Frau Quest, warum sind Sie jetzt so nervös?

Quest: Ich möchte auf keinen Fall mit Herrn Sost in ein Team.

❸ **Calwes:** Es hat nichts mit seiner Arbeitsleistung zu tun.

Quest: *(zögerlich)* Nein.

Herr Calwes sieht sie schweigend an.

Quest: Ich möchte ganz ungern Kollegen anschwärzen.

Calwes: Herr Sost hat sich etwas zu Schulden kommen lassen.

Quest: Nein.

❹ **Calwes:** Frau Quest, wenn Sie nicht darüber reden wollen, ist das okay.

Quest: Es tut mir Leid, dass ich Ihnen da Schwierigkeiten mache.

Calwes: Wenn Sie sagen, es geht nicht, dann ändern wir die Planung.

Quest: *(gibt sich einen Ruck)* Die Frau von Herrn Sost hat etwas mit meinem Mann gehabt. Wir führen eine offene Ehe, aber für Herrn Sost ...

Wie bewerten Sie die Vorgehensweise von Herrn Calwes?

O sehr überzeugend   O ganz gut   O mittelmäßig   O schlecht

So bewertet der Experte

Man bekommt nicht immer alles heraus, was andere Menschen verheimlichen wollen. Aber, so paradox es klingt, der Geheimnisträger würde am liebsten davon erzählen, damit er die Last los ist. Frau Quest ist jetzt sicher erleichtert, dass Herr Calwes die Wahrheit weiß. Gut gemacht!

❶ *Sie wollen nicht mit Herrn Sost arbeiten, weil er hektisch ist?*
Herr Calwes fragt nach, wenn ihm etwas komisch vorkommt. Er kommentiert oder wertet nicht, sondern will einfach mehr wissen.

❷ *Frau Quest, warum sind Sie jetzt so nervös?*
Im Laufe des Gesprachs wird Frau Quest unruhiger. Herr Calwes spricht sie auf diese zweite Botschaft an. Sehr wahrscheinlich liegt hier die Lösung des Konflikts.

❸ *Es hat nichts mit seiner Arbeitsleistung zu tun.*
Aussagesätze sind viel wirkungsvoller als Fragen. Fragen bedrängen, Aussagesätze lassen alles offen. Ich muss dem anderen nur genügend Zeit geben, sie aufzugreifen. Herr Calwes schweigt deshalb wiederholt.

❹ *Frau Quest, wenn Sie nicht darüber reden wollen, ist das okay.*
Herr Calwes macht Frau Quest klar, dass er ihr vertraut und dass sie nicht reden muss. Mit Gewalt erreicht man gar nichts. Er weiß: Wer einen anderen etwas gegen sein Einverständnis entlockt, riskiert ein gestörtes Verhältnis, und so ein Gespräch kann schwerlich wirkungsvoll sein.

Was hat Herr Calwes gut gemacht?

* Er erfragt, was er nicht versteht.
* Er spricht Frau Quest auf ihre Emotionen an.
* Er verwendet Aussagesätze anstelle von Fragesätzen.
* Er setzt sie in keiner Weise unter Druck.

Dialog 3: Ich bin überhaupt nicht komisch

Eine andere Situation: Bernd und Arno arbeiten schon seit Jahren zusammen in einem Autohaus.

Bernd: Du, ich habe eine Bitte. Könntest du wieder die Kundentage organisieren? Ich schaff das im Moment einfach nicht.
Arno: Nein, tut mir Leid. Das geht dieses Jahr nicht.
Bernd: Bitte! Ich weiß nicht, was ich sonst machen soll.
❶ **Arno:** (schüttelt energisch den Kopf) Nee, letztes Jahr hat gereicht.
Bernd: Aber ... ich verstehe dich gar nicht. Das hat doch alles wunderbar geklappt. War doch ein Riesenerfolg?
❷ **Arno:** Für solche Sachen werd immer ich gefragt.
Bernd: Ja, weil du das am besten machst.
❸ **Arno:** Von wegen. Das ist die undankbarste Sache, die man sich vorstellen kann. Und alle reden einem rein. Ich hab's bis hier!
Bernd: Du musst das ja nicht allein machen. Es kann dir ja jemand helfen.
❹ **Arno:** Nee, nicht mehr mit mir. Du kannst das doch soooo wunderbar alleine!
Bernd: (*verständnislos*) Aber ich habe dir doch gerade gesagt, dass ich das nicht schaffe?
Arno: Such dir einen anderen Dummen, Bernd.

Bernd: Kannst du mir jetzt mal bitte sagen, warum du so komisch bist?

⑤ Arno: Ich bin überhaupt nicht komisch. Ich hab' nur keinen Bock, wieder die ganze Arbeit zu machen.

Wie bewerten Sie die Vorgehensweise von Bernd?

O sehr überzeugend O ganz gut O mittelmäßig O schlecht

So bewertet der Experte

Arno wird nicht helfen. Das Verhältnis der beiden wird sich mehr und mehr verschlechtern. Deswegen war das Gespräch mehr als nur unwirksam.

❶ *Nee, letztes Jahr hat gereicht.*
Die Bitte von Bernd lehnt Arno ungewöhnlich heftig ab. Es wirkt so, als habe er auf die Frage schon gewartet. Aber was hat ihm gereicht? Bernd fragt jedoch nicht nach.

❷ *Für solche Sachen werd immer ich gefragt.*
Was meint Arno mit „solche Sachen". Das ist abwertend. Was macht die Vorbereitung der Kundentage für ihn zu einer „solchen Sache"? Auch hier hakt Bernd nicht nach.

❸ *... die undankbarste Sache ... alle reden einem rein. Ich hab's bis hier!*
Hier könnte ein Grund für seine Ablehnung liegen. War jemand undankbar? Haben zu viele kritisiert? Vielleicht diente der zweite Satz auch nur dazu, den ersten nicht so im Raum stehen zu lassen.

❹ *Nee, nicht mehr mit mir. Du kannst das doch soooo wunderbar alleine!*
So redet man nicht mit einem Kollegen, den man mag und der gerade um Hilfe gebeten hat. Hier steckt wieder eine Botschaft für Bernd.

❺ Ich bin überhaupt *nicht* komisch.
Das ganze Gespräch über hat Bernd nicht auf die Botschaften von Arno gehört. Verärgert fragt er nun endlich nach, was eigentlich los ist. Aber auf eine ärgerliche Frage reagiert Arno verstockt.

Was hat Bernd falsch gemacht?

- Er hört nicht zu und überhört deshalb die vielen Hinweise auf die wahren Ursachen.
- Er merkt nicht, dass Arno nie auf ihn eingeht, keine Fragen stellt und keine Lösungsvorschläge macht.

- Er fragt erst richtig nach, als er ärgerlich geworden ist, und verhindert damit ein wirkliches Gespräch.

Dialog 4: Aha ...

Zweite Variante: Bernd hat sich dieses Mal vorgenommen, Arno besser zuzuhören.

Bernd: Du, ich habe eine große Bitte. Könntest du wieder die Kundentage organisieren? Ich schaff das im Moment einfach nicht.

Arno: Nein, tut mir Leid. Das geht dieses Jahr nicht.

❶ **Bernd:** Aha.

Arno: Nee, letztes Jahr, das hat gereicht.

❷ **Bernd:** Was heißt denn gereicht? Das hast du alles wunderbar organisiert, und alle waren voller Lob.

Arno: Dass ich nicht lache. Das ist die undankbarste Sache, die man sich vorstellen kann. Und alle reden einem rein.

Bernd: Mhm.

Arno: Warum werde bei solchen Sachen eigentlich immer ich gefragt?

❸ *Bernd schweigt und sieht Arno abwartend an.*

Arno: Such dir einen anderen Dummen, Bernd.

❹ **Bernd:** Du willst also sagen, dass du dir dumm vorgekommen bist.

Arno: Natürlich. Mit mir nicht mehr. Ich kann dir da nicht helfen!

Bernd: Du lehnst meine Bitte also einfach ab?

Arno: Ja, tut mir wirklich Leid, aber ich schaffe das nicht.

❺ **Bernd:** Jetzt erzähl mir nicht, dass du so viel zu tun hast!

Wie bewerten Sie die Vorgehensweise von Bernd?

O sehr überzeugend   O ganz gut   O mittelmäßig   O schlecht

So bewertet der Experte

Da hat Bernd nicht viel mehr Informationen bekommen als beim ersten Mal. Zuhören ist ein aktiver Prozess und da hat er eine Menge falsch gemacht.

❶ *Aha! ... Mmh*

Diese beiden Äußerungen führen dazu, dass Arno etwas mehr preisgibt. Wenn man nichts oder wenig sagt, ermuntert das den anderen zum Sprechen. Aber es geht nicht darum, zu zeigen, dass man zuhört. Man muss wirklich zuhören.

❷ *Was heißt denn gereicht? ... alle waren voller Lob ...*
Bernd fragt hier nach. Richtig. Aber dann äußert er eine Vermutung, anstatt zuzuhören, was Arno ihm geantwortet hätte.

❸ *Bernd schweigt und sieht Arno abwartend an.*
Schweigen ist eine wunderbare Möglichkeit, etwas herauszubekommen. Aber es funktioniert nur, wenn man die Pause nutzt, um zuzuhören.

❹ *Du willst also sagen, dass du dir dumm vorgekommen bist.*
Was Bernd da macht, nennt man spiegeln oder paraphrasieren. Er wiederholt den Satz von Arno, um ihm zu zeigen, dass er ihn verstanden hat. Aber Bernd macht es falsch. Er spiegelt die Aussage, nicht die Gefühle. Später probiert er eine zweite falsche Spiegelung: „Du lehnst meine Bitte also einfach ab?"

❺ *Jetzt erzähl mir nicht, dass du so viel zu tun hast!*
Wenn Bernd widerspricht, dann wird Arno sich verschließen, anstatt mehr zu erzählen.

Was hat Bernd falsch gemacht?

- Er demonstriert, dass er zuhört, aber er hört nicht wirklich zu.
- Er äußert Vermutungen und widerspricht, anstatt nachzufragen.
- Er spiegelt lediglich die Aussagen von Arno, anstatt seine Gefühle zu spiegeln.

Dialog 5: Was meinst du damit?

Dritte Variante: Dieses Mal ist Bernd fest entschlossen, der Ablehnung seines sonst so hilfsbereiten Kollegen auf den Grund zu gehen.

Bernd: Du, ich habe eine große Bitte. Könntest du wieder die Kundentage organisieren? Ich schaff das einfach nicht.
Arno: Nee, ich hab das letztes Jahr gemacht.
Bernd: Aha! (*Pause*)
Arno: Das hat mir wirklich gereicht!
❶ **Bernd:** (*sachlich*) Warum?
Arno: Warum, warum! Für solche Sachen werde immer ich gefragt!
Bernd: Was meinst du mit „solche Sachen"?
Arno: Das ist der undankbarste Job, den man sich vorstellen kann. Und alle reden einem rein.
❷ **Bernd:** Du bist ja *jetzt* noch wütend.

Arno: Wundert dich das? Nee, da kannste dir 'nen anderen Dummen suchen!

Bernd: Was meinst du damit? Was war denn dumm von dir?

Arno: Wer hat denn das Lob vom Chef bekommen? Du doch, oder? Dabei habe ich die ganze Arbeit gemacht.

❸ **Bernd:** Du hast dich über mich geärgert.

Arno: Allerdings. Ich häng mich drei Wochen wie ein Idiot für diese Tage rein und als der Chef dich vor versammelter Mannschaft lobt, da lächelst du nur dankbar.

Bernd: Stimmt, das war nicht ganz in Ordnung.

Arno: Das war überhaupt nicht in Ordnung.

Wie bewerten Sie die neue Vorgehensweise von Bernd?

O sehr überzeugend   O ganz gut   O mittelmäßig   O schlecht

So bewertet der Experte

Eigentlich war es gar nicht schwierig, dem Problem auf den Grund zu gehen. Denn auch wenn Arno alles dafür tut, sein Geheimnis zu bewahren, im Grunde will er darüber reden.

❶ *Warum? ... Was meinst du mit „solche Sachen"?*
Dieses Mal hält Bernd sich zurück und versucht mit kurzen Fragen die Bemerkungen von Arno besser zu verstehen. Arno bietet mit jeder Antwort einen „Haken", an den Bernd anknüpfen kann. Und je mehr er Arno reden lässt, desto mehr verrät der den wahren Grund für die Ablehnung.

❷ Du bist ja jetzt noch wütend.
Bernd entscheidet sich, das Gefühl anzusprechen, mit dem Arno über die letzten Kundentage spricht. Hier liegt ein weiterer „Haken", um herauszufinden, was er denn eigentlich hat. Die Inhaltsebene ist in diesem Fall zunächst zweitrangig.

❸ Du hast dich über mich geärgert.
Das ist eine Aussage und keine Frage. Bernd lässt seinem Kollegen gar nicht die Möglichkeit, ihm zu widersprechen. Außerdem versteht er natürlich sofort, was Arno meint. Schließlich weiß er selbst, wie es gewesen ist.

Was hat Bernd gut gemacht?

- Er hört mehr zu als zu reden.
- Er stellt kurze, sachliche Fragen, wenn er etwas nicht versteht.

- Er formuliert das, was er verstanden hat, als Aussage.
- Er kennt jetzt die Gründe und kann deshalb bessere Argumente finden, um Arno zu überzeugen, die Aufgabe doch noch einmal zu übernehmen.

So wenden Sie Ihre Kenntnisse an

Zuhören ist ein aktiver Prozess

Dabei fällt auch das Schweigen unter das aktive Zuhören. Sie müssen deswegen kein „mhm" murmeln. Wenn Sie sich für das interessieren, was der andere sagt, dann wird der das spüren und das gefällt ihm. Er wird ermuntert, weiterzureden. Sie erfahren sehr viel mehr, als wenn Sie selber reden. Aber zuhören ist Arbeit. Vielleicht gibt es deswegen so wenige, die dazu Lust haben. Macher reden lieber – und erfahren nichts.

Geben Sie den anderen nicht das Gefühl, dass Sie zuhören, hören Sie zu

Sie müssen nicht lernen, „Aha" zu sagen, wenn Sie etwas verstehen. Wenn Sie zuhören, kommt die Zustimmung ganz von alleine. Denn auch Ihr Unterbewusstsein will signalisieren, dass der andere bitte weitererzählen soll, weil sie verstanden haben. Ein echtes „Aha" hat eine Funktion.

Spiegeln Sie die Gefühle

Bei schwierigen Sachverhalten können Sie natürlich die Sachaussage spiegeln: „Habe ich dich richtig verstanden, dass ... " Aber bei dem Satz „Ich will nicht!" wäre das unsinnig. Hier sollten Sie das Gefühl spiegeln: „Du sagst das so wütend?" – „Das scheint Dir gleichgültig zu sein?" – „Verwirrt dich das?"

Keine Unterbrechungen

Unterbrechungen signalisieren dem Gesprächspartner mangelnde Wertschätzung. Auch wenn Sie längst wissen, was jetzt kommt – lassen Sie den anderen ausreden.

Widersprechen Sie zunächst nicht

Wenn Sie jemanden verstehen wollen, ist es ungünstig, ihm zu widersprechen, denn dann wird er sich vielleicht nicht mehr trauen, Ihnen die Wahrheit zu sagen.

Achten Sie auf die zweite Ebene der Sätze

Jeder Satz, den wir sagen, enthält noch eine Bedeutung über die eigentliche Textebene hinaus. Die Psychologen nennen das die Beziehungsebene eines Satzes. Ich kann „Ich will aber nicht" mit dem Ton sagen „Lass mich in Ruhe" oder mit dem Ton von „Ich ärgere Dich jetzt".

Achten Sie auf Versprecher und verräterische Gesten

Achten Sie auf alles, was Ihnen komisch vorkommt und sprechen Sie es an. Das können Formulierungen sein, die Ihnen neu und unbekannt sind. Aber auch gegenteilige Meinungen zu dem, was der andere Ihnen sonst erzählt hat. Auch Finger, die den Mund verschließen, oder Versprecher erzählen eine Geschichte. Fragen Sie nach, was das bedeuten könnte.

Sprechen Sie Gefühle und Untertöne an

Emotionen und Untertöne Ihres Gesprächspartners sind wichtige Informationsquellen. Ein nervös hervorgepresstes „Da ist nichts!" sagt deutlich, dass da doch etwas ist. Gehen Sie in die so genannte Metaebene des Gesprächs und sprechen Sie darüber, wie Sie den anderen gerade erleben. Sprechen Sie über die Art, wie er kommuniziert, und Sie werden der Wahrheit mit großer Wahrscheinlichkeit sehr viel näher kommen. Probleme liegen oft ganz woanders, als ihr Gesprächspartner Ihnen zunächst weismachen will.

Stellen Sie keine Vermutungen an

Möglicherweise haben Sie schon eine Ahnung, worum es gehen könnte. Trotzdem geht es schneller, wenn Sie sich damit zurückhalten. Liegen Sie richtig, fühlt sich der andere überfahren, liegen Sie falsch, wird er sich verteidigen. Schießen Sie keine Blindpfeile ab, in der Hoffnung, durch Zufall die Wahrheit zu treffen.

Drängen Sie den anderen nicht

Wir alle wollen die Wahl haben und uns frei entscheiden. Alles, was ich unter Druck sage, bereue ich vielleicht später, und wieder einmal wäre das persönliche Verhältnis zum anderen gestört. Menschen sprechen viel leichter über ihre Probleme, wenn sie keinem Zwang ausgesetzt sind.

Tipp: Aussagesätze sind besser als Fragesätze

Neben dem Nachfragen sind Aussagesätze eine sehr wirkungsvolle Methode, etwas herauszufinden. Sie sind offen und sie enthalten keinerlei Druck. Nehmen Sie jede Schärfe aus Ihren Feststellungen. Sagen Sie nur einfach, was Sie denken, und überlassen Sie dem anderen, ob er darauf eingehen will oder nicht.

Fakten & Hintergründe

Was uns Körpersprache sagt

Die Körpersprache liefert uns ganz eindeutige Hinweise auf das, was unser Gesprächspartner denkt, ob er es uns nun sagen will oder nicht. Dieses Wissen steht uns jederzeit zur Verfügung, aber die wenigsten nutzen es. Nicht deswegen, weil sie die Signale nicht verstehen, sondern weil sie so mit anderen Dingen beschäftigt sind, dass sie die Signale nicht bewusst wahrnehmen. Denn wir müssen selektieren. Jede Sekunde werden wir von Informationen geradezu überflutet und viele von uns haben sich in Gesprächen angewöhnt, lediglich auf das zu achten, was jemand sagt. Das scheint auf den ersten Blick einfach und klar zu sein. Worte kann man aufschreiben, die haben ihre feste Bedeutung und sie lassen sich wiederholen. Offensichtlich der beste Weg zu einer schnellen Lösung des Problems oder Konflikts. Aber, wie wir gesehen haben, ist es viel komplizierter.

Mimik und Gestik

Die meisten Körpersignale gelten für alle Menschen. Das oft ganz unmerkliche Hochziehen der Augenbrauen bei Überraschung soll das Blickfeld vergrößern. Ein Ausdruck des Abscheus wirkt, als wollte jemand die Nasenlöcher vor einem unangenehmen Geruch verschließen. Ein einzelnes körpersprachliches Signal ist aber niemals eindeutig. Dabei meine ich hier mit Körpersprache nicht die in unserem Kulturkreis vereinbarten Zeichen, wie den Daumen nach oben für „gut gemacht", sondern die unbewusst ablaufenden Bewegungen und Haltungen, die nur in einem bestimmten Zusammenhang eindeutig werden.

Signale entschlüsseln

Mimik und Gestik lassen sich nicht losgelöst von Sprache oder anderen Signalen interpretieren. Sich durch die Haare zu streichen kann bei einem Flirt bedeuten, dass man den anderen anziehend findet, in einer anderen Situation, dass man nervös ist und Halt sucht. Ein Gesprächspartner kann sich auf der Stirn kratzen, weil er nicht weiterweiß und heftig überlegt, aber er kann auch versuchen, einen unangenehmen Gedanken wegzuwischen. Natürlich kann er auch versuchen, mit dem Kratzen das Wegwischen von Schweißtropfen zu kaschieren.

Das Gegenüber als Ganzes

Unterdrückte Gefühle schleichen sich unweigerlich in die Kommunikation ein. Sie verändern den Gesichtsausdruck, die Betonung, das Sprechtempo, die Arm- und

Handhaltung. Diese Veränderungen lassen Rückschlüsse darauf zu, was der Gesprächspartner eigentlich sagen will.

- Warum hält jemand seine aktive Hand mit der inaktiven Hand hinter dem Rücken fest? Vielleicht weil er sie nicht benutzen will, um sich einzumischen oder auszuteilen.
- Warum guckt mir jemand in die Augen und drückt mir zur Begrüßung übertrieben fest die Hand? Vielleicht weil er nicht will, dass ich bemerke, wie unsicher er ist.
- Warum spricht jemand hastig und schnell? Vielleicht weil er sich seiner Meinung nicht sicher ist.

Betrachtet man sein Gegenüber als Ganzes, versteht man, was der andere verbal und nonverbal sagen will. Die Evolution hat dafür gesorgt, dass wir das können. Signale senden, die keiner wahrnimmt, ist normal. Signale zu senden, die keiner verstehen kann, wäre völlig sinnlos.

Diffuse Signale

Hat der Gesprächspartner in Bezug auf die Situation widersprüchliche Gedanken und Gefühle, dann kann er harmlose Sätze durchaus mit einem angespannten Gesichtausdruck kombinieren, in einen scharfen Tonfall wechseln und die Fäuste ballen. „Gut, dass Sie diese Aufgabe übernommen haben", ist dann kein positiver Satz mehr und sollte nicht so stehen gelassen werden. Wenn es die Situation gestattet, sollte man nachfragen, ob sich der andere wirklich freut oder ob diese neue Aufgabe nicht besser ein Kollege übernehmen sollte. Wer seine Eindrücke schildert, veranlasst das Gegenüber dazu, seine wahre Haltung preiszugeben.

Sprechmelodie

Der Ton des Gesagten lässt ebenfalls Rückschlüsse darauf zu, was sich hinter den Worten verbirgt. Betonung, Lautstärke, Tempo der Sätze und Veränderungen in der Sprechmelodie geben wichtige Hinweise, wie etwas wirklich zu verstehen ist.

- Warum spricht jemand laut, wenn er behauptet, dass er keine Probleme hat? Weil er vermitteln möchte, dass er Probleme hat.
- Warum betont jemand „HEUTE mache ich das für dich!"? Weil er sagen möchte, dass es das letzte Mal war. MORGEN macht er es nicht mehr.
- Warum antwortet jemand auf die Frage, ob er Hilfe braucht, mit einem zögerlichen, gedehnten „Nein". Weil die Antwort „Ja" lauten müsste.

- Warum rattert jemand seine Verteidigung schnell herunter? Weil er ahnt, dass er viele Argumente braucht, weil sie alle nicht ganz logisch sind.

Der Empfänger

Diese Signale verhelfen nur zu Eindeutigkeit, wenn der Empfänger entspannt ist. Wer Angst um seine Stelle hat, deutet jedes Vorbeugen seines Chefs als Griff zum Kündigungsschreiben, jedes Stirnrunzeln als Vorboten des Satzes: „Sie sind entlassen!", und jedes Schweigen als „Wie sage ich ihm, dass ich ihn nicht mehr brauchen kann." Wer beschlossen hat, dass die Kollegen gegen ihn sind, sieht und hört nicht, dass sie sich für ihn einsetzen.

Die eigene Körpersprache

Das eigene körpersprachliche Verhalten zu kontrollieren, empfiehlt sich ausdrücklich nicht. Was sollte das für ein Gespräch werden? Wer ständig darüber nachdenkt, was seine Hände machen und ob er dem Partner zugewandt sitzt, bekommt nichts mehr von dem mit, was der Gesprächspartner ihm sagen will. Schlimmer noch: Der Kollege wird durch die gekünstelte Körpersprache irritiert. Er wird versuchen zu deuten, warum die Haltung eckig wirkt, die Stimmlage nicht authentisch klingt und der Gesichtsausdruck angespannt ist. Eine unstimmige Körpersprache dringt dem Gegenüber tief ins Bewusstsein. Sie behindert und sorgt für Missverständnisse.

Ein Lächeln beispielsweise ist ein wunderbares Mittel, dem Gesprächspartner näher zu kommen. Er fühlt sich wohler, ist aufnahmebereiter und entspannt sich. Aber natürlich nur, wenn das Lächeln echt ist. Ein „Dauergrinsen", das auch bei zweifelhafter Zustimmung nicht abgelegt wird, hat die gegenteilige Wirkung. Wird es überstrapaziert, nutzt sich jedes noch so nette Lächeln ab. Beständiges Lächeln kann auch den Eindruck erwecken, man möchte sich klein machen.

Sich selbst beobachten

Selbstbeobachtung hilft, die eigene Körpersprache zu erkennen. Das ist wichtiger, als sie kontrollieren zu wollen. Macht man häufig etwas, was einem selbst nicht gefällt, weil man die negative Wirkung ahnt, dann sollte man darüber nachdenken, warum man es macht.

- Piekst man den Gesprächspartner dauernd mit dem Finger an wie mit einer Waffe, weil man sich unterlegen fühlt?

- Streichelt man dauernd die eigenen Hände, Handgelenke oder Unterarme, weil man zu wenig Berührung von anderen bekommt?
- Oder steckt man beide Hände in die Hosentaschen? Wenn ja, will man vielleicht gar nicht mit den anderen reden und sich raushalten?
- Stützt man die Hände in die Hüften, um dem Gegenüber zu imponieren, ihn einzuschüchtern?
- Spricht man lauter als notwendig und schreit womöglich, weil einem die Argumente ausgehen?
- Klingt der Satz „Ich möchte nicht" vielleicht mehr wie eine Bitte, weil man sich nicht traut, zu seinem Willen zu stehen?
- Spielt man ständig mit etwas herum, weil die Spannung, in der man sich befindet, herausmuss?
- Setzt man ein versteinertes Gesicht auf, weil man Angst hat, angesprochen zu werden und dann womöglich nicht Nein sagen kann?
- Fährt man jemanden an, weil man ein anderes Problem viel zu lange mit sich herumgeschleppt hat?
- Ist man manchmal scharf und bestimmend, weil man es sich fest vorgenommen hat, es diesmal anders zu machen?

Raum und Zeit

Auch der Umgang mit Raum und Zeit kann ein Gespräch bestimmen.

- Jemand, der sich streiten will, versteckt sich gern hinter einer Barriere, zum Beispiel einem großen Schreibtisch. An Besprechungstischen sitzt er dem „Gegner" am liebsten gegenüber.
- Informelle Gespräche oder Verhandlungen finden oft „über Eck" statt. Auch eine Beratung. Man kann so zusammen in die Unterlagen sehen.
- Ein kleiner Besucherstuhl vor einem großen Chefsessel kann den anderen im Gespräch benachteiligen.
- Eine Gruppe warten zu lassen, erlaubt sich nur der, der dadurch keine Konsequenzen zu befürchten hat.
- Nur der Gesprächspartner, der in der stärkeren Position ist, kann ein Gespräch in die Länge ziehen. Die Zeit arbeitet für ihn.
- Diskussionsbereite Zuhörer setzen sich gegenüber dem Redner oder Referenten hin, kritische oder uninteressierte Zuhörer nehmen Randplätze ein, damit sie jederzeit gehen können.

- Interessierte Zuhörer setzen sich nach vorne oder in die Nähe des Vortragenden, gleichgültige Zuhörer versuchen, sich zu verstecken.
- Die Pause zwischen Klopfen und dem „Herein" sagt etwas über den Rang des Bürobewohners. Chefs lassen sich mehr Zeit.
- Rangniedrige Besucher erobern einen fremden Raum nicht so selbstverständlich wie ranghohe Besucher. Es sei denn, sie werden aufgefordert, noch näher zu treten.

Beispiel: Was Berührungen bewirken

Eine Berührung mögen wir in der Regel. Bei einem Versuch bat man einen Bibliothekar, die Hände von Studenten absichtlich zu berühren, wenn sie ihre Bibliothekskarte zurückgaben. Eine Kontrollgruppe von Studenten berührte der Bibliothekar nicht. Sein sonstiges Verhalten war bei beiden Gruppen gleich. Alle, die er berührt hatte, hatten anschließend positivere Gefühle als jene, die nicht berührt worden waren. Auch die, die sich an den Körperkontakt nicht erinnern konnten, waren positiv gestimmt. Wir selbst berühren uns, wenn wir unsicher sind, weil uns das unbewusst gut tut. Wir schlingen die Arme um die Schulter oder den Rumpf – so als wollten wir uns durch diese Umarmung selbst versichern.

Situation 10: Jemanden motivieren

Sich selbst zu motivieren ist schon schwer genug. Aber andere motivieren? Im folgenden Fall „funktioniert" die Mitarbeiterin, mehr aber auch nicht. Wie schön wäre es, wenn sie ihre Arbeit gern tun würde. Wie schön wäre es, wenn man von der eigenen Energie etwas abgeben könnte. Sehen wir uns Beispiele an, wie der Teamleiter versucht, aus einer gelangweilten, schlecht gelaunten Mitarbeiterin eine energiegeladene Verkaufskanone zu machen.

Dialog 1: Lächeln Sie!

Herr Teck sitzt motiviert und energiegeladen am Besprechungstisch. Vor ihm sitzt die eher müde und gleichgültige Frau Veuth.

Teck: In letzter Zeit scheint Ihnen der Verkauf keinen Spaß zu machen?
Veuth: (*einsilbig*) Kein Wunder, bei dem Stress im Moment. – Ich habe mich noch nicht an die neue Aufteilung der Verkaufsfläche gewöhnt.
❶ **Teck:** Sie müssen Ihre Arbeit gerne tun. Lächeln Sie, strahlen Sie die Kunden an, geben Sie freudig Auskunft!
Veuth: Ich werde mir Mühe geben.
Teck: Aber Sie haben so oft schlechte Laune!
Veuth: Mein Gott, ich renne dauernd hin und her, weil die Ware ...
Teck: Die neue Aufteilung hat entscheidende Vorteile. Da sind wir uns alle einig.
Veuth: Schon okay.
❷ **Teck:** Haben Sie mich schon mal schlecht gelaunt erlebt?
Veuth: Nie.
Teck: Ich habe das Gefühl, es fehlt Ihnen ein bisschen an Ehrgeiz.
Veuth: Ich weiß nicht, was Sie damit meinen.
❸ **Teck:** Ich werde in Zukunft einen Preis für den kundenfreundlichsten Mitarbeiter aussetzen. Jeden Monat. Und der Gewinner fliegt am Ende des Jahres kostenlos auf die Kanaren.

Wie bewerten Sie Herrn Teck?

O sehr überzeugend O ganz gut O mittelmäßig O schlecht

So bewertet der Experte

Glauben Sie, dass Frau Veuth jetzt besser gelaunt ihrer Arbeit nachgeht? Die Chancen dafür stehen eher schlecht. Sie stimmt allem zu, um das Gespräch möglichst schnell zu beenden.

❶ Sie müssen Ihre Arbeit gerne tun. Lächeln Sie, strahlen Sie die Kunden an ...
Nach dem Zuruf: „Fühlen Sie sich doch wohl!" oder „Haben Sie Freude!", wird sich niemand wohl fühlen oder freudig empfinden. Gefühle kann man nicht befehlen. So eine Anweisung löst nur Abwehr aus: „Lass den doch reden. Der hat doch keine Ahnung!", denkt sich Frau Veuth vermutlich.

❷ *Haben Sie mich schon mal schlecht gelaunt erlebt?*
Wahrscheinlich wird Frau Veuth selbst aussuchen wollen, wen sie zum Vorbild nimmt. Auch hier wird sie sich zunächst einmal gedanklich wehren. „Na, der hat gut reden. Wenn ich an dessen Arbeitsplatz wäre, dann hätte ich es auch leicht, Spaß an meiner Arbeit zu haben."

❸ *... einen* Preis für den kundenfreundlichsten Mitarbeiter ...
Auf diese Bemerkung hin rechnet sich Frau Veuth höchstens aus, ob sie eine Chance hätte. Wenn sie mit mehreren Verkäufern zusammenarbeitet, die sie als besser einschätzt, ändert sich für sie gar nichts. Wenn sie es aber schaffen könnte? Dann wird sie mit den Kollegen um die Wette lächeln und versuchen, ihnen ihre Kunden abzujagen. Ist das Ziel von Herrn Teck damit wirklich erreicht?

Was hat Herr Teck falsch gemacht?

- Ihn interessieren nicht die Gründe für Frau Veuths Verhalten. Vielmehr fordert er einfach bestimmte Gefühle ein.
- Er setzt sich selbst zum Vorbild, was wiederum an Frau Veuths Gefühlen vorbeigeht.
- Er setzt eine Belohnung aus, die den Betriebsfrieden empfindlich stören könnte.

Dialog 2: Sie sind anderer Meinung?

Zweite Variante: die gleiche Ausgangssituation.

Teck: In letzter Zeit scheint Ihnen der Verkauf keinen Spaß zu machen?
Veuth: (*einsilbig*) Kein Wunder, bei dem Stress im Moment. Außerdem habe ich mich noch nicht an die neue Aufteilung der Verkaufsfläche gewöhnt.

Teck: Na ja, ich weiß, dass Sie damit Schwierigkeiten haben, aber wollen Sie nicht erst mal abwarten, wie Sie damit zurechtkommen.

Veuth: (*sagt eigentlich „Nein"*) Ja.

❶ **Teck:** Sie sind anderer Meinung?

Veuth: Da kann ich abwarten, so lange ich will, das bleibt unpraktisch.

Teck: Was ist denn so unpraktisch?

Veuth: (*vorsichtig*) An meiner Infotheke da stehe ich sozusagen mit dem Rücken zum Kunden.

❷ **Teck:** Ja, es ist doch eine Kleinigkeit, die Infotheke umzudrehen.

Veuth: Wenn wir die Infotheke in die Ecke schieben würden, dann wäre ja schon viel gewonnen.

❸ **Teck:** Ja und? Geht denn das?

Veuth: (*eifrig*) Ja, ich habe mir das alles schon überlegt, die passt genau dort rein.

Teck: Warum haben Sie das nicht gleich gesagt?

Veuth: Sie haben mich ja nicht gefragt.

Wie bewerten Sie Herrn Teck im zweiten Gespräch?

O sehr überzeugend   O ganz gut   O mittelmäßig   O schlecht

So bewertet der Experte

Jetzt stehen die Chancen wesentlich besser, dass sich im Verhalten von Frau Veuth dauerhaft etwas ändert. Auch sie wird das Gespräch im Nachhinein als sinnvoll empfinden.

❶ Sind Sie anderer Meinung? ... Was ist denn so unpraktisch?

Herr Teck hört der Mitarbeiterin zu und fragt nach. Motivation kann man nicht befehlen, aber man kann Ursachen für mangelnde Motivation beseitigen. In diesem Gespräch ist Herr Teck daran interessiert, mehr zu erfahren. Niemand ist freiwillig mutlos, schlecht gelaunt und mürrisch. Schlechte Laune ist immer eine Botschaft für den anderen. In diesem Gespräch ist die Botschaft angekommen.

❷ Ja, es ist doch eine Kleinigkeit, die Infotheke umzudrehen.

Herr Teck ist richtig erleichtert, dass es nur um die Infotheke geht. Er will auf keinen Fall wieder die Aufteilung der Verkaufsfläche rückgängig machen. Und weil er Angst hat, dass die Mitarbeiterin das vorschlagen könnte, macht er im ersten Gespräch einen großen Bogen um das Thema. Im zweiten Gespräch stellt sich raus, dass es der Mitarbeiterin um ganz etwas anderes ging.

❸ Geht denn das? ... Ja, ich habe mir das alles schon genau überlegt ...
Herr Teck lässt Frau Veuth Zeit, eine Lösung vorzuschlagen, und akzeptiert diese
dann – ein motivierendes Verhalten, weil es den Mitarbeiter in Entscheidungen mit
einbezieht.

Was hat Herr Teck richtig gemacht?

- Er hört Frau Veuth zu und lässt ihr Zeit.
- Er hat noch keine vorgefertigte Meinung, sondern fragt sie nach den Gründen
  ihres Verhaltens.
- Er beteiligt sie an Entscheidungen. Dadurch fühlt sie sich ernst genommen und
  hat vermutlich mehr Lust, ihre Arbeit zu leisten.

So wenden Sie Ihre Kenntnisse an

Gefühle sind frei

Zu einem Gefühl kann man niemanden zwingen. Die Bitte, jetzt spontan zu sein, ist
genauso unsinnig, wie die Anweisung: „Lieben Sie unsere Firma!" oder „Sei nicht
immer so unterwürfig!" Gefühle sind unkontrollierbar, und oft wissen wir gar nicht,
warum wir sie haben. Es lohnt sich daher, die Frage zu stellen, warum jemand bestimmte Gefühle nicht hat. Sie können viel dafür tun, damit ein Kollege seine Arbeit
gern macht. Wenn er sich trotzdem für Missmut entscheidet, dann finden Sie heraus,
warum.

Ein Vorbild sein

Verhalten Sie sich vorbildlich, aber lassen Sie den anderen entscheiden, ob er Ihnen
nacheifern möchte. Vorbildfunktionen beziehen sich auf einen Teilaspekt eines Menschen, beispielsweise auf Pünktlichkeit oder Ordnung. Jeder sucht sich aber sein Vorbild freiwillig – schreibt man eines vor, suggeriert man dem anderen, dass er eines
braucht. Schon ist sein Widerstand herausgefordert.

Vorsicht mit Belohnungen

Motivation von außen funktioniert nicht. Belohnungen zerstören die Kreativität. Im
schlimmsten Fall beeinträchtigen sie auch den Betriebsfrieden. Man bekommt die
meisten Menschen mittels einer Belohnung zu einer bestimmten Handlungsweise –
sie muss nur groß genug sein. Aber was ist damit gewonnen? Handlungsweise und

Belohnung sind jetzt fest miteinander gekoppelt. Für den Mitarbeiter hat sich die Motivation nicht vergrößert. Im Gegenteil: Die Einstellung zu seiner Arbeit verschlechtert sich häufig.

Tipp: Behindern Sie Motivation?

Mangelndes Zutrauen und übertriebene Kontrolle gehören zu den häufigsten Ursachen für zu wenig Motivation. Überlegen Sie: Kontrollieren Sie zuviel? Haben Ihre Mitarbeiter keinen Entscheidungsspielraum? Wissen Sie gegenüber Kollegen und Mitarbeitern alles besser? Erledigen Sie sämtliche anregenden Tätigkeiten selbst und mischen Sie sich ständig in die Angelegenheiten der Kollegen ein?

Fakten & Hintergründe

Motivation und Persönlichkeit

Motivation ist die Bereitschaft, in einer konkreten Situation eine bestimmte Handlung mit einer bestimmten Intensität beziehungsweise Dauerhaftigkeit auszuführen – und deshalb in der Arbeitswelt unverzichtbar: Nur wer motiviert ist, ist leistungsfähig. Und: Mitarbeiter sollten entsprechend ihrer Stärken eingesetzt werden und Raum bekommen, diese Stärken weiter zu entfalten. Wie findet man aber heraus, was die Stärken des anderen sind und was ihn motiviert? Denn jeder Mensch ist anders. Der eine arbeitet am besten, wenn er Lob und positive Rückmeldung bekommt, einem anderen muss man einmal richtig die Meinung sagen und er wird sich anschließend noch dafür bedanken. Wer denjenigen, der Lob braucht, anschreit, und den, der ein offenes Wort braucht, mit Samthandschuhen anfasst, wird in schwierigen Situationen nichts erreichen.

Wie lernen Sie die Persönlichkeit des anderen kennen?

Fragen und Zuhören – das sind sicherlich die Königsdisziplinen im Gespräch, die es ermöglichen, herauszufinden, wie der andere „tickt". Von folgenden Bereichen nimmt man an, dass sich darin die wichtigsten Persönlichkeitsunterschiede zeigen. Auf diese sollten Sie also – auch außerhalb des Gesprächs besonders achten, wenn Sie Näheres wissen möchten. Es sind die Bereiche:

- Aktivität: wie stark und wie schnell sich jemand bewegt – in körperlicher und geistiger Hinsicht,

- Reaktivität: wie stark jemand auf Reize reagiert und wie offen er für Reize von außen ist,
- Emotionalität: wie häufig und wie stark jemand Gefühle äußert,
- Soziabilität: wie stark das Bestreben ist, die Nähe anderer zu suchen, und die Art und Weise, mit ihnen umzugehen.

Persönlichkeitstypen

Die Persönlichkeit wird umgangssprachlich auch oft als Temperament bezeichnet. Die – im Mittelalter selbst in der Medizin angewandte – so genannte Temperamentenlehre geht zurück auf die Griechen. Sie unterschieden nach dem griechischen Arzt Galenos (129–199 n. Chr.) vier Grundtemperamente: den Melancholiker, den Sanguiniker, den Phlegmatiker und den Choleriker. Vielen sind diese Begriffe auch heute noch geläufig, weil die Lehre in Europa lange Zeit anerkannt war – heute ist sie das natürlich nicht mehr.

Mittlerweile gibt es eine Fülle solcher Persönlichkeitssysteme: Die Ich-Zustände der Transaktionsanalyse, die Jung'schen Neigungen, die Charakterologie Adlers, Persönlichkeitstheorien von Riemann und Reich, das Enneagramm, um nur einige zu nennen. Eine der bekanntesten Systematisierungen ist der Myers-Briggs Type Indicator (MBTI), deren Grundlagen auch auf Carl Gustav Jung zurückgehen. Dabei werden Persönlichkeitstypen nach den vier Kriterien Introversion bis Extraversion, Intuition bis Sensing, Feeling bis Thinking und Judging bis Perceiving unterschieden.

Die Anzahl der Typen in all diesen Systemen variiert zwischen vier und sechzehn, wobei die größere Anzahl die Vielfalt der Menschen besser widerspiegelt. Viele dieser Systeme sind zwar in der empirischen Psychologie nicht unumstritten, können aber dem Einzelnen im Berufsalltag gute Dienste erweisen.

Situation 11: Ratschläge geben

Was möchten Kollegen von Ihnen, wenn sie Probleme mit Ihnen besprechen? Wollen Sie Mitleid? Unterstützung? Oder nur ein offenes Ohr? Sicher sind Sie manchmal verunsichert: Sollen Sie am besten detaillierte Handlungsanweisungen geben oder schnell eine fertige Lösung vorschlagen? Sollen Sie überhaupt helfen? In den folgenden Dialogen lernen Sie verschiedene Beratungsstrategien kennen. Eva braucht Hilfe und wendet sich an Frank. Der weiß doch sonst immer Rat.

Dialog 1: Das kenne ich

Eva setzt sich in der Kantine zu Frank. Sie hatte gerade einen Streit mit einem Kollegen.

Eva: Mein Gott, ich halte das nicht mehr aus. Der Kollege Wenk setzt alles daran, um mich in der Abteilung unmöglich zu machen.

❶ **Frank:** Ja, so was kenne ich!

Eva: Du glaubst ja gar nicht, was der alles anstellt. Der tut alles, damit ich Fehler mache.

Frank: Es gibt solche Typen.

Eva: Mails für alle kommen bei mir nicht an. Keine Ahnung, wie er das hinkriegt. Bei bestimmten Terminen bekomme ich nicht Bescheid. Außerdem bin ich überzeugt, dass jemand an meinem Computer war.

Frank: Ich hatte auch mal einen Kollegen, der war genauso. Der hat alles getan, um mich fertig zu machen. Der war krankhaft ehrgeizig und hat mich gehasst, weil ich einfach besser war als er.

Eva: Und was soll ich jetzt machen?

❷ **Frank:** Pass auf! Du bittest ihn jetzt mal um einen Termin und sprichst das Problem einfach an.

Eva: Das habe ich doch schon getan.

Frank: Dann machst du das noch mal. Und sprich von deiner Wut und wie sehr dich sein Mobbing ärgert. Dann wird er vielleicht beleidigt sein, aber das muss er verkraften.

Eva: Wenn du meinst ... Und wenn das nichts nutzt?

❸ **Frank:** Ist das wirklich so ein großes Problem? Ich fürchte, du kannst da nichts machen, außer sehr gut aufpassen. Und wenn alles nichts hilft, dann gehst du halt zum Chef. Ich würde das aber im Moment noch locker sehen.

Wie bewerten Sie die Vorgehensweise von Frank?

O sehr überzeugend   O ganz gut   O mittelmäßig   O schlecht

So bewertet der Experte

Wie hätten Sie sich an Stelle von Eva gefühlt? Das war keine Beratung, für die Eva dankbar sein kann. So lief das Gespräch schlecht. Derjenige, der um Hilfe bittet, sollte gestärkt aus dem Gespräch gehen und wissen, was zu tun ist.

❶ Ja, so was kenne ich! ... Ich hatte auch mal einen Kollegen, der ...
Frank nutzt das Anliegen von Eva, um von seinen eigenen Erfahrungen zu erzählen – auch wenn das mit Evas Situation nicht viel zu tun hat.

❷ ... und sprichst das Problem einfach an ... Dann machst du das noch mal ...
Frank sagt seiner Kollegin, was sie zu tun hat. Obwohl ein Rat genau das war, was Eva erbeten hat, ist sie nun ratlos und irritiert. Frank fühlt sich aber bestens: Hat er der armen Kollegin doch wieder zeigen können, wie man solche Probleme souverän löst.

❸ Ist das wirklich so ein großes Problem? ... *aber im Moment* ...
Als Frank merkt, dass Eva mit seinem Rat Probleme hat, spielt er die Sache herunter: Ihr Problem wäre doch eigentlich gar kein Problem, wenn sie nicht alles so wichtig nehmen würde.

Was hat Frank falsch gemacht?

- Seine eigenen Erfahrungen mit schwierigen Kollegen helfen Eva wenig.
- Er versucht, Aufmerksamkeit auf sich zu ziehen statt sie seiner Kollegin zu geben.
- Er „löst" das Problem für Eva. Das gelingt aber nicht: Sie ist nicht wirklich glücklich über seine Empfehlung und hat vermutlich das Gefühl, abgefertigt worden zu sein.
- Er gibt Eva nicht das Gefühl, sie und ihr Problem ernst zu nehmen.

Dialog 2: Ich sag dir, was los ist!

In dem Gespräch zwischen Frank und Eva haben sich drei verschiedene Verhaltensmuster gezeigt, die sich in Beratungsgesprächen häufig wieder finden. Es gibt noch weitere Stereotypen.

Eva: Und was soll ich jetzt machen?

❶ **Frank:** Ich glaube, dass du deine eigene Angst zu versagen auf Herrn Wenk projizierst. Du siehst überall Gespenster, weil du beruflich überlastet bist. Das ist ein ganz klassischer Fall. Ich habe da mal was drüber gelesen.

Eva: Und was soll ich jetzt machen?

❷ **Frank:** Du darfst dich nicht immer so klein kriegen lassen. Setz dich durch. Lass dir nichts gefallen. Du darfst nicht immer das Häschen spielen.

Eva: Und was soll ich jetzt machen?

❸ **Frank:** (*neugierig*) Was macht er denn noch alles?

Eva: Das ist doch jetzt egal.

Frank: Sag doch mal, du glaubst, der war wirklich an deinem Computer? Das wäre ja ein Ding! Mannomann!

Eva: Und was soll ich jetzt machen?

❹ **Frank:** Klingt nach einer Menge Probleme bei euch. Ja, so ist das eben in einer großen Firma. Manche Männer spinnen ein bisschen.

Eva: Und was soll ich jetzt machen?

❺ **Frank:** Du, ich kenne deinen Kollegen ja gar nicht. Da kann ich dir nicht helfen. Ich habe mit dem Herrn Wenk nie zu tun gehabt.

Wie bewerten Sie die Antworten von Frank?

O sehr überzeugend O ganz gut O mittelmäßig O schlecht

So bewertet der Experte

Das sind alles Antworten, die Ihnen möglicherweise bekannt vorkommen, weil sie häufig in Beratungsgesprächen vorkommen, aber wirklich helfen werden sie Eva nicht. Fassen wir noch einmal im Einzelnen zusammen, was Frank da jeweils gemacht hat.

❶ Er zitiert Theorien aus Fachbüchern und Zeitschriften. Eva fühlt sich nicht persönlich angesprochen, sondern in ein theoretisches Raster eingeordnet. Sie ist zum Fall geworden und Frank kann wieder zeigen, wie viel er doch weiß.

❷ Er greift Eva an und mischt sich aktiv ein. Er bewertet ihr Verhalten. Eva fühlt sich wie in der Schule: Frank sagt, was richtig und was falsch ist. Möglicherweise entstehen bei ihr Schuldgefühle und Angst, mehr zu erzählen.

❸ Er fragt nach und forscht sie aus. Frank will alles ganz genau wissen und ist neugierig. Eva empfindet das als Verhörsituation und könnte das Gefühl bekommen, dass ihr Verhalten von Frank gerade überprüft wird. Sie bereut, dass sie sich an ihn gewendet hat. Sie wird unsicher: Hoffentlich erzählt er das jetzt nicht überall weiter.

❹ Er gibt eine schwammige Antwort, weil es ihn eigentlich nicht interessiert. Eva fühlt sich nicht verstanden und hat das Gefühl, dass Frank mit ihr und ihrem Problem nichts zu tun haben will.

❺ Er hält sich bewusst raus. Er kennt den Kollegen nicht, also kann er auch nichts sagen. Eva bekommt das Gefühl, dass Frank keinerlei Interesse an ihr hat. Sie fühlt sich unverstanden.

Dialog 3: Das weiß ich auch nicht

Die zweite Variante: Die beiden sitzen immer noch in der Kantine.

Eva: Und was soll ich jetzt machen?
❶ **Frank:** Traust du Herrn Wenk so etwas denn zu?
Eva: Ja, nein, ich weiß nicht. Ich komme mir so blöd vor.
❷ **Frank:** Das verstehe ich.
Eva: Aber ich spinne doch nicht. Jemand sabotiert meine Arbeit, ich schwör's.
Frank: Hast du eine Erklärung?
Eva: Nicht direkt. Aber er empfindet mich möglicherweise als Konkurrenz.
❸ **Frank:** Das läge nahe.
Eva: Siehst du, das habe ich mir auch gedacht. Der hat so große Probleme mit mir, weil er im Grund Angst vor mir hat.
Frank: Das sieht für mich tatsächlich so aus.
❹ **Eva:** Jetzt sag mir bitte, was ich tun soll?
Frank: Das weiß ich auch nicht. Was würde passieren, wenn du ihn offen darauf ansprichst?
Eva: Keine Chance. Habe ich alles versucht.
Frank: Du hast sicher auch schon überlegt, zum Chef zu gehen.
Eva: Ja natürlich, aber das möchte ich im Moment noch nicht. – Ich habe da allerdings so einen Gedanken ...
Frank: Willst du darüber sprechen?

Eva: Ja, warum nicht. Ich habe mir nämlich was überlegt. Was hältst du davon, wenn ich einfach mal Folgendes mache ...

Wie bewerten Sie das Verhalten von Frank?

O sehr überzeugend   O ganz gut   O mittelmäßig   O schlecht

So bewertet der Experte

Jetzt wurde Eva ernst genommen. Egal, ob Frank ihren Lösungsvorschlag gut findet oder nicht: Sie wird das Gespräch als hilfreich empfinden.

❶ *Traust du Herrn Wenk so etwas denn zu? ... Hast du eine Erklärung?*
Frank versetzt sich in Evas Situation. Er fragt nach, ob er sie verstanden hat. Er ermutigt sie, weiterzusprechen. Eva hat das Gefühl, dass Frank für sie da ist.

❷ *Das verstehe ich.*
Frank zeigt Einfühlungsvermögen. Selbst wenn ihm Evas Gefühle übertrieben erscheinen sollten, er akzeptiert sie und ermutigt seine Kollegin, dazu zu stehen.

❸ *Das läge nahe ... Das sieht für mich tatsächlich so aus.*
Er bestärkt Eva in ihren Vermutungen. Als „Fachfrau" für ihr Problem wird sie die Lage selbst am besten einschätzen. Sollte Frank dennoch anders denken, könnte er auch unbestimmter antworten. Auch eine kritischere Ansicht dürfte er äußern, solange er auf der anderen Seite Verständnis zeigt.

❹ *Jetzt sag mir bitte, was ich tun soll? ... Das weiß ich auch nicht ... Willst du darüber sprechen?*
So komisch es klingt: Eva will keine Lösungen. Und deswegen darf ihr Frank nicht sagen, was sie zu tun hat. Die Lösung hat Eva selbst mitgebracht. Frank wird sie jetzt hören und kann sie dann mit ihr diskutieren.

Was hat Frank gut gemacht?

- Er ermutigt Eva zum Reden, fragt und hört ihr aufmerksam zu.
- Er bestärkt ihre Gefühle und nimmt ihre Vermutungen ernst.
- Er bietet keine Lösungen an.
- Er rechnet damit, dass die Kollegin schon eine Idee für die Lösung entwickelt hat.

So wenden Sie Ihre Kenntnisse an

Ermuntern Sie

Eine Ermunterung an den Kollegen, mehr zu erzählen, ist nicht bloße Neugierde, sondern ein Angebot, dass man zuhören wird. Erst wenn der Hilfesuchende das Gefühl hat, willkommen zu sein, wird er sich öffnen und weitererzählen. Die meisten suchen jemanden, der ihnen zuhört und keinen Problemlöser. Manche Mitarbeiter brauchen einfach nur Aufmerksamkeit. Geben Sie sie ihnen.

Keine Lösungen geben

So schwer das auch ist: Der Hilfesuchende will zunächst keine Lösung. Wenn Sie auf Anhieb eine haben, machen Sie den anderen klein. So schwer kann sein Problem dann ja nicht gewesen sein. Oft lösen Kollegen, die mit dem guten Rat gleich bei der Hand sind, nicht das Problem des Hilfesuchenden, sondern das, was sie dafür halten. Wie können Sie wissen, was für den anderen gut ist? Das weiß dieser selbst am besten. Ihre Aufgabe besteht darin, ihm bei der Suche nach dem, was für ihn gut ist, zu helfen. Zuhören und vorsichtiges Ermutigen sind dabei gefragt. Helfen Sie dem anderen, seine Lösungsvorschläge präzise zu formulieren. Jeder ist der beste Therapeut seiner eigenen Probleme, auch wenn ihm das zu Anfang des Gesprächs noch nicht bewusst sein sollte.

Gefühle ernst nehmen

Gefühle sind nun mal da. Und je offener der andere darüber sprechen kann, desto besser. Also bestärken Sie ihn, zu seinen Gefühlen zu stehen.

Haben Sie Geduld

Auch wenn der Hilfesuchende noch so lamentiert, dass ihm keine Lösung einfällt, warten sie. Manchmal dauert es ein bisschen. Wenn Sie dann gemeinsam nachgedacht haben und Sie sind sich wirklich sicher, worum es dem anderen geht, dann können Sie ihm auch einen Tipp oder Ratschlag geben. Am besten mehrere, sodass der Hilfesuchende auswählen kann.

Übung: Was würden Sie antworten?

Sehen wir uns zur Übung in zwei Beispielen jeweils einen Hilfesuchende an. Überlegen Sie, wie Sie ihnen jeweils antworten würden.

Beispiel 1: Ich kann mich heute einfach nicht konzentrieren. Was mache ich bloß? Die Arbeit muss bis um 17 Uhr fertig sein.

---

1   Was musst du denn gerade machen? Erzähl mal!

2   Dann machst du es eben bis morgen fertig. Auf einen Tag kommt es bestimmt nicht an.

3   Also als erstes gehst du mal zehn Minuten raus, Sauerstoff tanken, danach eine Kurzme-ditation und du wirst sehen, wie gut es dann geht.

4   Das hat nur mit Anspannung zu tun. Du verkrampfst dich zu sehr.

5   Leg doch mal los. Je eher du anfängst, desto schneller bist du fertig.

6   Meine Mutter ist genauso. Immer alles auf den letzten Drücker.

7   Ja, wo du nur immer Deinen Kopf hast.

8   Du hast Angst, dass du es nicht hinkriegst. Ist das der Punkt?

9   Tut mir Leid. Das Problem wirst du selbst lösen müssen.

Beispiel 2: Keiner räumt die Kaffeetassen weg. Bei uns herrscht immer eine furchtbare Unordnung. Und die macht mich verrückt.

1   Da halte ich mich raus. Keine Ahnung, wie das bei euch so läuft.

2   Ist das so schlimm, wenn du die mal wegräumst? Ich mache das hier jeden Tag. Sei froh, dass du keine anderen Probleme hast.

3   Was ist denn in eurer Abteilung noch alles unordentlich?

4   Beschriftet die Tassen mit Namen, dann passiert das nicht mehr.

5   Du fühlst dich dafür verantwortlich und hast jetzt das Gefühl, unbedingt was unterneh-men zu müssen. Stimmt das?

6   Du bist heute einfach nur frustriert. Kannst du nicht mal loslassen?

7   Weißt du, was mich bei uns verrückt macht? Die Essensreste überall!

8   Du darfst dich nicht von solchen Kleinigkeiten ablenken lassen.

9   Na, na, jetzt übertreibst du aber!

Meine Empfehlung: Die Antworten 8 und 5 ermuntern den anderen zum Weiterreden und führen dazu, dass die Gesprächspartner das Problem besser verstehen.

Fakten & Hintergründe

Die vier Seiten einer Nachricht

Von dem Psychologen Friedemann Schulz von Thun stammt die These, dass jede Nachricht vier Seiten hat und sich auf vier verschiedene Aspekte bezieht:

- auf den Sachverhalt (es),
- auf den anderen (du),

- auf uns beide (wir),
- auf mich selbst (ich).

Je nachdem, aus welchem dieser vier Blickwinkel etwas gesagt wird, kann die Botschaft eine andere sein. Schulz von Thun nennt das die vier Seiten einer Nachricht. Diese vier Seiten sind:

- die Sachaussage,
- der Appell,
- die Beziehungsseite,
- die Selbstoffenbarung.

Nehmen wir den Satz „Ihr Büro ist wirklich gemütlich." Sagt der Sprecher das, weil er das Talent des Angesprochenen bewundert, sein Büro einzurichten, sagt er es, weil sein eigenes Büro ungemütlich ist, sagt er es, weil er Tipps will oder will er einfach nur etwas sagen, um die Stille am Anfang des Gesprächs zu überbrücken.

Die zwölf Botschaften

Wir bilden den Text für eine Äußerung, diese Äußerung hat einen Unterton und unsere Körpersprache erzählt auch ihren Teil. Das sind schon sehr viele Informationen. Beziehen sich diese drei sprachlichen Signale jeweils auf vier Aspekte, kann eine einzelne Äußerung 12 verschiedene Botschaften enthalten. Hier ein Beispiel, für das, was in einem einzigen Satz versteckt sein kann. Der Chef lobt. So könnte er das sagen:

- Sachaussage: „Ihr Einsatz war wieder sehr erfolgreich."
  Das ist möglichst neutral. Jetzt kann es in jede Richtung gehen.
- Appell: „Sie können mit dem Erfolg sehr zufrieden sein, weiter so."
  Er suggeriert, dass es dem Mitarbeiter zu verdanken ist, dass alles so gut geklappt hat.
- Beziehungsebene: „Schön, dass Sie unsere Gedanken umgesetzt haben."
  Der Sprecher macht hier eine Aussage über die Beziehung. Vielleicht glaubt er, einen Anteil am Erfolg zu haben.
- Selbstoffenbarung: „Ich bin stolz, dass ich Ihnen das übertragen habe."
  Der Sprecher stellt seine eigenen Gefühle in den Vordergrund.

Auch wenn der Sprecher alle diese Sätze mit einem sachlichen Unterton, zurückgelehnt, mit übereinander geschlagenen Beinen sagt, jedes Mal hat die gleiche Äußerung einen völlig anderen Schwerpunkt. Das Gleiche können wir mit dem Ton machen. Nehmen wir als Beispiel den Satz: „Ihr Einsatz war wieder sehr erfolgreich." Wenn der Chef diesen Satz in einer entspannten Körperhaltung sagt, zurückgelehnt und die Beine übereinander geschlagen, dann könnte er – je nach stimmlichen Signalen – verschiedene Botschaften signalisieren. Er benutzt also für den Satz „Ihr Einsatz war wieder erfolgreich" eine Melodie, mit der er sagen würde...

- Sachaussage: Daran gibt es nichts zu rütteln.
- Appell: Und da waren Sie am Anfang so furchtbar zögerlich!
- Beziehungsebene: Wir beide wissen, wie schwierig das war.
- Selbstoffenbarung: Habe ich es nicht gleich gesagt?

Um uns nun auch die vier unterschiedlichen Aspekte der Körpersprache anzusehen, nehmen wir an, dass der Sprecher des Satzes „Ihr Einsatz war wieder erfolgreich" mit seinem Unterton signalisiert „Daran gibt es nichts zu rütteln!" Die Körpersprache ist jetzt aber jedes Mal anders:

- Sachaussage: zurückgelehnt, Rücken ruht entspannt auf der Lehne, übereinander geschlagene Beine, Sprecher will sitzen bleiben.
- Appell: nach oben gerollte Augen, Schulterzucken (überheblich) oder kleiner Schubs mit der geschlossenen Faust (aufmunternd).
- Beziehungsebene: einen Arm um den anderen legen (kameradschaftlich) oder kurzes Nicken, schmale Augen, grinsend (gönnerhaft).
- Selbstoffenbarung: zusammengekniffene Augen, verzogener Mund (neidisch) oder wiegender Kopf, skeptische Miene (zweifelnd).

Lassen sich Missverständnisse vermeiden?

Ein Mensch kommuniziert also dann authentisch, wenn seine Signale auf den drei Ebenen dasselbe sagen. Der Satz „Ich bin wütend!" mit grimmigem Unterton und einer Faust, die auf den Tisch fährt, ist völlig unmissverständlich.

Wenn aber die Äußerung nicht mit dem Ton bzw. der Körpersprache oder der Ton nicht mit der Körpersprache zusammenpasst, dann erhält der Gesprächspartner mehrere Botschaften. Diese kann er benutzen, um den anderen besser zu verstehen. Einige Beispiele:

- „Ich bin mir da absolut sicher." – Langsam und leise gesprochen, kann es das Gegenteil heißen.
- „Das habe ich doch längst vergessen!" – Mit verschränkten Armen und genervter Stimme gesagt, stimmt das nicht.
- „Wieso soll ich was haben?" – Laut und mit großen Bewegungen gesagt, muss das auch nicht unbedingt stimmen.
- „Den Kollegen *Müller* habe ich gerade getroffen." – Die Betonung des Namens sagt, dass der Sprecher sich fragt, wo wohl der Angesprochene war.
- „Ich war gestern krank!" – Den Zeigefinger erhoben und jedes Wort betonend, warnt der Sprecher davor, ihm das nicht zu glauben.
- „Wir können uns gerne noch mal treffen." – Die Innenflächen der Hände nach außen gerichtet, die Schultern hochgezogen: Der Sprecher denkt anders.
- „Ich gehe da nicht mehr rein." – Mit schriller Stimme und hektischer Sprechweise, sagt der Sprecher, dass er Angst hat.
- „Lassen Sie uns offen miteinander reden!" – Hinter einem hohen Schreibtisch und mit gefalteten Händen klingt dies nicht sehr glaubwürdig.

Situation 12: Streit schlichten

Wenn zwei Kollegen Streit haben, vergiftet das die Atmosphäre der gesamten Abteilung. Hilft den beiden niemand, wird das auch so bleiben, womöglich für immer. Wäre es nicht schön, den Streit in Ihrer Umgebung durch ein klärendes Gespräch lösen zu können? Aber Vorsicht: Einfach ist das nicht. Es fordert vor allem persönliche Zurückhaltung. Herr Xell versucht es trotzdem bei Frau Yildim und Herrn Zaist. Die beiden sind aus unterschiedlichen Abteilungen und geraten öfter aneinander. Dieses Mal geht es um die neue Software.

Dialog 1: Nun beruhigen Sie sich doch

Wieder einmal gibt es Ärger zwischen der Entwicklungsabteilung und dem Marketing. Die neue Software soll schneller fertig werden.

❶ **Xell:** Ich finde, ihr solltet jetzt ganz ruhig miteinander reden.

Yildim: Da kann man aber nicht ruhig bleiben. Wenn die neue Software nicht bis Anfang September fertig ist, ist das eine Katastrophe.

Zaist: Wenn wir jetzt produzieren und müssen dauernd Patches nachliefern, weil nichts funktioniert, dann haben wir erst recht die Katastrophe.

❷ **Xell:** Könnt ihr euch nicht einfach in der Mitte einigen?

Zaist: Ausgeschlossen. Wie kann man nur so begriffsstutzig sein!

Yildim: Das verbitte ich mir jetzt, ja! Wir sind in sechs Monaten pleite, wenn Sie das mit der Software nicht bald hinbekommen.

Zaist: Sie übertreiben mal wieder maßlos, Frau Kollegin.

❸ **Xell:** Also, das finde ich jetzt aber auch.

Yildim: Na, Sie sind gut! Was soll ich denn auf der Messe verkaufen? Hamburger?

Zaist: Aber die braten Sie auch erst fertig, oder nicht? Mit dem Marketing ist es jedes Mal derselbe Ärger. Eins sage ich euch: die oder ich!

Xell: Nun beruhige dich doch. Wir kriegen das schon hin.

❹ **Zaist:** Ich will mich aber nicht beruhigen. Bisher läuft die Software nicht fehlerfrei. Wir entdecken jede Stunde neue Probleme.

Xell: Mein Gott, das verstehe ich natürlich. Die kauft ja so keiner.

Yildim: Das sind doch Ausreden. Entwickelt Ihr nur in aller Ruhe, ich such mir einen anderen Job bis Ihr fertig seid.

So bewertet der Experte

Leider hat Herr Xell da nicht sehr viel ausgerichtet. Im Gegenteil: Die Positionen haben sich verhärtet und das persönliche Verhältnis hat sich noch verschlechtert. Der Vermittlungsversuch ging daneben.

❶ ... ihr solltet jetzt ganz ruhig miteinander reden ...

Für ruhiges Reden ist es noch zu früh. Je mehr Herr Xell versucht, immer wieder die Emotionen zu unterdrücken, desto mehr dominieren sie das Gespräch. Die beiden sind geladen, und das wollen sie auch ausdrücken.

❷ Könnt ihr euch nicht einfach in der Mitte einigen?

Herr Xell ist viel zu schnell bei der Lösung. Das Problem ist im Moment die Aufregung der beiden. Erst wenn die sich gelegt hat, kann man sich der Lösung zuwenden.

❸ Also, das finde ich jetzt aber auch.

In dieser Phase hat es keinen Sinn, mit Frau Yildim zu diskutieren. Natürlich übertreibt sie, aber das wird sie jetzt nie zugeben können. Zudem schlägt Herr Xell sich auf die Seite von Herrn Zaist. Das darf er auf keinen Fall, auch wenn es berechtigt sein sollte: Er riskiert, dass Frau Yildim annimmt, er verbünde sich mit Herrn Zaist, und das Gespräch abbricht.

❹ Wir entdecken jede Stunde neue Probleme ... das verstehe ich natürlich. Die kauft ja so keiner.

Wieder mischt Herr Xell sich ein, obwohl er ahnen könnte, dass auch das eine Übertreibung ist. Entweder nimmt er beide Gesprächsteilnehmer ernst oder keinen von beiden.

Was hat Herr Xell falsch gemacht?

- Er versucht als Erstes, Ruhe in die Sache zu bringen. Doch es brodelt noch.
- Er kommt viel zu schnell zu einer Lösung.
- Er mischt sich inhaltlich ein, nimmt Übertreibungen und Drohungen ernst und bezieht selbst Stellung.

Dialog 2: Und woran liegt das?

Zweite Variante: Nun hat Herr Xell vorher Regeln für das Gespräch festgelegt. Erst darf Herr Zaist erklären, Frau Yildim sind nur Verständnisfragen erlaubt. Danach ist es umgekehrt.

❶ **Zaist:** Es regt mich so auf, wenn jemand, der NICHTS davon versteht, mir sagen will, wann die Software fertig ist. Das kann nur einer entscheiden: Nämlich WIR von der Softwareentwicklung.

❷ *Die beiden anderen schweigen. Herr Zaist redet wesentlich ruhiger weiter.*
Zaist: Das große Problem ist, dass sich die alte Version 4.1 sich nicht einfach auf 4.2 updaten lässt.
Yildim: *(interessiert)* Und woran liegt das?
Zaist: Das wissen wir eben nicht. Das ist ja das Problem. Es kann sein, dass wir den Fehler heute finden, vielleicht aber überhaupt nicht.

❸ **Yildim:** Jetzt verstehe ich Ihre Nervosität.
Zaist: Wir gehen im Moment jede Funktion noch einmal genau durch, das dauert ungefähr 14 Tage, dann müssen wir verschiedene Tests durchführen.
Yildim: *(laut)* Auf der letzten Betriebsversammlung hat man uns vom Marketing sehr angegriffen, wir würden zu wenig für den Umsatz tun. Nur begreift keiner, dass wir ohne tolle, fehlerfreie Produkte nichts machen können.
Zaist: Sehen Sie, das sage ich doch auch die ganze Zeit!

❹ **Xell:** Bitte, Herr Zaist! Frau Yildim ist dran.
Yildim: Wenn ich die neue Software zur Messe Anfang Oktober nicht habe, dann bedeutet das 30 bis 40 Prozent weniger Umsatz im ganzen Jahr. Was zur Messe nicht da ist, verkauft sich nicht – erfahrungsgemäß.
Zaist: Verstehe. Sie müssen die Produkte auf der Messe vorstellen.
Yildim: Ja, natürlich. Unser Hauptgeschäft machen wir dort.

Wie bewerten Sie Herrn Xell?

O sehr überzeugend   O ganz gut   O mittelmäßig   O schlecht

So bewertet der Experte

Jetzt bewegen sich beide aufeinander zu, weil sie angefangen haben, den anderen zu verstehen. In vielen Fällen ist das schon die Lösung. Herr Xell hat dafür gesorgt, dass die beiden sich gegenseitig zuhören.

❶ Erst darf Herr Zaist erklären, Frau Yildim sind nur Verständnisfragen erlaubt. Danach ist es umgekehrt.

Die Regel ist ganz einfach. Erst darf der eine sagen, was er sagen möchte, dann der andere. Dabei muss auch die Artikulation von Ärger erlaubt sein. Lediglich wenn etwas unklar ist, fragt der andere nach.

❷ Die beiden anderen schweigen.

Wenn die anderen beiden zuhören, muss Herr Zaist nicht mehr ums Wort kämpfen. Er muss nicht übertreiben, damit man ihm zuhört.

❸ Jetzt verstehe ich Ihre Nervosität ... Sie müssen die Produkte auf der Messe vorstellen.

Nur weil der eine den anderen versteht, sind sie sich die beiden noch nicht einig, aber der wichtigste Schritt zur Annäherung und zu Lösung des Konflikts ist getan.

❹ Bitte, Herr Zaist! Frau Yildim ist dran.

Herr Xell versteht sich als Schiedsrichter und mischt sich bei jedem Regelverstoß ein. Auch Frau Yildim muss die Möglichkeit haben, sich frei zu äußern. Die Redezeit sollte für beide annähernd gleich sein.

Was hat Herr Xell richtig gemacht?

* Er verhält sich neutral und sorgt zunächst dafür, dass beide einander zuhören.
* Er lässt Ausbrüche und Angriffe desjenigen, der gerade redet, zu, aber er geht nicht darauf ein.

Dialog 3: Das wäre akzeptabel

Herr Zaist und Frau Yildim haben alles gesagt. Aber das Problem ist noch nicht gelöst.

❶ **Xell:** Wann könnte die Software denn frühestens fertig sein?

Zaist: Für Mitte Oktober könnte ich garantieren.

Yildim: (bissig) Dann ist es für die Messe aber zu spät.

Xell: Herr Zaist, was könnte denn zur Messe da sein?

Zaist: Die Demoversion könnten wir bis dahin fertig bekommen. (zu Frau Yildim) Man könnte jedem Kunden die Funktionsweise demonstrieren.

Xell: Würde Ihnen das reichen, Frau Yildim?

Yildim: Grundsätzlich ja, (*beleidigt*) aber wenn wir nach der Messe acht Wochen nicht liefern können, dann können wir's auch vergessen ...

❷ Xell: Moment, Herr Zaist hat gesagt, Mitte Oktober ist die Software in jedem Fall fertig. Das wäre zehn Tage nach der Messe.

Yildim: Ja, und Verpackung und Design? Das zaubere ich ja nicht aus dem Ärmel. Das dauert dann noch ewig, bis das alles ausgeliefert werden kann.

Xell: Könnten wir bis dahin nicht schon alles fertig machen – also noch bevor die endgültige Version kommt?

Zaist: Ja natürlich, an den Funktionen und der Optik wird sich nichts mehr ändern. Mit Verpackung, Design, Werbung könnte man jetzt gleich loslegen ...

Yildim: Könnten Sie mir fest zusagen, dass wir die Software eine Woche nach der Messe verschicken können? Das wäre ein akzeptabler Zeitraum.

❸ Xell: Herr Zaist, es geht also jetzt um drei bis vier Tage?

Zaist: O. k., die vier Tage kriegen Sie!

Wie bewerten Sie die neue Vorgehensweise von Herrn Xell?

O sehr überzeugend   O ganz gut   O mittelmäßig   O schlecht

So bewertet der Experte

Oft geht es um Begriffe und ihre unterschiedliche Deutung. Hier hatten die beiden völlig verschiedene Vorstellungen davon, was das Wort „fertig" bedeutet. Denn „fertig für die Messe" und „fertig zum Verkauf" sind zwei verschiedene Dinge.

❶ Wann könnte die Software denn frühestens fertig sein ... Dann ist es für die Messe aber zu spät.

Herr Xell hat jeden Einwand ernst genommen und fragt, anstatt zu bewerten. Sobald keine Emotionen mehr im Spiel sind, werden beide versuchen wollen, möglichst sachlich zu bleiben. Denn wer utopische Bedingungen stellt, verliert an Glaubwürdigkeit: Will er das Problem überhaupt lösen?

❷ Moment, Herr Zaist hat gesagt, Mitte Oktober ... Das wäre zehn Tage nach der Messe.

Jetzt lässt Herr Xell keine Übertreibungen mehr zu und hört genau, was jeder sagt. Er bleibt unparteiisch, aber untersucht Übertreibungen auf ihren Wahrheitsgehalt und setzt sich kritisch damit auseinander.

❸ ... es geht also jetzt um drei bis vier Tage ... O. k., die vier Tage kriegen Sie!

Nun kann Herr Xell auch Bitten aussprechen. Herr Zaist ist verstanden und ernst genommen worden. Jetzt kann er großmütig versprechen, mehr zu arbeiten, um dem Marketing einen Gefallen zu tun. Er tut es aber freiwillig.

Was hat Herr Xell in der zweiten Phase richtig gemacht?

- Er hört genau zu und fragt viel.
- Er ergreift für niemanden Partei.
- Er beteiligt beide Betroffenen an der Lösung.
- Er bittet am Ende um Zugeständnisse, um eine Einigung zu erzielen.

So wenden Sie Ihre Kenntnisse an

Der Ärger muss raus

Geben Sie den Gegnern zunächst die Möglichkeit, ihren Ärger gegenüber dem anderen zu äußern. Empfinden Sie als Streitschlichter den Ärger nicht als eine Bedrohung, sondern als etwas ganz Natürliches. Er kann sich schnell wieder verflüchtigen. Auch wenn jemand behauptet, mit dem anderen nie wieder sprechen zu können, kann das ein paar Minuten später ganz anders aussehen. Je heftiger ein Gefühl ist, desto mehr hört es sich so an, als ließe sich da nichts machen. Die Erfahrung lehrt uns das Gegenteil.

Erst die Emotion, dann die Lösung

Unterbreiten Sie Lösungsvorschläge nicht zu früh. Erst müssen beide Parteien ihre Ansicht der Dinge geäußert und diskutiert haben. Danach kann man sich auf die Suche nach einem Kompromiss machen, der für beide Seiten akzeptabel ist.

Übertreibungen sind normal

Wer übertreibt, will gehört werden. Nehmen Sie Übertreibungen als das, was sie sind: ein Ringen um Aufmerksamkeit. Erst wenn in der Diskussionsphase übertrieben wird, sollten Sie sich damit auseinandersetzen.

Legen Sie Regeln fest

Für ein konstruktives Gespräch müssen Sie Regeln definieren. Machen Sie sich Ihre eigene Rolle als Schiedsrichter bewusst. Danach definieren Sie Ort, Zeit und zeitlichen Rahmen des Gesprächs. Wenn beide Seiten dem Treffen zugestimmt haben, überlegen Sie sich, welche unterschiedlichen Motive den Streit beherrschen, welche Probleme auftreten könnten.

Wer zuhört, kämpft nicht

Zwingen Sie beide Parteien, einander zuzuhören. Stellen Sie Regeln auf oder bitten Sie darum, eine schriftliche Vorlage mitzubringen. Verständnis für die Gegenseite ist die erste Voraussetzung für eine Einigung.

Erbitten Sie Zugeständnisse

Erst wenn das Problem vollständig offen liegt, können Sie an den guten Willen beider Seiten appellieren, um Mithilfe bitten oder persönlich werden. Wer sich verstanden fühlt, gibt eher nach.

Fakten & Hintergründe

Das Ein-Text-Verfahren

Ein sehr wirkungsvolles Mittel zur Lösung schwieriger Probleme ist das Ein-Text-Verfahren (ausführlicher nachzulesen in dem Buch „Das Harvard-Konzept", siehe Literatur). Der Vermittler entwickelt hier einen Vertragsrahmen, ähnlich einem Mustermietvertrag, an den noch niemand gebunden ist. Dann bittet er beide Seiten um Kritik. Daraufhin bearbeitet er den Vorschlag immer wieder von neuem. Manchmal muss er dabei sehr kreativ sein, weil er an jeder Stelle, an der es zwei entgegengesetzte Standpunkte gibt, etwas Drittes entwickeln muss, was beide in Erwägung ziehen können.

Eine solche Vorgehensweise kann auch im beruflichen Umfeld sehr sinnvoll sein, besonders dann, wenn zwei Kollegen, Abteilungsleiter, Manager oder gar ganze Abteilungen zerstritten sind. Der Streitschlichter kann mit seinem Entwurf so lange von einem zum anderen gehen, bis beide dem Text zustimmen.

Als Vorbereitung empfiehlt es sich, dafür zu sorgen, dass man beide richtig verstanden hat. Man schildert den Sachverhalt zunächst aus eigener Sicht und fragt jeden einzeln, ob er zustimmt. Das könnte für das Problem zwischen Marketing und Entwicklung aus unserem Dialog folgendermaßen aussehen:

Beispiel 1: Formulierungsvorschlag des Schlichters

Die Entwicklungsabteilung hat im Moment große technische Probleme mit dem Update für die Software 4.1 auf 4.2. Im jetzigen Stadium kann das Produkt nicht verkauft werden. Endgültiger Termin für die Fertigstellung ist Mitte Oktober. Für Anfang Oktober steht aber schon eine voll funktionsfähige Demoversion zur Verfügung.

Einschränkung von Herrn Zaist: „Voll funktionsfähig" stimmt nicht. Dateien der Software 4.1 können nicht bearbeitet werden.

Änderung des Schlichters im Text: Für Anfang Oktober steht aber eine Demoversion zur Verfügung, die voll funktionsfähig ist, aber die Dateien der Version 4.1 noch nicht verarbeiten kann.

Beispiel 2: Formulierungsvorschlag des Schlichters

Die Marketingabteilung bekommt Anfang Oktober eine Demoversion, die dem Original bis auf die fehlende Verarbeitungsmöglichkeit alter Dateien voll entspricht. Alle Funktionen sind getestet, laufen fehlerfrei und können dem Kunden gezeigt werden. Verpackung und Design können in Auftrag gegeben werden und werden nachträglich nicht mehr modifiziert.

Anmerkung von Frau Yildim: Ich möchte, dass drinsteht, dass das Layout und die Grafik des endgültigen Programms nicht von der Demoversion abweicht.

Zusatz im Formulierungsvorschlag: Auch die Grafik des endgültigen Programms wird nicht von der Demoversion abweichen.

Vielleicht müsste in diesem Beispiel noch ein paar Mal geändert, ergänzt und umformuliert werden.

Der Vorteil dieser Methode: Wenn alle mit dem endgültigen Entwurf einverstanden sind, dann ist die Wahrscheinlichkeit sehr groß, dass sich beide Seiten daran halten – denn schließlich haben sie den Vertrag selbst ausgehandelt. Der Schlichter war nur behilflich, alles zu formulieren.

Beispiel: Ein-Test-Verfahren in der Politik

Der berühmteste Fall, in dem das Ein-Text-Verfahren angewandt wurde, sind die Verhandlungen in Camp David zwischen Ägypten und Israel. Die USA hörten sich die Standpunkte und Forderungen beider Seiten an. Dann entwickelten sie Entwürfe, an die noch niemand gebunden war. Die Entwürfe wurden den israelischen und ägyptischen Politikern jeweils vorgestellt und von diesen kritisiert. Die Kritik wurde in den nächsten Entwurf eingearbeitet. Das währte so lange, bis die Vermittler sahen, dass eine weitere Verbesserung nicht möglich war. Nach dreizehn Tagen und 23 Entwürfen gab es einen verbindlichen Text und beide Seiten konnten ihn akzeptieren.

Schlusswort: Neue Wege für Veränderungen

Sie haben geredet und geredet, immer wieder. Sie haben sich Mühe gegeben, aber es hat sich nichts getan. Sie führen zum fünften Mal das gleiche Gespräch und es kommt nichts dabei heraus. Dann haben Sie noch eine Chance, das Problem zu lösen: Machen Sie etwas anders! Wenn Sie die Bedingungen und die Konsequenzen eines Gesprächs verändern, dann verändert sich auch das Gespräch. Einige Beispiele:

- Verblüffend einfach: Ein Paar, das sich immer im Wohnzimmer gestritten hat, beschließt, bei einem beginnenden Streit immer in die Küche zu gehen. Aber da können sich die beiden nicht mehr streiten.
- Mitarbeiter, die zu Sitzungen ständig zu spät kamen, wurden auf einmal pünktlich, nachdem das sie betreffende Thema immer konsequent als Erstes behandelt wurde – egal, ob sie anwesend waren oder nicht.
- Ein Kollege, dessen nervige Lieblingssätze als Spruchkarten im Sitzungsraum ausliegen, kann die Sätze nicht mehr benutzen.
- Überlassen Sie einmal dem anderen die Lösung. Lassen Sie sich von der Gegenseite beraten, was Sie tun sollen.
- Schreiben Sie eine Kritik einmal Wort für Wort mit, anstatt sich zu verteidigen. Sie werden merken: Die Kritik verändert sich.
- Legen Sie neue Diskussionsregeln fest: Keine Meldung über zwei Minuten. Reden darf nur, wer den Gesprächsball in den Händen hält.
- Laden Sie Ihren Konkurrenten zum Essen ein! Und suchen Sie ein richtig gutes Lokal aus.
- Zahlen Sie jemandem für jede Killerphrase in der Diskussion einen Euro.
- Haben Sie einen Fehler gemacht, dann lassen Sie doch die anderen einmal bestimmen, was Sie zur Strafe tun sollen.

Ändern Sie sich! Ändern Sie etwas! Aber ändern Sie niemals die anderen. Die ändern sich freiwillig oder gar nicht. Genau wie Sie!

Weiterführende Literatur

Fast, Julius: *Körpersprache*. Hamburg, Rowohlt 1979

Fisher, Roger u. a.: *Das Harvard-Konzept*. Frankfurt, Campus 2004

Goleman, Daniel: *Emotionale Intelligenz*. München, Hanser 1997

Gordon, Thomas: *Manager-Konferenz*. München, Heyne 1989

Meidinger, Hermann: *Stärke durch Offenheit*. Berlin, Cornelsen 2000

Morris, Desmond: *Bodytalk München*, Heyne 1995

Palmer, Helen: *Das Enneagramm*. München, Knauer 2000

Saxer, Umberto: *Bei Anruf Erfolg*. Frankfurt, Redline 2000

Sprenger, Reinhard K.: *Mythos Motivation*. Frankfurt, Campus 1999

Sprenger, Reinhard K.: *Das Prinzip Selbstverantwortung*. Frankfurt, Campus 1999

Schulz v. Thun, Friedemann: *Miteinander reden*, 3 Bände. Reinbek, Rowohlt 2008

Thomann, Christoph; Schulz von Thun, Friedemann: *Klärungshilfe*. Reinbek, rororo 1988

Watzlawick, Paul; Beavin, Janet H.; Jackson, Don D.: *Menschliche Kommunikation*. Bern, Huber 2000

Watzlawick, Paul; Weakland, H.; Fisch, John Richard: *Lösungen*. Bern, Huber 2009

Stichwortverzeichnis